页岩气水平井修井技术

唐　庚　唐诗国　吴春林　主编

石油工业出版社

内 容 提 要

本书基于修井技术理论及工艺，对页岩气水平井修井技术现场应用进行总结，介绍了页岩气开发中典型的修井工艺技术。主要内容包括页岩气水平井冲砂技术、页岩气水平井解卡打捞技术、页岩气水平井桥塞处理技术、页岩气水平井套损套变处理技术及页岩气水平井带压修井作业技术。

本书可以为从事页岩气开发的工程技术人员开展修井作业提供指导和参考，也可以作为石油相关专业学生以及油田技术人员的培训资料。

图书在版编目（CIP）数据

页岩气水平井修井技术 / 唐庚，唐诗国，吴春林主编 .—北京：石油工业出版社，2019.9
ISBN 978-7-5183-3596-1

Ⅰ . ① 页… Ⅱ . ① 唐… ② 唐… ③ 吴… Ⅲ . ① 油页岩 – 水平井 – 修井 Ⅳ . ① TE243

中国版本图书馆 CIP 数据核字（2019）第 194280 号

出版发行：石油工业出版社
　　　　　（北京安定门外安华里 2 区 1 号　　100011）
　　　　　网　　址：www. petropub. com
　　　　　编辑部：（010）64523535　图书营销中心：（010）64523633
经　　销　全国新华书店
印　　刷　北京中石油彩色印刷有限责任公司

2019 年 9 月第 1 版　2019 年 9 月第 1 次印刷
787 × 1092 毫米　开本：1/16　印张：15.5
字数：370 千字

定价：130.00 元

《页岩气水平井修井技术》
编 写 组

主 编：唐 庚　唐诗国　吴春林

成 员：王学强　覃 芳　缪 云　洪玉奎　黄 艳

　　　　谭宏兵　刘俊辰　杨 海　吴 珂　罗 伟

　　　　赵 昊　何先君　李玉飞　杨 盛　王梓齐

　　　　钟海峰　冯星铮　蒋 密　李晓蔓　贾沙沙

　　　　魏林胜

前　言

　　页岩气是赋存于以富有机质页岩为主的储集岩系中的非常规天然气。页岩气作为一种优质、清洁的能源，其开发利用不仅有利于全球能源结构的调整，也有利于全球温室效应的控制。全球页岩气资源量与常规天然气相当，资源潜力巨大。我国页岩气资源十分丰富，资源量居于世界前列，资源前景广阔。"页岩气革命"使得美国页岩气产量大增，页岩气的开发及利用备受各国重视。

　　水平井和水力压裂技术是页岩气开发的关键技术。在页岩气水平井钻井以及水力压裂改造过程中，随时可能会产生异常或故障，需要通过修井作业加以解除。由于页岩气开发技术的特殊性、页岩气储层地质的脆弱性以及我国页岩气产区多山地的地形状况，导致页岩气修井技术有别于常规井，修井工艺更加复杂、修井难度更大。

　　本书着眼于页岩气水平井修井技术的特殊性，重点介绍了页岩气开发中典型的修井工艺技术，主要包括：页岩气水平井冲砂技术、页岩气水平井解卡打捞技术、页岩气水平井桥塞处理技术、页岩气水平井套损套变处理技术、页岩气水平井带压修井作业技术。同时，阐述了各种修井技术在页岩气开发中应用的背景及原因，介绍了修井技术基础理论、修井设备及工具、修井工艺流程，并引用了各种页岩气水平井修井技术的现场应用实例。

　　本书是基于常规修井技术理论、工艺，对页岩气水平井修井技术现场应用的总结。本书可以为从事页岩气开发的工程技术人员开展修井作业提供指导和参考，也可以作为石油相关专业学生以及油田技术人员的培训资料。

　　本书由四川圣诺油气工程技术服务有限公司组织编写。本书共7章，前言由杨海编写，第一章由王学强、覃芳编写，第二章由缪云、洪玉奎、蒋密编写，第三章由黄艳、谭宏兵编写，第四章由刘俊辰、杨海编写，第五章由吴珂、罗伟、赵昊编写，第六章由何先君、李玉飞、杨盛、王梓齐编写，第七章由钟海峰、冯星铮、贾沙沙、李晓蔓、魏林胜编写，全书由唐庚、唐诗国、吴春林统稿。

　　本书在编写过程中参考了国内外修井技术及页岩气开发方面的文献，感谢中国石油西南油气田公司工程技术研究院在本书的编写过程中在组织上和技术上给予的大力支撑，也感谢四川长宁天然气开发有限责任公司和四川页岩气勘探开发有限责任公司提供的案例和数据，西南石油大学尹虎教授及其科研团队提供了技术指导，值此书出版之际，一并感谢。

　　限于笔者水平有限，本书难以全面反映页岩气水平井修井技术，也难免有差错与不足，敬请读者提出宝贵意见。

目　录

第一章 页岩气水平井修井概述

页岩气是蕴含于页岩层中，并且可供开采的非常规天然气。页岩气是继煤层气、致密砂岩气之后重要的非常规天然气资源，是常规油气资源的重要补充，与传统的石油、煤炭资源相比，具有开采寿命长、生产周期长、烃类运移距离较短及含气面积大等特点。近年来，随着能源供求关系日益加剧、开发技术的不断提高以及改善能源消费结构的迫切要求，全球掀起了页岩气开发的热潮。

第一节 我国页岩气开发现状

我国页岩气储量丰富，按照当前我国能源消耗速度，足足可以满足我国使用300多年。根据2015年国土资源部资源评价最新结果，全国页岩气技术可采资源量 $21.8 \times 10^{12} m^3$，其中海相 $13.0 \times 10^{12} m^3$、海陆过渡相 $5.1 \times 10^{12} m^3$、陆相 $3.7 \times 10^{12} m^3$，全国累计探明页岩气地质储量 $5441 \times 10^8 m^3$。因此，我国正积极推进页岩气产业发展。2014年，我国页岩气总产量达 $13 \times 10^8 m^3$；2015年，全国页岩气产量 $45 \times 10^8 m^3$。国土资源部对外表示，到2020年，我国页岩气产量需达到 $300 \times 10^8 m^3$。

我国页岩气产业的勘探开发历程大致可分为三个阶段：一是引入阶段，2004年以前，主要是介绍和引用国外的页岩气基础理论、勘探开发经验和技术；二是基础研究阶段，2005—2008年，我国政府、三大石油公司和相关大学开始对我国页岩气地质特征进行基础研究，为我国页岩气资源评估、示范区选择以及商业开发提供初步依据；三是示范区勘探开发阶段，自2009年以来，我国相继组织开展全国页岩气资源潜力评估、有利区带优选和勘探区块招标工作，在四川盆地和鄂尔多斯盆地取得重大突破，形成涪陵、长宁、威远、延长等四大页岩气产区，产能超过 $70 \times 10^8 m^3/a$，其中长宁—威远页岩气开发示范区在效益、效果方面尤为突出。下面仅以川南区块为例说明我国页岩气开发现状。

（1）涪陵页岩气产区。

该产区位于重庆市东部，目的层为志留系龙马溪组富有机质页岩，已在焦石坝建成一期 $50 \times 10^8 m^3/a$ 产能，并初步落实二期5个有利目标区，埋深小于4000m有利区面积为 $600 km^2$，地质资源量 $4767 \times 10^8 m^3$。

2015年10月，涪陵页岩气田的探明储量增加到 $3806 \times 10^8 m^3$，含气面积扩大到 $383.5 km^2$，成为除北美之外全球最大的页岩气田。2015年12月29日，涪陵页岩气田完成一期 $50 \times 10^8 m^3/a$ 的产能建设，成为中国首个国家级页岩气示范区，同时启动二期 $50 \times 10^8 m^3/a$ 的产能建设。截至2015年8月底，该气田累计钻井253口、完井204口、压裂投产井142口，累计产气 $25 \times 10^8 m^3$。

（2）长宁—威远页岩气产区。

该产区位于四川盆地与云贵高原结合部，包括水富—叙永和沐川—宜宾两个区块，目的层为志留系龙马溪组富有机质页岩，埋深小于4000m有利区面积为4450km²，地质资源量$1.9 \times 10^{12}m^3$。

（3）威远页岩气产区。

威远页岩气产区位于四川省和重庆市境内，包括内江—犍为、安岳—潼南、大足—自贡、璧山—合江和泸县—长宁5个区块，目的层为志留系龙马溪组富有机质页岩，埋深小于4000m有利区面积为8500km²，地质资源量约$3.9 \times 10^{12}m^3$。

2016年1月13日，四川长宁—威远国家级页岩气示范区页岩气日产量达到$700 \times 10^4 m^3$，形成$20 \times 10^8 m^3/a$的产能，标志着中国石油建成了该公司的首个国家级页岩气示范区。该国家级页岩气示范区由长宁、威远两个产气区块组成。截至2015年底，长宁和威远产气区分别完钻井67口、25口，正钻井61口、14口，平均测试日产量$14.3 \times 10^4 m^3$、$16.73 \times 10^4 m^3$，累计产气量达到$10.1 \times 10^8 m^3$。

第二节　国内外页岩气开发历程

页岩气在北美得到大规模勘探开发，主要原因之一在于针对页岩气开发的钻完井技术取得一系列进步，如水平井钻井技术、水力体积压裂技术、工厂化钻完井作业模式等，目前，北美页岩气钻完井技术成熟配套，国内页岩气钻完井技术取得重大进展。

一、国外页岩气开发历程

美国是世界上页岩气开发最早，也最为成功的国家。美国页岩气资源丰富、地质条件优越，其绝大部分页岩气气藏相对中国目前正开发的南方海相页岩气藏，具有沉积年代晚、埋深浅、含气性高、地层压力低、地表为平原地形，水源丰富等特点，见表1-1。

表1-1　美国部分典型页岩气藏地质特点

页岩名称	Antrim	Barnett	Eagel Ford	Fayetteville	Haynesvill
地质年代	泥盆纪	石炭纪	白垩纪	石炭纪	侏罗纪
埋藏深度，m	183～730	1981～2591	1200～4270	457～1981	3048～4115
压力系数	0.81	0.99～1.01	1.35～1.80	0.80～0.97	1.60～2.07
含气量，m³/t	1.13～2.83	8.49～9.91	2.8～5.7	1.70～6.23	2.8～9.3
地面地形	平原	平原	平原	平原	平原
页岩名称	Lewis	Marcellus	New Abany	Ohio	WoodFord
地质年代	白垩纪	泥盆纪	泥盆纪	泥盆纪	泥盆纪
埋藏深度，m	914～1829	1220～2590	183～1494	610～1524	1800～3300
压力系数	0.46～0.58	0.90～1.4	0.99	0.35～0.92	0.70～0.80
含气量，m³/t	0.37～1.27	1.7～2.8	1.13～2.64	1.70～2.83	5.66～8.49
地面地形	平原	平原	平原	平原	平原

上述特点使得美国页岩气藏在开发时，相对中国南方海相页岩气，具有井场修筑容易、设备搬迁容易、井浅、可钻性好、压裂容易、钻完井周期短、单井投资小、效益高等一系列得天独厚的优势。

一般认为，美国页岩气开发历程主要分为三个阶段。

第一阶段：页岩气勘探开发早期阶段（1821—1979 年）。

1627—1669 年期间，根据几个法国探险家和传教士的记叙，阿帕拉契亚盆地的黑色富含有机质页岩已被测量和描述。1821 年，美国第一口商业页岩气井在纽约州阿帕拉契亚盆地泥盆系 Dunkirk 页岩诞生，该井钻达井深 21m 处时，从井深 8.23m 的页岩裂缝中就产出了天然气，生产的天然气满足了 Fredonia 镇的部分照明和生活的需要，该井一直供气到 1858 年。1863 年，伊利诺伊盆地肯塔基西部泥盆系等页岩层中也发现低产页岩气流，1870—1880 年期间，勘探范围逐步扩展到伊利湖南岸和俄亥俄州东北部。

1914 年，阿帕拉契亚泥盆系 Ohio 页岩中钻获日产 $2.83 \times 10^4 m^3$ 的天然气，世界上第一个天然气田——Big Sandy 气田被发现，到 1926 年，该气田的含气范围由阿帕拉契亚盆地东部扩展到西部，成为当时世界上最大的气田，随后，由于石油、煤层气等化石燃料相对低价并容易开采，页岩气开采并未受到重视。

20 世纪 70 年代，第一次石油危机爆发，美国政府将注意力转移到页岩气资源勘探开发上，同时高油价也吸引了私人石油公司开展有关的调研工作，到 1976 年，美国能源部开展了东部页岩气研究项目，综合研究阿巴拉契亚盆地、密执安盆地和伊利诺伊盆地的页岩气地质特征，证实了以阿巴拉契亚盆地泥盆系为代表的东部黑色页岩的巨大资源潜力，并重点研究和开发页岩气的增产措施技术，1979 年，美国页岩气产量达到 $24.8 \times 10^8 m^3$，最主要为阿帕拉契亚泥盆系 Ohio 页岩产出。

1821—1979 年是美国页岩气勘探开发的早期阶段，得益于美国页岩气得天独厚的地质条件，该时期完成大量具有商业价值的页岩气井，页岩储层均为裂缝性储层，采用直井衰竭式开发，页岩气开发埋深普遍在 1000m 以内。

第二阶段：页岩气稳步发展阶段（1979—1999 年）。

为了鼓励勘探开发，美国政府在 1980 年颁布了《能源意外获利法》，对页岩气等非常规资源给予税收补贴政策，在发展初期给予了有力支持。随后开发技术逐步得以创新，1981 年，美国在 Barnett 页岩中通过氮气泡沫压裂，成功地实现了 Barnett 页岩气的工业化开采，由此将美国页岩气产区由东部迅速推向东南部，勘探深度也实现由 1000m 以内向 2000m 左右迈进。

20 世纪 80 年代到 90 年代初期，美国对泥盆系和密西西比系页岩中的天然气潜力进行了比较完整的评价，在这段时期，页岩气的理论研究和压裂技术尝试创新为后期的发展打下了扎实的基础。依靠前期的理论研究，到 20 世纪 90 年代中期，美国已在阿帕拉契亚泥盆系 Ohio 页岩、密执安盆地的 Antrim 页岩、伊利诺斯盆地的 New Albany 页岩、沃思保盆地 Barnett 页岩、圣胡安盆地白垩系 Lewis 页岩实现商业性产气。1997 年，美国政府颁布的《纳税人减负法案》中延续了替代能源的税收补贴政策。1999 年，美国页岩年气产量达 $112 \times 10^8 m^3$，其中阿帕拉契亚盆地的 Ohio 页岩和密执安盆地的 Antrim 页岩的页岩气年产量占比 90% 以上，沃思保盆地 Barnett 页岩的页岩气年产量页岩气年产量占比 5% 以上，如图 1-1 所示。

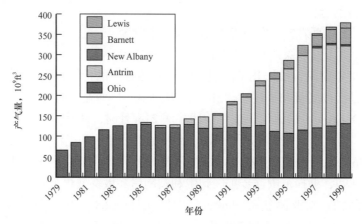

图 1-1 1979—1999 年美国页岩气年总产量及各页岩气区块年产量情况图

1979—1999 年是美国页岩气勘探开发稳步发展阶段，由于政策支持、企业投资增加、压裂技术获得重大突破等因素的刺激，该阶段美国页岩气勘探开发区由东部迅速推向东南部，页岩气开发埋深也实现由 1000m 以内向 2000m 左右迈进，采用直井组 + 压裂开采，产能在 1999 年达到 $112 \times 10^8 m^3/a$。

第三阶段：页岩气勘探快速发展阶段（1999 年至今）。

1999 年，多次重复水力压裂技术开始大规模应用于页岩气井。2002 年，水平井钻井应用于页岩气开发。随后旋转导向钻井技术、随钻地质导向技术、分段压裂技术、微地震监测技术、"工厂化"作业等先进钻完井技术的集成推广应用，大幅降低了页岩气开采难度和成本、提高了产量和开发效益，页岩气勘探开发区域、层系持续增加，这一阶段主要开发的层系除了前述的 Ohio，Antrim，New Albany，Barnett 和 Lewis 页岩，又新开发了 Woodford，Fayetteville，Marcellus 和 Haynesville 等页岩，页岩气开发埋深向 3000m 及以上深度推进。2017 年，美国页岩气产量达到 $4300 \times 10^8 m^3$。

继美国之后，加拿大成为全球第二个页岩气实现商业化开发的国家。勘探开发区域主要集中在加拿大西部。不列颠哥伦比亚省的霍恩河（Horn River）盆地中泥盆系，不列颠哥伦比亚省和艾伯塔省 Deep 盆地的三叠系蒙特尼（Montney）页岩，以及加拿大东部魁北克省的尤蒂卡页岩层是加拿大页岩气主力产区。加拿大页岩气技术可采资源量为 $16.2 \times 10^{12} m^3$。2007 年，第一个页岩气藏投入商业化开发；2012 年，页岩气产量达到 $215 \times 10^8 m^3$。

国外其他国家，页岩气勘探开发尚处于起步阶段。

二、国内页岩气开发历程

与美国相比，中国页岩气勘探起步较晚，但与全球其他地区相比仍处于领先地位。

自 20 世纪 60 年代以来，不断在渤海湾、松辽、四川、柴达木、鄂尔多斯等几乎所有陆上含油气盆地中都发现了页岩气或泥页岩裂缝性油气藏。1966年，在四川盆地威远构造上钻探的威5井，在古生界寒武系筇竹寺组获日产$2.46\times10^4\text{m}^3$气流。

1994—1998年间，中国专门针对泥、页岩裂缝性油气藏做过大量工作，许多学者也在不同含油气盆地探索过页岩气形成与富集的可能性。

2000—2005年间，中国学者及科研机构开始高度关注北美页岩气的大规模开采。

2005年开始，中国石油、中国石化、国土资源部及中国地质大学（北京）等相关单位借鉴北美页岩气成功开发的经验，以区域地质调查为基础，利用老井复查，开展中国页岩气形成与富集的地质条件研究，调查页岩气资源潜力，探索中国页岩气的发展前景。

2006年，中国石油与美国新田石油公司进行了国内首次页岩气研讨，提出中国具备海相页岩气形成与富集的基本地质条件，其依据是在四川盆地南部威远、阳高寺等地区的常规天然气勘探开发过程中钻遇的寒武系筇竹寺组和志留系龙马溪组时出现了丰富含气显示现象。

2007年，中国石油与美国新田石油公司合作，开展威远地区寒武系筇竹寺组页岩气资源潜力评价与开发可行性研究；同时，对整个蜀南地区古生代海相页岩地层开展了露头地质调查与老资料复查。

2008年，中国石油勘探开发研究院在四川盆地南部长宁构造志留系龙马溪组露头区钻探了中国第一口页岩气地质评价浅井——长芯1井，取得了"上扬子地区古生界发育多套海相富有机质页岩、厚度大、有机质含量高，具有较好的页岩气形成条件"的初步认识。

2009年，国土资源部在全国油气资源战略选区调查与评价专项中设立了"全国重点地区页岩气资源潜力评价和有利区带优选"重大专项。中国石油与壳牌（Shell）公司在四川盆地富顺—永川地区进行中国第一个页岩气国际合作勘探开发项目，并率先在四川盆地威远—长宁、云南昭通等地区开展中国页岩气工业生产先导试验区建设。为了探索四川盆地东部页岩广泛出路区和高陡构造复杂区的页岩气勘探前景，国土资源部与中国地质大学在重庆市彭水县境内钻探了地质调查井——渝页1井。同时，中国石化在贵州大方—凯里方深1井区开展了寒武系牛蹄塘组页岩气老井复查工作。

2010年以来，中国政府高度重视页岩气产业的发展，成立了国家能源页岩气研发（实验）中心，中国与美国制订并签署了《美国国务院和中国国家能源局关于中美页岩气资源工作行动计划》，成立了国家能源页岩气研发（实验）中心；同年，WY201井、宁201井在上奥陶统五峰组—下志留统龙马溪组海相页岩中获得工业气流，中国开始了页岩气开采。

2011年，页岩气被批准成为我国第172种独立矿种，发布"十二五"页岩气规划。国家组织第一轮页岩气矿权出让，同年发现焦石坝页岩气田。

2012年，焦页1HF井五峰—龙马溪组获高产油气流，当年中国页岩气产量超过$1\times10^8\text{m}^3$；同年，国家批准建设长宁—威远页岩气产业化示范区，探索页岩气规模效益开发方法，建立页岩气勘探开发技术标准体系。

2013年，国家批准设立重庆涪陵国家级页岩气示范区，当年中国页岩气产量超过

$2 \times 10^8 m^3$。

2014 年，涪陵、威远、长宁页岩气田快速建产，使中国 2014 年页岩气产量跃升至 $12.5 \times 10^8 m^3$，成为世界上第三个实现页岩气商业开发的国家。

2017 年，中国页岩气产量达到 $90 \times 10^8 m^3$，仅次于美国、加拿大，位于世界第三位。

第三节　国内外页岩气开发技术现状

页岩具有异常低孔隙度、低渗透率特点，从美国页岩气开发经验来看，90% 以上的页岩气井需要采取水力压裂等措施方能获得工业产能。页岩气商业开发的根本途径是大幅度提高单井产量，同时，有效地控制工程成本，因此，丛式水平井长水平段与多级压裂结合是页岩气开发的基本方式。采用长水平段丛式水平井与多级大规模体积压裂技术结合，可大幅提高单井产量、减少钻井数量、节约土地资源，实现页岩气资源有效动用。

在进行页岩气水平井钻完井设计与工艺优化时，需要将气藏工程、钻井工程紧密结合，并考虑压裂缝网的逆向设计思路，进行大井网平台整体优化设计，从而集约建设开发资源，提高开发效率，降低管理和施工运营成本，实现井组产量最大化。

一、国外页岩气开发技术现状

1. 钻井提速技术

美国和加拿大等北美国家大多数页岩气藏地层普遍可钻性好，且相关企业针对各区块地质工程特点，在页岩气水平井钻井中科学应用 Vortex 和 PD Orbit 等先进旋转导向工具、大扭矩螺杆、大水眼钻具、非平面齿 PDC 等高效钻头、控压/欠平衡等装备，钻井提速效果显著，如在 Midland Basin 的一口井深超过 7000m 的页岩气水平井中，单趟钻进尺 3879m，从钻进到完钻只用 4d，平均机械钻速达 45m/h。

2. 页岩气钻井液技术

国外页岩气开发针对不同的泥页岩，同时考虑环境、成本、维护等多种因素来进行钻井液体系选择。其中美国 Marcellus 页岩，基于环境考虑，采用合成基钻井液；Haynesville 页岩，采用柴油基钻井液；Barnett 页岩，水平段采用油基钻井液，直井段采用高性能水基钻井液；Eagle Ford 页岩，上部技术套管使用水基钻井液，储层段使用柴油基或合成基钻井液。

油基钻井液一直是国外页岩气水平井储层段大多数区块最多使用的钻井液，近年来，迫于越来越严格的环保法规要求和钻井低成本压力，国外开展了大量的高性能水基钻井液新技术研究，且部分体系已经在现场得到了应用。Hou 等研制了分别以聚合醇和甲基葡萄糖甙（MEG）为主剂的两种水基钻井液，该钻井液成功应用于德国北部页岩气井；Samal 等开发了一种适用于强水敏泥页岩地层水平井钻进的乙二醇—胺—PHPA 水基钻井液体系，该体系具有较强的抑制性。

3. 固井技术

国外页岩气固井水泥主要有泡沫水泥、酸溶性水泥、泡沫酸溶性水泥以及火山灰 +H 级水泥等 4 种类型，火山灰 +H 级水泥成本最低，泡沫酸溶性水泥和泡沫水泥成本相当，高于其他两种水泥，是火山灰 +H 级水泥成本的 1.45 倍。

页岩气井通常采用泡沫水泥固井技术，由于泡沫水泥具有浆体稳定、密度低、防漏性能好、失水小、抗拉强度高等特点，基于泡沫水泥中泡沫的可膨胀性，因此，泡沫水泥还有极好的防窜效果，能解决低压易漏长封固段复杂井的固井问题，而且可以减小储层伤害，泡沫水泥固井比常规水泥固井产气量平均高出 23%。

美国 Oklahoma 的 Woodford 页岩储层中就利用了这种泡沫水泥，它确保了层位封隔，同时又抵制了高的压裂压力。泡沫水泥膨胀并填充了井筒上部，这种膨胀也可以避免凝固过程中的井壁坍塌，泡沫水泥的延展性弥补了其低的压缩强度。

美国 Bernatt 页岩钻井过程用酸溶性水泥固井，酸溶性水泥提高了碳酸钙的含量，当遇到酸性物质水泥将会溶解，接触时间及溶解度影响其溶解过程。溶解能力是碳酸钙比例及接触时间的函数。常规水泥也是溶于酸的，但达不到酸溶性水泥的这个程度，常规水泥酸溶解度一般为 25%，酸溶性水泥酸溶解度 92%，较容易进行酸化压裂。

泡沫酸溶性水泥由泡沫水泥和酸溶性水泥构成，同时具有泡沫水泥和酸溶性水泥的优点，一个典型的泡沫酸溶性水泥由 H 级普通水泥加上碳酸钙，以提高酸的溶解性，然后用氮气产生泡沫，该类型水泥固井不仅能够避免水泥凝固过程中的井壁坍塌，而且能够提高压裂能力。

火山灰 +H 级水泥体系通过调整水泥浆水密度来改变水泥强度，用来有效防止漏失；同时，有利于水力压裂裂缝，流体漏失添加剂和防漏剂的使用能有效防止水泥进入页岩层，这种水泥能抵制住比常规水泥更高的压力。

4. 完井技术

国外页岩气井的完井方式主要包括组合式桥塞完井、水力喷射射孔完井和机械式组合完井方式。

组合式桥塞完井是在套管井中，用组合式桥塞分隔各段，分别进行射孔或压裂，这是页岩气水平井常用的完井方法，但因需要在施工中射孔、坐封桥塞、钻桥塞，也是最耗时的一种方法。

水力喷射射孔完井适用于直井或水平套管井。该工艺利用伯努利（Bernoulli）原理，从工具喷嘴喷射出的高速流体可射穿套管和岩石，达到射孔的目的。通过拖动管柱可进行多层作业，免去下封隔器或桥塞，缩短完井时间。

机械式组合完井采用特殊的滑套机构和膨胀封隔器，适用于水平裸眼井段限流压裂，一趟管柱即可完成固井和分段压裂施工。以 Halliburton 公司的 Delta Stim 完井技术为代表，施工时将完井工具串下入水平井，悬挂器坐封后，注入酸溶性水泥固井。井口泵入压裂液，先对水平井段最末端第一段实施压裂，然后通过井口落球系统操控滑套，依次逐段进行压裂，最后放喷洗井，将球回收后即可投产。膨胀封隔器的橡胶在遇到油气时会发生膨胀，封隔环空，隔离生产层，膨胀时间可控。

5. "工厂化"作业模式

"工厂化"钻井是井台批量钻井和工厂化钻井等新型钻完井作业模式的统称，是指利用一系列先进钻完井技术和装备、通信工具，系统优化管理整个建井过程涉及的多项因素，集中布置，进行批量钻井、批量压裂等作业的一种作业方式。这种作业方式利用快速移动式钻机对单一井场的多口井进行批量钻完井和脱机作业，以流水线的方式，实现边钻井、边压裂、边生产。通过协同配合，减少井场及道路占地，减少对地表植被的破坏，重复利用钻井液，减少钻井液用量，减少水资源消耗，减少非生产时间，充分利用钻机和人员，提高钻井效率，缩短钻井周期，缩短投资回报期，降低钻完井成本。

近年来，用"工厂化"作业模式完成的页岩气井占比快速增长。在先进高效的钻完井技术的协同配合下，国外工厂化作业提速提效显著，加拿大 Groundhirch 页岩气项目采用"工厂化"作业模式，单井建井周期从 40d 缩短至 10d，近年来，美国页岩气水平井的平均水平段长度逐年增加，但平均单井钻完井成本并没有增加。

二、国内页岩气开发技术现状

伴随着中国页岩气的快速勘探开发，国内页岩气水平井钻完井技术通过创新发展和引进、吸收国外先进技术，逐步形成了埋深 3500m 深度以浅页岩气配套钻完井技术，有力支撑了长宁、威远、涪陵国家级页岩气示范区及其他区块页岩气产能建设。

国内页岩气钻完井技术发展主要经过三个阶段：

2009—2011 年，为国内页岩气钻完井探索阶段，该阶段主要以常规钻完井技术或引进国外技术进行页岩气钻完井作业，如采用单井钻完井作业、滑动钻井定向、普通油基钻井液、固井技术、引进微地震压裂监测技术等，钻完井过程中表现出钻速慢、钻井周期长、页岩垮塌严重和固井质量不高等特点。如宁 201 井韩家店—石牛栏井 PDC 钻头适应性差，牙轮钻头机械钻速仅 1.29m/h；WY201-H1 井、N201-H1 井和 WY201-H3 井等造斜、水平段采用普通油基钻井液，但垮塌严重，生产套管固井优质率为 52.7%、合格率 89.2%。

2012—2014 年，为国内页岩气钻完井国产化，自研配套阶段。该阶段开始进行丛式井作业，初步形成三维丛式水平井井眼轨迹控制技术、页岩气丛式井快速钻井技术、地质工程一体化导向技术、页岩气油基钻井液技术、页岩气水平段固井技术、分簇射孔技术、水平井分段压裂技术、清洁化生产等，该阶段基本完成了北美页岩气钻完井技术的国产化，现场应用取得较大进展，如威远、长宁页岩气平均钻井周期由初期的 147d 左右，降低至该阶段的 70d 左右，油基钻井液基本解决了页岩层段垮塌问题，生产套管固井优质率达到 81.8%，合格率达到 91.4%，分段压裂创造最大单井分段数 26 段，单井最大液量 46141m³，最大砂量 2161t 等系列国内纪录，但仍存在钻机快速移动装置和快速安装设备仅初步配套，采用单钻机钻井，单井压裂，未实现"工厂化"钻完井，钻完井效率较低、成本较高，井身结构不满足大排量体积改造的需求等问题。

2014 年至今，为国内页岩气钻完井技术持续优化、集成、规模应用阶段。该阶段形成了以批量化双钻机钻井、钻井压裂同步作业、拉链（同步）压裂等为代表的工厂化作业模式；井身结构优化、三维轨迹优化、个性化钻头＋高效井下工具、油基／水基钻井液、工程地质一体化地质导向、页岩气水平井固井等为代表的优快钻完井技术；以体积压裂优化设计、高效分段工具、优质压裂液、微地震监测技术等为代表的体积压裂技术。该阶段实现了"钻井越来越快、压裂越来越好、产量越来越高"的效果，长宁、威远、昭通、涪陵等区块，钻井周期低于 40d 的井不断涌现，单井平均测试产量不小于 $10 \times 10^4 m^3/d$，上述区块均实现规模效益开发，快速支撑了国内页岩气产量由 2014 年的 $12 \times 10^8 m^3$，提高至 2017 年的 $90 \times 10^8 m^3$。

第四节　页岩气井工程技术特征

一、页岩气井山地布井受限

目前，我国页岩气勘探开发主要集中在四川盆地及其周缘的海相页岩发育有利区块，区内地貌以丘陵、山地为主，人口密集、耕地较少。这一复杂的地形地表条件不仅使平台选择受限，还严重限制了平台的布井数量和地面井口排列方式（图 1-2）。

图 1-2　四川页岩气井场地表环境

为降低页岩气勘探开发投入成本，页岩气普遍采用丛式水平井开发模式，丛式井组地面井位置基本原则是用尽可能少的平台（井场）布合理数量的井，有利于地面工程建设、利于钻机搬迁移动、减少井眼相碰风险、利于储层最大化开发、满足工程施工能力、降低征地费用及钻井费用等。

在集群化建井基础上，综合井场建设、钻井难度和建井周期等因素，页岩气丛式井平台内井口的常用排列方式如下：

（1）"一"字形单排排列。

依据美国页岩气开发成功经验，页岩气丛式水平井平台按单排"一"字形井口布局方式是最优的，可降低钻井难度和风险以及实施安全快速钻井，"工厂化"作业采用连续轨道实现钻机快速平移，最大化降低无效怠工时间。这种直线型布局井间偏移距丢失最小，且有利于压裂车组布局图1-3和图1-4分别为单平台3口井布局和4口井布局。但我国长宁—威远区块属于丘陵、山区地形，地表条件受限，若采用多井数"一"字形的大平台井场很难实现。在地形条件受限的情况下，只能采用平台内布井3～6口，井口间距5m，少数平台在地面条件允许时可采用"一"字形井口布井方式。

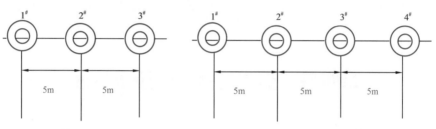

图1-3 单平台3口井布局　　　　　图1-4 单平台4口井布局

（2）双排排列。

单平台双排对称布置，工程难度适中，平均单井占用井场面积小，平台利用率高，但平台正下方存在较大区域开发盲区，这类布井技术基本成熟，是宁201井区页岩气水平井主要布井方式，井间距5m，排间距30m，垂直靶前距300m，巷道间距400m，采用双钻机作业。目前主要采用这种方式布井，如图1-5和图1-6所示。

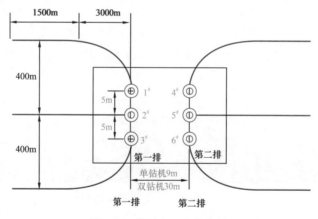

图1-5 单平台6口井布局

（3）双平台交叉布置。

两个平台双排交叉式布井方式，两个水平井组单侧井互相对另一平台正下方储量进行利用，但对布井地面条件要求高，平均单井进尺长，如图1-7所示。

该类布井，对钻井而言主要是垂直靶前距大，井眼轨道中的狗腿度较小，施工难度相对较小。WY204H4平台和WY204H5平台实施了交叉布井，水平段长1500m，垂直靶前距850m，完成了钻井工作。但随着水平段延伸，垂直靶前距增大，稳斜段也相应增长，从而摩阻扭矩增大。

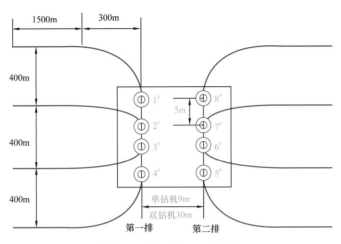

图 1-6 单平台 8 口井布局

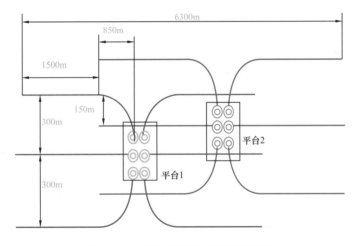

图 1-7 双平台交叉布置平面示意图

二、三维水平井井眼轨迹复杂

丛式井平台的布置具有集中开采的优势，能够使油气田开发最大化地减少平台或者井场数量，能消除地面限制而有效控制成片油气层。由于受到复杂地形及开采成本的制约，且兼顾了高效管理和合理开发的缘故，丛式井井组模式在页岩气藏的开采中大规模使用。一个丛式水平井组一般在其上下半支分别部署 2～5 口压裂水平井，通过统一的管理和混合计量，达到节约占地面积、高效动用储层的作用。

在丛式井设计中，要在一个有限空间内完成几口、十几口井的设计和施工，往往会遇到井与井之间的防碰问题。合理进行井眼轨迹设计是解决丛式井防碰问题的关键。

在长宁—威远区块，页岩气丛式井钻井技术中主要采用了 3 种井眼轨迹类型：大偏移距三维水平井井眼轨迹、双二维水平井井眼轨迹、勺形井眼轨迹。

1. 大偏移距三维水平井井眼轨迹

鉴于页岩气丛式水平井开发要求，井眼轨迹将由二维变成三维（图1-8）。长宁一威远区块页岩气水平井大量部署大偏移距三维水平井，井眼轨迹复杂。常规二维水平井，井口与水平段投影在同一条直线上，钻井过程中只增井斜，而方位保持不变，摩阻扭矩影响因素较少。而大偏移距三维水平井井口与水平段投影存在一定的垂直偏移距，钻井过程中既要增井斜、又要调整方位，同时还要考虑钻具组合在三维井段的造斜能力以及摩阻扭矩变化等因素影响。

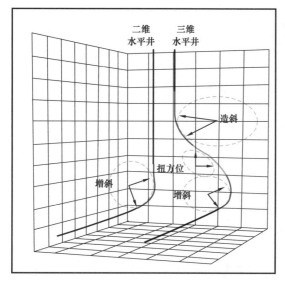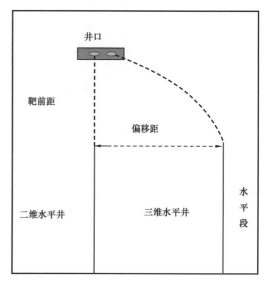

图1-8 二维和三维水平井井身剖面示意图

由于大偏移距三维水平井钻井过程中既要增井斜、又要扭方位，对钻具工具的增斜能力要求较高，国外一般采用旋转导向钻井，轨迹光滑、摩阻扭矩低、有利于轨迹控制，但钻井成本高。单弯螺杆钻具在三维井段钻井的造斜能力下降，摩阻扭矩增加易造成自锁，实钻轨迹控制难度大。

2. 双二维水平井井眼轨迹

经过对页岩气三维水平井井眼轨迹设计方案进行优化，形成了页岩气三维水平井轨迹"三维轨迹二维化设计"方案，大幅降低了页岩气三维水平井井眼轨迹控制难度和井下事故复杂率，为页岩气水平井提高机械钻速、降低钻井周期起到了显著的作用。

采取双二维轨道的设计，形成了较小的井斜走偏移距—降斜吊直—增井斜入窗井眼轨迹设计方案。该方案特点如下：

（1）20°小井斜走位移；

（2）旋转导向工具造斜；

（3）小井斜走完位移后吊直，不需要扭方位；

（4）造斜率5°/30m。

表 1-2 WY204H4-1 井"双二维轨道"优化设计的井眼轨迹数据表

井段描述	测深 m	井斜 (°)	网格方位 (°)	垂深 m	北坐标 m	东坐标 m	造斜率 (°)/30m	闭合距 m	闭合方位 (°)
直井段	940	0		940	0	0	0	0	
增斜段	1120	18.00	232.00	1117	−17.26	−22.10	3.00	28.04	232.00
稳斜段	2051	18.00	232.00	2002	−194.39	−248.80	0	315.74	232.00
降斜段	2591	0	232.00	2534	−246.18	−315.10	1.00	399.87	232.00
直井段	3127	0	315.09	3070	−246.18	−315.10	0	399.87	232.00
增斜段	3548	75.78	315.09	3379	−76.11	−484.62	5.40	490.56	261.07
稳斜段	3975	75.78	315.09	3483	217.02	−776.79	0	806.54	285.61
增斜段（A点）	4074	94.19	315.09	3492	286.31	−845.86	5.60	893.00	288.70
水平段（B点）	5578	94.19	315.09	3382	1348.74	−1904.84	0	2333.99	305.30

3. 勺形井眼轨迹

随着页岩气进入了新的开发阶段，平台正下方储层无法动用的问题在开发过程中越发突显，目前沿用的常规"L"形水平井已经无法有效应对。勺形水平井又常被称作鱼钩形井、欠位移井和反向位移井等，作为一种有效提高储层动用面积的水平井类型，在页岩气开发中有很好的应用前景。

勺形井能实现尽可能大的水平段长度和储层接触面积，有效提高页岩气产量，但由于井眼轨迹及钻具受力复杂，钻井摩阻、扭矩较大，对钻完井集成工艺要求高，一直是目前面临的技术难题。

2017 年 4 月 18 日，顺利完钻四川省第一口勺形页岩气试验井 NH24-8 井。勺形井技术可有效提高页岩气单井产量，是中国石油页岩气钻井技术的一项重大突破。NH24-8 井钻进至井深 3890m 顺利完钻，水平段长 1100m，钻井周期 69d，最大反向位移 635m。

NH24-8 井实钻数据如下：

（1）实钻靶区，数据见表 1-3。

表 1-3 NH24-8 井实钻靶区数据

测深 m	井斜 (°)	网格方位 (°)	垂深 m	闭合距 m	闭合方位 (°)	靶心距 m	中靶评价
2770	74.8	187.17	2427.42	620.16	281.11	—	内
3870	83.18	191.76	2611.36	1242	220.34	—	内

（2）完钻井深及井底数据见表1-4。

表1-4 NH24-8井完钻井深及井底数据

描述	测深，m	井斜，（°）	网格方位，（°）	垂深，m	闭合距，m	闭合方位，（°）
井底预测	3890	83.2	191.76	2613.73	1259.5	219.91

（3）实际造斜点深度：372m。

（4）实钻最大井斜角 α=83.2°（井深3871.06m）。

（5）实钻最大全角变化率7.88°/30m。

（6）定向作业最大钻井液密度2.01g/cm³。

（7）井斜大于45°且小于80°的井段为2490～2784m井段、2954～3216m井段和3453～3595m井段。

（8）井斜大于80°井段为2784～2954m井段、3216～3453m井段和3595～3890m井段。

（9）水平段：2770～3890m井段；水平段长度为1120m。

（10）水平段钻进时间：21.99d。

图1-9和图1-10分别为NH24-8井垂直投影图和水平投影图。

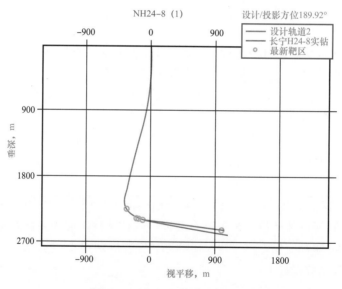

图1-9 NH24-8井垂直投影图

三、完井井身结构多样

1. 页岩气井身结构设计原则

页岩气作为一种非常规油气资源，在进行页岩气井井身结构设计时，除了满足基本设计要求外，还需要充分考虑区域地质特征，合理设计，满足QHSE要求、钻井提速及后

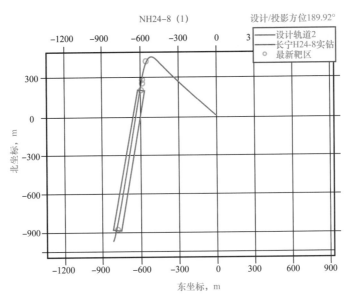

图 1-10　NH24-8 井水平投影图

期大规模压裂及井筒完整性要求。页岩气水平井采用拉链压裂、同步压裂等技术措施来提高单井产量，压裂施工排量大，注液多，生产套管强度和套管内径对压裂实施影响较大，威远、长宁页岩气区块前期完成井均采用 ϕ139.7mm 套管完井，加砂压裂后套管变形较严重，后期丛式水平井组生产套管钢级、壁厚考虑压裂的影响。因此，井身结构设计需要根据页岩气开发的施工工艺特点，根据以下设计原则进行井身结构设计：

（1）满足大规模分段体积压裂改造，完井作业、采气工程及后期作业的要求；

（2）有利于减少井下复杂事故，保证钻井施工安全；

（3）有利于保证固井质量；

（4）有利于提高钻井速度；

（5）符合行业规范与标准；

（6）降低成本，提高效益。

2. 威远—长宁区块井身结构演化

威远—长宁区块地层压力普遍特征是上部层段为正常地层压力，目的层为异常高压地层。套管必封点确定主要考虑上部井段井漏、页岩井段易垮，页岩井段将使用高密度钻井液稳定井壁以及充气钻井等特殊工艺、方法的要求和影响。依据地质特点和前期井下复杂研究，结合最新生产需求以及钻完井技术的发展需要，经历了"常规→非常规、大尺寸→小尺寸、四开→三开"的三轮井身结构优化方案的演变，形成了同时适合气体钻井、常规钻井和旋转导向的最优化井身结构，优化后的机械钻速和钻井周期均有显著提升，同时，减少了事故复杂，降低了钻井成本。

（1）第一阶段（先导试验井，2009—2011 年）。

以直井为主，开展水平井先导性试验，共完钻 9 口井，包括直井 6 口与水平井 3 口。

水平井有 WY201-H1 井、WY201-H3 井和 N201-H1 井。这三口水平井，普遍表现出井下复杂事故多、机械钻速慢、水平段短、钻井周期长的特点。在钻井设计方面，主要表现在井身结构设计不合理、井眼轨道设计实施工程难度大、设计实施的效果差。

WY201-H1 井完钻井深 2823m，水平段长 1079.48m，钻井周期 74d，平均机械钻速 10.88m/h。但在 1400～1510m、2120～2180m、2750m 至井底三个井段出现了严重垮塌，处理耗时 37d。

WY201-H3 井在井深 3647m 处完钻，水平段长 737m，钻井周期 149d，平均机械钻速 2.67m/h。该井由于井眼扩大率大，加之地层提前导致侧钻，侧钻耗时 61d，侧钻段平均钻速 1.5m/h。

N201-H1 井是于 2010 年部署在长宁气田的第一口页岩气先导试验水平井，井深 3790m，水平段长 1045m，钻井周期 147d。由于当时钻井液技术不成熟，对页岩储层井壁失稳机理还不是很清楚，该井在实钻过程中龙马溪组页岩储层垮塌严重，钻进至井深 3447.17m 时发生卡钻故障，处理未果后从井深 2150m 开始侧钻至完钻井深 3790m，非生产时效占其 60.24%。

表 1-5 为威远—长宁区块第一阶段井基本情况。

表 1-5　威远—长宁区块第一阶段井基本情况

井型	井号	井深, m	目的层	钻井周期, d	生产套管尺寸, mm
直井	WY201	2840	筇竹寺组	121	139
	WY203	3220	龙马溪组	97	139
	WY202	2610	龙马溪组	41	139
	N201	2560	龙马溪组	78	139
	N206	1920	筇竹寺组	58	139
	N208	3307	筇竹寺组	149	139
	N209	3202	龙马溪组	121	139
	N210	2282	龙马溪组	106	139
	N203	2425	龙马溪组	56	139
水平井	WY201-H1	2823	龙马溪组	74	139
	WY201-H3	3647	筇竹寺组	149	139
	N201-H1	3790	龙马溪组	147	139

井身结构由三开三完先调整为两开两完（WY201-H1），再由两开两完调整为三开三完（WY201-H3，N201-H1）。其变化情况如图 1-11 所示。

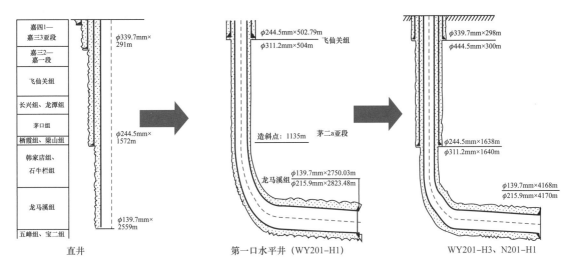

图 1-11 威远—长宁区块第一阶段井井身结构变化情况

（2）第二阶段（评价期，2012—2013 年）。

开展丛式水平井组"工厂化"探索试验，优选适合水平井钻井技术。采用非常用井身结构，引进国外油基钻井液，其中 NH2 和 NH3 平台向北方向钻的 7 口水平井水平段为上倾（水平段井斜大于 90°），平均钻井周期较先导试验井大幅降低。在钻井设计方面，经过现场实施和反馈，井身结构和井眼轨道设计都进行了一定的优化，但是仍然处于探索试验阶段，还未形成比较成熟的整体设计。表 1-6 为威远—长宁区块第二阶段井基本情况。

表 1-6 威远—长宁区块第二阶段井基本情况

井号	井深，m	钻井周期，d	生产套管尺寸，mm	水平段长，m
NH2-1	4190	82	127	1400
NH2-2	3786	76	127	1200
NH2-3	3503	60.58	127	1010
NH2-4	3548	71.3	127	980
NH3-1	4010	62.75	127	1000
NH3-2	3877	63.5	127	1000
NH3-3	3784	62.83	127	1066
WY204	4702	249.51	139.7	1070
WY205	4930	206.5	127	1173

NH2-1、NH2-2、NH2-3 和 NH2-4 以及 NH3-1、NH3-2 和 NH3-3 共 7 口井的井身结构针对 N201-H1 井页岩储层垮塌严重的难题做出了相应改变，威远地区水平井井身结构做了相似的改变。一是井身结构缩小为非标结构（二开 φ333.38 钻头、φ273.1mm 套管；

三开 ϕ241.3mm 钻头，ϕ198.85mm 套管；四开 ϕ168.3mm 钻头，ϕ127mm 套管），可以提高钻井速度，减少钻井投资；二是将技术套管下至龙马溪组接近 A 点（井斜在 50°～60°处），减少三开大井斜裸眼段长度，减少垮塌风险。实钻过程中井壁稳定，全井钻井周期63.5d，非生产时效占其 4.90%，较 N201-H1 井大大减少，如图 1-12 所示。

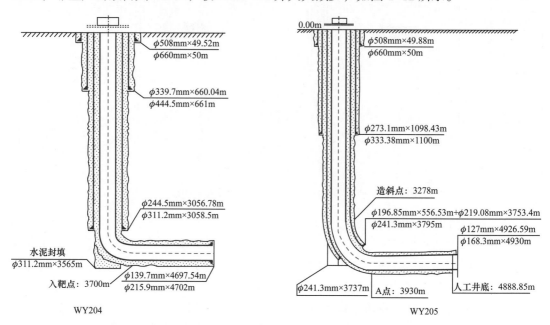

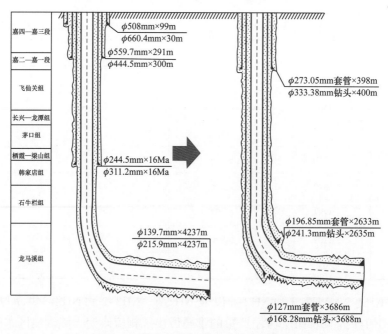

图 1-12　第二阶段长宁地区井身结构变化

（3）第三阶段（建产期，2014 年至今）。

第三阶段通过国外技术引进和合作，油基钻井液技术逐渐成熟，解决了龙马溪组页岩井壁垮塌难题。井身结构采用将技术套管下至韩家店组顶方案，三开用气体钻井穿过韩家店—石牛栏组高研磨性地层，钻至龙马溪组顶再转换成油基钻井液开始造斜定向，如图 1-13 和图 1-14 所示。实钻过程中提速效果显著，完钻周期 33.7d，创造了长宁气田最短钻井周期记录。随着现场试验的推进和技术进步，第三阶段的井身结构技术日趋成熟，基本满足了现有条件下安全快速钻井的需要。

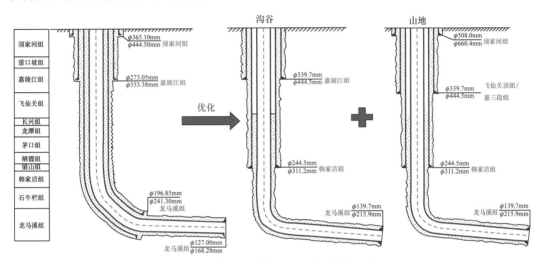

图 1-13 第三阶段长宁地区井身结构变化

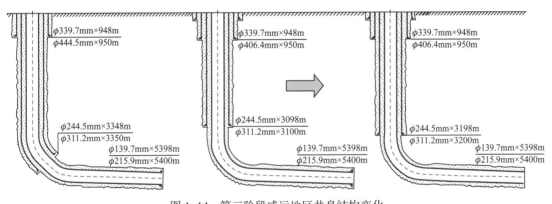

图 1-14 第三阶段威远地区井身结构变化

威远地区以 WY204 井区为主，储层垂深 3500m 左右（斜深超过 5000m）。开发方案井身结构延续第二阶段井身结构：油层套管尺寸小，难以满足压裂大排量施工需要。为满足体积压裂施工需要，减少茅口组和栖霞组井漏复杂，井身结构进行了持续优化。在第三阶段前期井井身结构，油层套管尺寸增大，满足体积压裂需要，栖霞组井漏影响水平段钻进速度。在第三阶段后期井井身结构，有效封隔栖霞组漏层，减少了井下复杂事故，提高了生产时效，缩短了钻井周期。

川渝地区页岩气井井身结构主要经历了 3 个阶段的演变，导致多种井身结构并存，这就要求在修井过程中需要根据不同井身结构制订不同的修井工艺、采用不同的修井管柱以及修井工具。

四、压裂增产改造级数多规模大

页岩气商业开发的根本途径是大幅度提高单井产量，同时有效地控制工程成本，因此，采用丛式水平井与多级大规模体积压裂技术结合是基本技术路线。水平井多级压裂技术是目前页岩气开采最主要、最关键的技术。

多级压裂是利用封堵球或限流技术分隔储层不同层位进行分段压裂的技术，如图 1-15 所示。完井时，先对水平井筒内的套管注水泥，然后实施"桥塞 + 射孔"多级压裂改造，即通过电缆或连续油管坐封桥塞实现套管内的机械封隔，通过固井实现环空的机械转向。随后多次重复这一工艺，在水平段上完成多级压裂改造。当所有小段被处理完后，采用连续油管钻除复合桥塞，使水平井筒从跟部到端部重新连通并投产。

图 1-15　水平井分级压裂

多级压裂的特点是多段压裂和分段压裂，它可以在同一口井中对不同的产层进行单独压裂。多级压裂增产效率高，技术成熟，适用于产层较多、水平井段较长的井。页岩储层不同层位含气性差异大，多级压裂能够充分利用储层的含气性特点使压裂层位最优化。

随着页岩气的大规模开发和水平井的大规模应用，水平井多级压裂技术日趋成熟。随着微地震监测实时监测技术的提高和工厂化作业模式的日益成熟，压裂段数越来越多，作业效率和精度越来越高。现今，多级压裂技术已成为页岩气开发的主体技术，在长宁、威远页岩气示范区大规模应用。

第五节　页岩气水平井修井技术难点

页岩气藏储层具有典型低孔隙度、低渗透率的物性特征，气流的阻力比常规天然气大，因此，页岩气开发需要采用丛式水平井钻井技术、分段多级大规模体积压裂技术等新技术，以提高页岩气开采效益。由此也给页岩气修井带来了相应的技术难点。

一、三维井眼轨迹造成的页岩气水平井修井难点

页岩气开发多采用丛式水平井钻井技术，三维井眼轨迹复杂。与直井相比，页岩气水平井修井难度大，工程风险大，主要体现为：

（1）受到水平井眼的限制，常规的直井修井工具、管柱已经无法满足水平井的修井要求。

（2）斜井段、水平井段的管柱靠近井壁低边，受钟摆力和摩擦力影响，加之其重力方向和实际流体方向不一致，因此，在井壁边缘容易形成砂床，在修井施工过程中，修井作业工具容易被卡住，影响施工活动的顺利进行。

（3）由于造斜段作用，水平井的井口拉力不能被成功传送到水平段内，加上套管原因，因此，大吨位施工，大范围解卡等工艺不能在水平井的修井中得到有效应用。

（4）水平井的摩擦力、扭矩、拉力等过大，同时，钻压传递损失较大，这将给解扣打捞工作带来一定难度。

（5）在施工中铅模容易损坏，因此人员无法对井下情况做出准确判断。

（6）在斜井段和水平段，常规可退式打捞工具不能正常工作，遇卡不易退出落鱼。

二、多级压裂改造造成的修井难点

多级分段大规模压裂是实现页岩气水平井与地层的沟通和页岩气储层改造的主要技术。在压裂改造施工过程中，可能会产生一些异常或复杂，这些异常或复杂的解除决定了页岩气水平井修井任务的多样性。

（1）套损套变。为了扩大页岩储层改造体积和形成复杂裂缝，多采用大液量、大排量、分簇射孔、分段压裂工艺。压裂改造所引起的多方面原因导致套损套变问题尤为突出。套损套变使井下工具下入困难，从而影响后续多级压裂施工以及修井作业。

（2）井筒沉砂。大规模体积压裂技术具有施工排量大、压裂液用量大的特点，容易造成井筒沉砂、砂堵。在压裂过程中，由于高砂比、近井筒裂缝尺寸小、压裂施工压力波动等因素，会导致压裂砂砂堵。在钻磨桥塞时，产生较大碎屑不易返排，发生返排通道阻塞，导致井筒沉砂。在返排期间，由于页岩单井加砂规模大，因此，地层出砂的可能性非常大，从而发生井筒沉砂。

（3）井下工具卡阻或脱落。页岩气水平井压裂改造包括桥塞及射孔枪泵送、桥塞坐封、射孔、钻磨桥塞或桥塞打捞等作业内容。在施工过程中，电缆容易在上提过程中携砂进入阻流管造成遇卡，或者脱丝、打扭造成在阻流管内遇卡。射孔工具串以及桥塞钻磨、打捞管柱等施工管柱可能遇到砂卡、垢卡、套变卡阻等事故，造成管柱断脱。

（4）桥塞处理复杂。桥塞是页岩气水平井桥塞分段压裂技术中重要的封堵工具，在压裂完成后就需要采用有针对性的技术进行桥塞处理，以保证井眼疏通。针对可钻式复合桥塞，需要对桥塞进行钻磨；针对已损坏大通径免钻桥塞和可溶性桥塞残留碎屑，需要进行打捞和碎屑清理。

三、页岩气储层保护造成的修井难点

我国页岩气普遍存在分布广、丰度低、易发现、难开采等特点。页岩气自身储集成藏，其一部分以游离态存在于孔隙和裂缝中，另一部分吸附于有机质和黏土矿物内表面，以大面积含气、隐蔽圈闭机制、可变的盖层岩性和较短的烃类运移距离为特征。因此，在页岩气勘探开发过程中，其储层受到的伤害远大于常规储层，直接影响到页岩气的解吸、扩散和流动。在常规修井技术中，压井作业会使修井液大量进入储层，对储层造成伤害。为了保护储层，在对页岩气开展修井作业时，需要使用低伤害修井液，或者采用带压修井技术。

参 考 文 献

舟丹，2014.我国页岩气的开发现状［J］.中外能源（12）：70.

陆争光，2016.中国页岩气产业发展现状及对策建议［J］.国际石油经济，24（4）：48-54.

王志刚，2015.涪陵页岩气勘探开发重大突破与启示［J］.石油与天然气地质，36（1）：1-6.

孔朝阳，董秀成，蒋庆哲，等，2018.我国页岩气开发的能源投入回报研究——以涪陵页岩气为例［J］.生态经济，34（11）：153-158.

《页岩气地质与勘探开发实践丛书》编委会，2009.北美地区页岩气勘探开发新进展［J］.北京：石油工业出版社.

董大忠，邹才能，杨桦，等，2012.中国页岩气勘探开发进展与发展前景［J］.石油学报，33（S1）：107-114.

董大忠，王玉满，李新景，等，2016.中国页岩气勘探开发新突破及发展前景思考［J］.天然气工业，36（1）：19-32.

左学敏，时保宏，赵靖舟，等，2010.中国页岩气勘探研究现状［J］.兰州大学学报（自然科学版），46（S1）：73-75.

张然，李根生，杨林，等，2011.页岩气增产技术现状及前景展望［J］.石油机械，39（S1）：117-120.

李勇明，彭瑀，王中泽，2013.页岩气压裂增产机理与施工技术分析［J］.西南石油大学学报（自然科学版），35（2）：90-96.

田书超，2016.美国页岩气开发技术及政策研究（1970—2015）［D］.北京：中共中央党校.

孙海成，2012.页岩气储层压裂改造技术研究［D］.北京：中国地质大学（北京）.

聂靖霜，2013.威远、长宁地区页岩气水平井钻井技术研究［D］.成都：西南石油大学.

郭小哲，张子明，孔祥明，等，2016.页岩气压裂水平井组布井参数研究［J］.非常规油气，3（6）：66-71.

周贤海，臧艳彬，2015.涪陵地区页岩气山地"井工厂"钻井技术［J］.石油钻探技术，43（3）：45-49.

沈国兵，刘明国，晁文学，等，2016.涪陵页岩气田三维水平井井眼轨迹控制技术［J］.石油钻探技术，44（2）：10-15.

刘茂森，付建红，白璟，2016.页岩气双二维水平井轨迹优化设计与应用［J］.特种油气藏，23（2）：147-150.

杨火海，张杨，关小旭，2014.长宁地区页岩气水平井眼轨迹优化设计［J］.油气田地面工程，33（7）：

47-48.

马新华, 谢军, 2018. 川南地区页岩气勘探开发进展及发展前景 [J]. 石油勘探与开发, 45 (1): 161-169.

孟鐾桥, 周柏年, 付志, 等, 2017. 勺形水平井在四川长宁页岩气开发中的应用 [J]. 特种油气藏, 24 (5): 165-169.

陈安明, 张辉, 宋占伟, 2012. 页岩气水平井钻完井关键技术分析 [J]. 石油天然气学报, 34 (11): 98-103.

乐守群, 王进杰, 苏前荣, 等, 2017. 涪陵页岩气田水平井井身结构优化设计 [J]. 石油钻探技术, 45 (1): 17-20.

谢军, 2017. 关键技术进步促进页岩气产业快速发展——以长宁—威远国家级页岩气示范区为例 [J]. 天然气工业, 37 (12): 1-10.

路保平, 丁士东, 2018. 中国石化页岩气工程技术新进展与发展展望 [J]. 石油钻探技术, 46 (1): 1-9.

陈颖, 2016. 水平井分层压裂可钻桥塞技术研究 [D]. 成都: 西南石油大学.

高杰, 2014. 页岩气藏多段压裂水平井压力动态特征研究 [D]. 成都: 西南石油大学.

王朋久, 2016. ××区块页岩气水平井分段压裂技术应用研究 [D]. 重庆: 重庆科技学院.

蒋廷学, 王海涛, 卞晓冰, 等, 2018. 水平井体积压裂技术研究与应用 [J]. 岩性油气藏, 30 (3): 1-11.

第二章　页岩气水平井修井管柱力学

页岩气多采用丛式井钻井技术，受限于地形条件，要在一个有限空间内完成几口、十几口井的设计和施工，为了解决防碰问题，页岩气水平井往往具有复杂的井眼轨迹，这给页岩气水平井修井管柱的顺利下入、安全作业提出了很大挑战。本章根据页岩气水平井井眼轨迹特点，建立了修井管柱二维及三维摩阻扭矩计算模型；基于修井管柱摩阻分析研究了修井管柱下入过程中的临界屈曲载荷，计算出修井管柱在页岩气水平井中的最大下入深度；综合修井管柱在井下作业的载荷情况，分析了管柱的伸长变形量，计算了管柱的内应力，开展了管柱的强度校核，为页岩气水平井修井管柱的顺利下入、安全可靠作业提供理论依据。

第一节　页岩气水平井修井管柱摩阻扭矩分析

摩阻是大斜度井、水平井、大位移井钻井、完井设计及施工的核心问题之一。这已为理论和实践所证明。本文根据弹性梁的受力与变形平衡微分方程，管柱变形采用真实圆弧曲线描述，建立了扭矩和阻力计算及钻压传递的计算模型，模型包含了管柱单元体中弯矩和剪力的作用，即刚性的影响。

在水平井中由于存在较高的扭矩和阻力，要使水平井钻井满足油气勘探开发的要求，水平井的钻井、完井设计与施工必须考虑扭矩和阻力的影响。因此，扭矩和阻力的准确预测是很有实际意义的。

一、二维弯曲井段中的计算模型

在二维弯曲井段中任取一段长度 L_i 的管柱单元体，根据弹性梁的受力与变形平衡微分方程，管柱变形采用真实圆弧曲线描述，建立了二维摩阻扭矩计算模型。对计算模型推导做如下基本假设：

（1）管柱单元的曲率等于井眼曲率，并视为一常数；

（2）单元体与井壁连续接触；

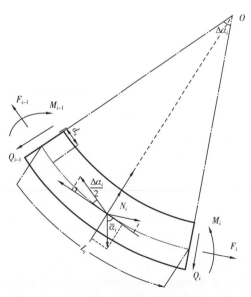

图 2-1　二维弯曲井段管柱单元体受力分析图

（3）在单元体上，线密度相同、截面积相同。

采用常规解卡、打捞、倒扣和磨铣等工艺时，需要转盘在井口旋转管柱来传递扭矩，管柱与井壁的摩擦阻力会产生扭矩，造成井口扭矩的损失。如图 2-2 所示，无论井壁对管柱正压力方向如何，扭矩损失都会发生。

根据图 2-2，基于上述基本假设，采用弹性梁的变形平衡微分方程以及单元体的静力平衡和力矩平衡关系可以推得单元体上端的轴向力 T_A 和扭矩 M_{NA} 的计算模型为：

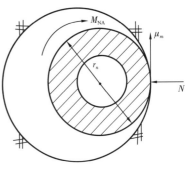

图 2-2 修井管柱单元体扭矩分析

$$\begin{cases} T_A = T_B + \dfrac{(Q_B - Q_A)\sin\dfrac{\Delta\alpha_i}{2} + q_m L_i \cos\overline{\alpha}_i \pm \mu_t |N_i|}{\cos\dfrac{\Delta\alpha_i}{2}} \\ M_{NA} = M_{NB} + \mu_m r_{ni} |N_i| \end{cases} \quad (2\text{-}1)$$

式中"±"号项，上提管柱时取"+"号，下放管柱时取"–"号。其中：

$$N_i = (T_A + T_B)\cos\frac{\Delta\alpha_i}{2}\tan\frac{\Delta\alpha_i}{2} - q_m L_i \sin\overline{\alpha}_i \quad (2\text{-}2)$$

$$Q_B - Q_A = \frac{2(M_B - M_A) + (T_B - T_A)L_i \sin\dfrac{\Delta\alpha_i}{2} \pm M_F}{L_i \cos\dfrac{\Delta\alpha_i}{2}} \quad (2\text{-}3)$$

式中的"±"号项，上提管柱时取"+"号，下放管柱时取"–"号。其中：

$$M_F = 2A\overline{X} - AL_i - 2M_q \quad (2\text{-}4)$$

$$A = (T_A + T_B)\tan\left(\frac{\Delta\alpha_i}{2}\right) \quad (2\text{-}5)$$

$$\overline{X} = R_i \frac{1 - \cos\left(\dfrac{\Delta\alpha_i}{2}\right)}{\sin\left(\dfrac{\Delta\alpha_i}{2}\right)} \quad (2\text{-}6)$$

$$M_q = q_m R_i^2 \sin\left(\overline{\alpha}_i\right) \quad (2\text{-}7)$$

$$M_A = EI_i \frac{\Delta\alpha_i}{L_i} \quad (2\text{-}8)$$

$$M_B = EI_{i-1} \frac{\Delta\alpha_i - 1}{L_{i-1}} \tag{2-9}$$

$$R_i = \frac{L_i}{|\Delta\alpha_i|} \tag{2-10}$$

由以上的计算式可以看到，管柱单元体上端的轴向力及扭矩要受到自重力、剪力、弯矩、井眼曲率和摩阻力的影响。

二、三维弯曲井段中的计算模型

在三维弯曲井段中，井斜和方位都在变化，管柱单元体的弯曲是一条空间曲线，其受力是一个空间力系，根据空间几何近似关系，可将单元体的受力分解到两上平面上来研究，最后按力的叠加原理求解。

第一个平面是 $\overline{AB}$ 弦与 z 轴构成的铅垂面，称为 P 平面，其法线向量为：

$$n_P = \begin{bmatrix} i & j & k \\ 0 & 0 & 0 \\ \sin\overline{\alpha}_i\cos\overline{\psi}_i & \sin\overline{\alpha}_i\sin\overline{\psi}_i & \cos\overline{\alpha}_i \end{bmatrix} \tag{2-11}$$

第二个平面是 O、A、B 三点构成的平面，即鲁宾斯基定义的狗腿角平面，称为 R 平面，其法线向量为：

$$n_R = \begin{bmatrix} i & j & k \\ \sin\alpha_A\cos\psi_A & \sin\alpha_A\sin\psi_A & \cos\psi_A \\ \sin\alpha_B\cos\psi_B & \sin\alpha_B\sin\psi_B & \cos\psi_B \end{bmatrix} \tag{2-12}$$

P 平面与 R 平面的夹角：

$$\theta = \cos^{-1}\frac{n_R \cdot n_P}{(|n_R|)(|n_P|)} \tag{2-13}$$

通过对管柱单元体受力和变形的分解，可以推得管柱单元体上端轴向力 T_A 和扭矩 M_{NA} 的计算模型为：

$$\begin{cases} T_A = T_B + \dfrac{(Q_{PB}-Q_{PA})\sin\frac{\Delta\alpha_i}{2} + (Q_{PB}-Q_{PA})\sin\frac{\varepsilon_i}{2} + q_m L_i\cos\alpha_i \pm \mu_t|N_i|}{\cos\frac{\varepsilon_i}{2}\cos\frac{\Delta\alpha_i}{2}} \\ M_{NA} = A_{NB} + \mu_m r_{ni}|N_i| \end{cases} \tag{2-14}$$

式中的"±"号项，上提管柱时取"+"号，下放管柱时取"-"号。其中：

$$\beta_i = \cos^{-1}\left[\cos\alpha_A\cos\alpha_B + \sin\alpha_A\sin\alpha_B\cos(\psi_B - \psi_A)\right] \tag{2-15}$$

$$\varepsilon_i = \pm\beta_i \tag{2-16}$$

式中的 "±" 项，增斜井段取 "+" 号，降斜井段取 "−" 号。

$$N_i = \sqrt{N_{Pi}^2 + N_{Ri}^2 + N_{Pi}N_{Ri}\cos\omega} \tag{2-17}$$

式中增斜井段 $\omega = \pi - \theta$，降斜井段 $\omega = \theta$。

$$N_{Pi} = (T_A + T_B)\cos\frac{\Delta\alpha_i}{2}\tan\frac{\Delta\alpha_i}{2} - q_m L_i\sin\overline{\alpha}_i \tag{2-18}$$

$$N_{Ri} = (T_A + T_B)\cos\frac{\beta_i}{2}\tan\frac{\Delta\alpha_i}{2} - q_m L_i\sin\alpha_i\cos\omega \tag{2-19}$$

$$Q_{PB} - Q_{PA} = \frac{2(M_{PB} - M_{PA}) + (T_A - T_B)L_i\cos\frac{\Delta\alpha_i}{2}\sin\frac{\beta_i}{2} \pm M_{PF}}{L_i\cos\frac{\Delta\alpha_i}{2}} \tag{2-20}$$

$$Q_{RB} - Q_{RA} = \frac{2(M_{RB} - M_{RA}) + \left[(T_B - T_A)\cos\frac{\Delta\alpha_i}{2}\sin\frac{\varepsilon_i}{2}\right]L_i \pm M_{RF}}{L_i\cos\frac{\Delta\beta_i}{2}} \tag{2-21}$$

式中的 "±" 号项，上提管柱时取 "+" 号，下放套管柱时取 "−" 号。其中：

$$M_{PF} = 2A_P\overline{X}_P - A_P L_i - 2M_{RF} \tag{2-22}$$

$$A_P = (T_A - T_B)\lg\left(\frac{\Delta\alpha_i}{2}\right) \tag{2-23}$$

$$\overline{X}_P = R_{Pi}\left(\frac{1 - \cos\left(\frac{\Delta a_i}{2}\right)}{\sin\left(\frac{\Delta a_i}{2}\right)}\right) \tag{2-24}$$

$$M_{RF} = q_m R_{Pi}^2\sin\left(\overline{\alpha}_i\right) \tag{2-25}$$

$$M_{PA} = EI\frac{\Delta\alpha_i}{L_i} \tag{2-26}$$

$$R_{Pi} = \frac{L_i}{|\Delta\alpha_i|} \tag{2-27}$$

符号说明：E—的弹性模型，N/m^2；q_m—柱在钻井液中的浮重，N/m；I—惯性矩，m^{-4}；L—单元体长度，m；M—单元体两端的弯矩，$N\cdot m$；M_F—摩阻力产生的弯矩，$N\cdot m$；M_n—

单元体截面上的扭矩，N·m；N—单元体对井壁的正压力，N；Q—单元体两端的剪力，N；R—单元体弯曲的曲率半径，m；r_n—单元体的半径，m；T—单元体两端的轴向力，N；α，$\Delta\alpha$，$\bar{\alpha}$—单元体两端的井斜角及其增量，平均值，rad；ψ—单元体两端的方位角逐，rad；β—对应 L 长度的狗腿角，rad；θ—P 平面与 R 平面的夹角，rad；μ_t—滑动摩擦系数；μ_m—旋转摩擦系数；M_{PF}—在 P 平面内摩阻力产生的弯矩，N·m；M_{PF}—在 R 平面内摩阻力产生的弯矩，N·m。下角标：A—表示在单元体上端处；B—表示在单元体下端处；i—表示在第 i 个单元体；P—表示在 P 平面内；R—表示在 R 平面内。

三、WY202H2-3 井摩阻扭矩分析

WY202H2-3 井位于四川省内江市威远县，属于威远中奥顶构造南翼，完钻井深 4693m，垂深 2736m。油层套管为 ϕ139.7mm 套管，壁厚 12.7mm。井身结构如图 2-3 所示。WY202H2-3 井实钻井眼轨迹如图 2-4 所示，该井狗腿角随井深变化情况如图 2-5 所示。

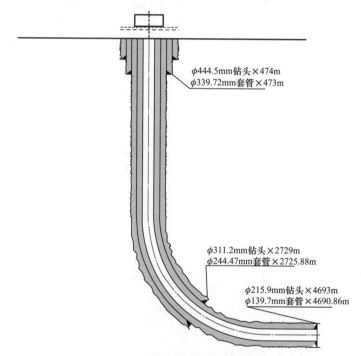

φ444.5mm钻头×474m
φ339.72mm套管×473m

φ311.2mm钻头×2729m
φ244.47mm套管×2725.88m

φ215.9mm钻头×4693m
φ139.7mm套管×4690.86m

图 2-3　WY202H2-3 井井身结构

表 2-1　WY202H2-3 井井身数据

钻头程序	套管程序	钢级 / 壁厚，mm	水泥返高，m
ϕ444.5mm × 474.00m	ϕ339.7mm × 473.00m	N80/10.92	地面
ϕ311.2mm × 2729.00m	ϕ244.5mm × 2725.88m	P110，N80/11.99	地面
ϕ215.90mm × 4693.00m	ϕ139.70mm × 4690.86m	Q125/12.7	地面

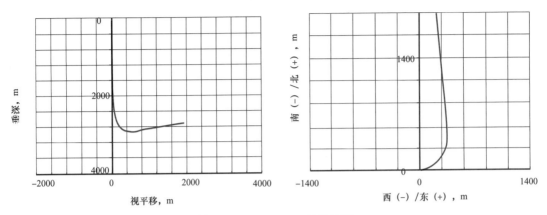

图 2-4　WY202H2-3 井轨迹图

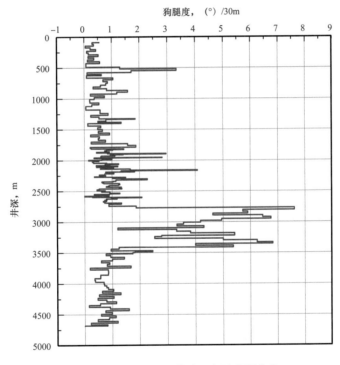

图 2-5　WY202H2-3 井狗腿角随井深变化

　　连续油管工具串：使用 ϕ50.8mm，4.44mm 等壁厚，对井筒进行冲洗作业。冲砂工具串：连续油管 + 连接器 ϕ50.8mm × 110mm+ 单向阀 ϕ54mm × 300mm+ 丢手 ϕ54 mm × 540mm+ 马达 ϕ54mm × 3100mm+ 平底磨鞋 ϕ54mm × 220mm，工具总长 4.27m。

　　根据 WY202H2-3 井井况及修井管柱及工具参数，利用上文所建立的水平井修井管柱摩阻计算模型，对 WY202H2-3 井修井作业中，大钩载荷、摩阻、等效轴向载荷、真实轴向载荷进行了计算，其结果如图 2-6 至图 2-9 所示。

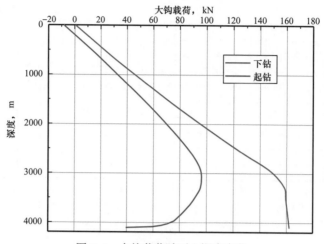

图 2-6 大钩载荷随下入深度变化

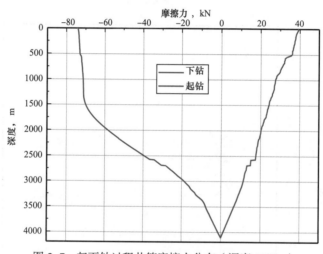

图 2-7 起下钻过程井筒摩擦力分布（深度 4100m）

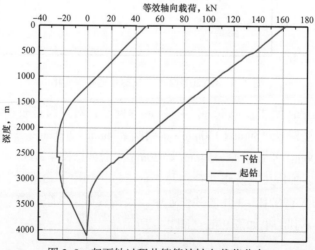

图 2-8 起下钻过程井筒等效轴向载荷分布

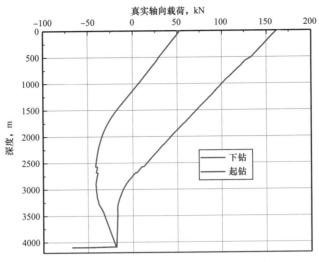

图 2-9 起下钻过程井筒真实轴向载荷分布

第二节 页岩气水平井修井管柱屈曲分析

页岩气水平井具有特殊的井身结构，其井眼轨迹的特点决定了井下管柱不能仅仅考虑其抗拉、抗压参数，还需考虑管柱的摩阻和屈曲问题。在任何类型的井眼中，修井作业管柱都有发生屈曲的可能性。如图 2-10 所示，由于入井的修井作业管柱受到轴向压力的作用，当压力大于屈曲临界载荷时，将使得管柱发生屈曲变形。其形状随轴向载荷的增大而变化，由正弦屈曲变成螺旋屈曲。连续油管作业管柱受力发生屈曲变形后，将使得管柱与井壁的接触面积增大，管柱和井壁间的摩擦力增大。

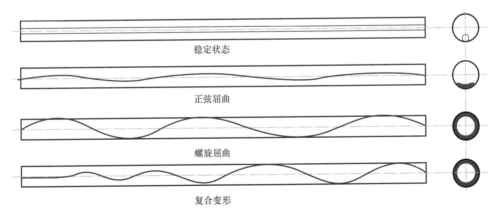

图 2-10 受井眼约束连续油管作业管柱屈曲行为

一、斜直井段屈曲临界载荷

对于大斜度直井段（包括水平段，$0° < \theta \leqslant 90°$）的临界正弦屈曲和螺旋屈曲临界载荷近似计算公式为：

$$F_{cr} = 2\sqrt{\dfrac{EIq_m \sin\alpha}{r_c}} \qquad (2-28)$$

式中：F_{cr} 为正弦屈曲临界载荷，N；E 为杨氏模量（弹性模量），Pa；I 为作业管柱的截面惯性矩，m^4，q_m 为连续油管作业管柱在钻井液中的单位重量，N/m；α 为井斜角，（°）；r_c 为井眼和管柱之间的径向间隙，m。

对于大斜度井段（包括水平井段），通用的螺旋屈曲载荷公式为：

$$F_{hel} = 2\left(2\times\sqrt{2}-1\right)\sqrt{\dfrac{EIq_m \sin\alpha}{r_c}} \qquad (2-29)$$

式中：F_{hel} 为螺旋屈曲临界载荷，N。由式（2-28）和式（2-29）算出的螺旋屈曲载荷大约是正弦屈曲载荷的 1.8 倍。

在水平井段中 $\alpha=90°$，作业管柱由于钻压或摩阻力作用而处于压缩状态时，当轴向压缩力大于 F_{cr} 时，正弦屈曲便发生，当轴向压缩载荷增加到下述螺旋屈曲载荷 F_{hel} 时，将发生螺旋屈曲。

$$F_{cr} = 2\sqrt{\dfrac{EIq_m}{r_c}} \qquad (2-30)$$

$$F_{hel} = 2\left(2\times\sqrt{2}-1\right)\sqrt{\dfrac{EIq_m}{r_c}} \qquad (2-31)$$

选取页岩气水平井最常见井眼直径 139.7mm 为例，钻井液密度取 $1.2g/cm^3$。由于连续油管刚度较小，更容易发生屈曲，因此以连续油管为例进行屈曲临界载荷分析，连续油管作业管柱基本参数见表 2-2，杨氏模量 E 为 206GPa。根据式（2-30）和式（2-31），计算水平井段中连续油管作业管柱屈曲临界载荷值。

表 2-2　QT-80 连续油管作业管柱基本参数

外径 in	外径 mm	壁厚 mm	内径 mm	线重 N/m	浮重 N/m	惯性矩 $10^{-8}m^4$	抗弯刚度 $10^4N\cdot m^2$
1.25	31.75	3.962	23.825	27.15	22.98	3.41	0.70
1.5	38.1	3.962	30.175	33.36	28.23	6.27	1.29
1.75	44.45	3.962	36.525	39.56	33.48	1.043	2.15
2	50.8	3.962	42.875	45.77	38.73	16.10	3.32
2.375	60.325	3.962	52.4	55.08	46.60	28.00	5.77
2.875	73.025	3.962	65.1	67.48	57.10	51.43	10.59
3.5	88.9	3.962	80.975	83.00	70.23	95.56	19.69

如图 2-11 和图 2-12 所示，水平井段，同一外径的连续油管作业管柱的正弦屈曲临界载荷小于螺旋屈曲临界载荷，两者差值随管柱外径的增加而越来越大；连续油管作业管柱外径尺寸越大，相对应的正弦、螺旋屈曲临界载荷值也越大。所以，在条件允许下，优先考虑大尺寸。正弦屈曲和螺旋屈曲临界载荷随井斜角增大而增大。

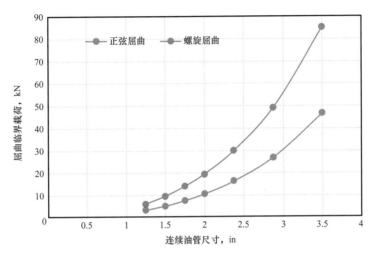

图 2-11　水平井段连续油管屈曲临界载荷随连续油管尺寸变化

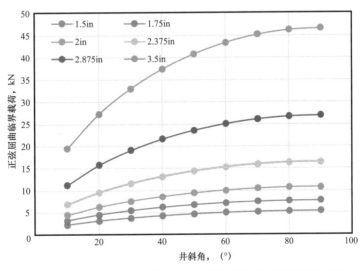

图 2-12　不同尺寸连续油管临界正弦屈曲临界载荷随井斜角变化

二、垂直井段屈曲临界载荷

在一个垂直井段中，当作业管柱底部将处于压缩状态并且轴向载荷超过屈曲载荷时，作业管柱就发生屈曲。根据作业管柱变形微分方程，求解可得到垂直井段不考虑自重的管柱屈曲临界载荷表示。

正弦屈曲临界载荷：

$$F_{c} = \frac{\pi^2 EI}{L_{p}^2} \tag{2-32}$$

螺旋屈曲临界载荷：

$$F_{hel} = \frac{8\pi^2 EI}{L_{p}^2} \tag{2-33}$$

式中：L_{p} 为螺距。因为在导出式（2-33）中使用了无重管模型，它无法预测在有重量连续油管作业管柱的底部初始出现的螺旋屈曲。在实际情况下连续油管的长度比较长，不可忽略其管柱自身重量，上两式则不再适用。由虚功原理导出变分方程，进而由勃布诺夫–伽迁金法可求解直井段内考虑管柱自重后的正弦屈曲临界弯曲载荷。

$$F_{c} = \left(\frac{27\pi^2 q_{m}^2 EI}{16} \right)^{\frac{1}{3}} \approx 2.55 \left(q_{m}^2 EI \right)^{\frac{1}{3}} \tag{2-34}$$

同样得出一个新的螺旋屈曲计算公式，可以用来预测在垂直井段中出现的初始螺旋屈曲。

$$F_{hel} = 5.55 \left(EIq_{m}^2 \right)^{\frac{1}{3}} \tag{2-35}$$

在垂直井段中，计算的螺旋屈曲载荷大约正弦屈曲载荷的 2.2 倍。此螺旋屈曲载荷是在连续油管作业管柱底部定义的。它可以用来预测在垂直井段中连续油管作业管柱底部初始发生的一个螺距的螺旋屈曲，如果要计算螺旋屈曲部分顶部载荷，只需要减去一个螺距的管柱浮量即可。取上节相同参数计算垂直井段连续油管屈曲临界载荷随连续油管尺寸变化，计算结果如图 2-13 所示，显然垂直井段屈曲临界载荷远小于水平井段屈曲临界载荷，因此在直井段下放遇阻，如果没有控制好下放载荷，将造成修井管柱屈曲。

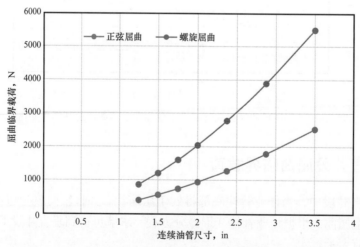

图 2-13　垂直井段连续油管屈曲临界载荷随连续油管尺寸变化

三、造斜井段屈曲临界载荷

在弯曲井眼段，连续管受到两端力的作用，会产生一个将连续管推向井眼低边（外曲线边）的侧向分布力，使连续管与井壁接触更加紧密，产生的摩阻力也就增大，从而抑制连续管发生弯曲。又因为弯曲井眼低边长度最长，在相同的摩擦阻力条件下要使连续管发生屈曲，就需要更大的轴向载荷，产生更高阶的屈曲，所以在弯曲井段内不容易发生屈曲现象。可以利用下面的力学计算公式来判断连续管在弯曲井眼中是否发生了屈曲：

$$F_{cr} = \frac{4EI}{r_c R}\left[1+\left(1+\frac{r_c R^2 q_m \sin\alpha}{4EI}\right)^{\frac{1}{2}}\right] \tag{2-36}$$

$$F_{hel} = \left[\frac{12EI}{r_c R}\right]\left[1+\left(1+\frac{r_c R^2 q_m \sin\alpha}{8EI}\right)^{\frac{1}{2}}\right] \tag{2-37}$$

取上节相同参数，选取外径为 60.33mm 的连续油管作业管柱，计算其屈曲临界载荷与井斜角、造斜率的变化关系，如图 2-14 所示，同尺寸的连续油管作业管柱在造斜井段的屈曲临界载荷值大于其在垂直井段和水平井段情况，且随着外径的增大，相应的屈曲临界载荷值随其变大。

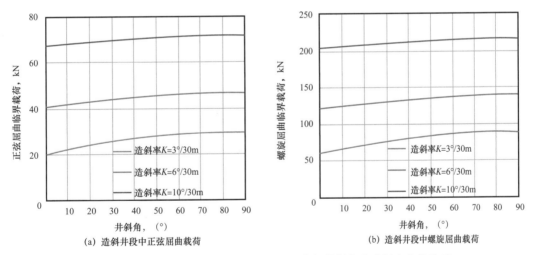

(a) 造斜井段中正弦屈曲载荷　　　　　　　　(b) 造斜井段中螺旋屈曲载荷

图 2-14　造斜井段中作业管柱屈曲临界载荷与井斜角和造斜率变化关系

四、修井管柱下入深度分析

修井管柱在水平井水平段和弯曲段，管柱贴向井壁的下侧，井壁和管柱接触产生摩擦阻力。摩擦阻力的大小与摩擦系数、接触长度和井眼轨迹的倾斜角度有关。在水平段和弯曲段，井壁对管柱的摩擦阻力将比直井中大许多。要想继续下管柱，为克服阻力要对油管施加轴向压力。但是在不断增加的轴向力条件下可能会发生屈曲（正弦屈曲、螺旋屈曲），导致管柱与井壁的接触力增大，摩擦力也随着增大，严重影响管柱在斜井中的下入。实际上，修井管柱轴向压缩力超过其螺旋弯曲载荷时，修井管柱就弯曲变成螺旋形，使得管子与井壁的摩擦力增大，下放轴向力越大其摩擦力越大，并在此位置形成了恶性循环，增加的任何附加力将由于该点的摩擦而损失完。此种状态的连续油管已经不能继续下放，称为螺旋锁定点。螺旋锁定现象直接影响冲砂管柱在水平井中的水平推进距离和直井作业中能施加的最大井下重力。井下管柱最优入井条件（即下入过程不弯曲）$F_{摩擦} \leq F_{下入} \leq F_{临界屈曲}$，为此需要对连续油管在井筒中的屈曲载荷进行计算。

根据最优入井条件，对 WY202H2-3 井修井管柱下入深度进行计算。该井连续油管工具串：使用 2in（50.8mm）、4.44mm 等壁厚连续油管，对井筒进行冲洗作业。冲砂工具串：连续油管 + 连接器 $\phi50.8\text{mm} \times 110\text{mm}$ + 单向阀 $\phi54 \text{ mm} \times 300\text{mm}$ + 丢手 $\phi54 \text{ mm} \times 540\text{mm}$ + 马达 $\phi54 \text{ mm} \times 3100\text{mm}$ + 平底磨鞋 $\phi54 \text{ mm} \times 220\text{mm}$，工具总长 4.27m。

对修井管柱进行力学分析，修井管柱下入不同井深时，管柱等效轴向载荷沿井深分布如图 2-15 所示。当管柱下至 3800m 时，管柱等效轴向载荷曲线与螺旋屈曲临界载荷曲线在井深约 2700m 处相交，说明修井管柱在该处发生螺旋屈曲，管柱发生屈曲的长度为 20m。随着管柱下入深度的增加，管柱屈曲变形越严重，当管柱下至 3800m 时，管柱屈曲长度为 16m；当管柱下至 4100m 时，管柱屈曲长度为增加为 1344m，见表 2-3。

经过计算当管柱下至 4106.3m 处时，修井连续油管会发生自锁现象。实际修井作业中，自锁位置还应根据现场具体情况而定。该井修井连续油管在下放至 4064m 处遇阻，但是泵压未见升高，上提后下放，连续油管深度降低，为典型连续油管自锁现象。

表 2-3 修井管柱在不同下入深度时的屈曲位置

下入深度，m	3800	3900	4000	4100
螺旋屈曲点（下），m	2725	2735	2713	2743
螺旋屈曲点（上），m	2709	2709	2500	1399
屈曲段长度，m	16	26	213	1344

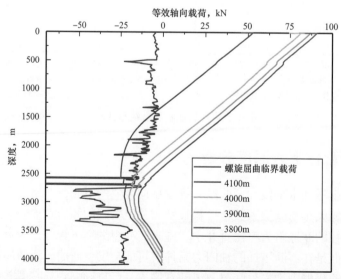

图 2-15 修井管柱在不同下入深度时等效轴向载荷沿井深分布

第三节 页岩气水平井修井管柱的变形与强度分析

一、修井管柱伸长量分析

井下作业时，作业管柱要受到自重、液体压力和摩擦力等诸多力综合作用，同时在温度、压力的影响下，其长度将会发生变化，长度变化是必须考虑的影响因素，有必要对作业管柱长度变化进行分析。与其他类型修井管柱（油管、钻杆）相比，连续油管的伸长计算要复杂一些。因为在进行连续油管起下作业时，在卷筒和导引架上的塑性弯曲将引起较大的残余应力，会产生附加变形，因此以连续油管为例进行分析。总结起来，有 4 种情况可以改变连续油管在井内的长度。

（1）轴向载荷引起的伸长。

如果不考虑连续油管的弯曲塑性变形，用典型的弹性伸长公式计算其伸长量：

$$\delta_{af} = \frac{F_a L}{AE} \tag{2-38}$$

式中：δ_{af} 为由于轴向力而引起的伸长量，m；F_a 为轴向力，N；L 为连续油管长度，m；A 为截面积，m^2；E 为弹性模量，Pa。

由于卷筒和导引架的半径一般部小于连续油管的最小弯曲半径．所以当连续油管缠绕在上面时会发生弯曲塑性变形，但是其中的一小部分区域仍为弹性，如图 2-16 所示。于是，需要计算从弹性区域到塑性区域的临界过渡载荷及中性轴到屈服始点的距离。

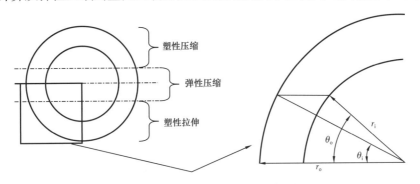

图 2-16 连续油管横截面示意图

临界过渡荷载为：

$$F_t = \frac{1}{2} A\sigma_s + 3\frac{\sigma_s^2}{E} R_b t \tag{2-39}$$

式中：F_t 为临界过渡载荷，N；σ_s 为连续油管屈服应力，Pa；R_b 为连续油管弯曲半径（可取导引架半径），m；t 为连续油管壁厚，m。

中性轴到屈服始点的距离为：

$$\gamma_y = \frac{R_b \sigma_a}{E} \tag{2-40}$$

式中，γ_y 为中性轴到屈服始点的距离，m。

于是，油管横截面上的几何等效面积可用下式计算：

$$\Delta = r_o^2 \theta_o - \gamma_i^2 \theta_i + \gamma_o \gamma_i \sin(\theta_i - \theta_o) \tag{2-41}$$

$$\theta_o = \arcsin\left(\frac{3\gamma_y}{2\gamma_o}\right) \tag{2-42}$$

$$\theta_i = \arcsin\left(\frac{3r_y}{3r_i}\right) \tag{2-43}$$

式中：Δ 为几何等效面积，m^2；r_i 为连续油管内半径，m；r_o 为连续油管外半径，m；θ_i 和 θ_o 为几何角度。

综上可得，当轴向力小于或等于临界过渡载荷（$F_a < F_t$）时，塑性伸长为：

$$\delta_{F_a \leqslant F_t} = \frac{F_a L}{\left(\frac{A}{2} + \Delta\right)E} \tag{2-44}$$

当轴向力大于临界过渡载荷（$F_a > F_t$）时，塑性伸长为：

$$\delta_{F_a > F_t} = \frac{F_a L}{\left(\frac{A}{2} + \Delta\right)E} + \frac{(F_a - F_t)L}{\left(\frac{A}{2} + \Delta\right)E} \tag{2-45}$$

（2）温度变化引起的伸长。

为了计算温度引起的伸长量．需要引入温度扩展系数 a_t。由温度引起的伸长量可以用温差乘以温度扩展系数，再乘以连续油管的长度得到，即：

$$\delta_{at} = a_t L \Delta T \tag{2-46}$$

式中：δ_{at} 为由温度引起的伸长量，m；ΔT 为温差，℃；a_t 为温度扩展系数，温度扩展系数取 3.61×10^{-6}。

（3）内外压力引起的伸长。

连续油管内部和外部压力的变化会引起轴向力的变化，称为泊松效应。因泊松效应而由压力所引起的伸长值为：

$$\delta_{aw} = \frac{2Lv}{E}\left(\frac{r_i^2 p_i - r_o^2 p_o}{r_o^2 - r_i^2}\right) \tag{2-47}$$

式中：δ_{aw} 为因泊松效应而由压力引起的伸长，m；v 为泊松比（钢材取 0.3）。

（4）螺旋屈曲引起的缩短。

当轴向载荷大于螺旋屈曲临界载荷时，连续油管在井内受压会发生螺旋屈曲。尽管连续油管本身的长度不会改变，但它在井眼中所占有的实际长度却由于它的螺旋弯曲而缩短，这将明显影响由连续油管长度而确定的井深。

$$\delta_{hb} = L\left(\sqrt{\frac{r_c^2 F_{hel}}{2EI}+1}-1\right)$$ （2-48）

式中，δ_{hb} 为螺旋伸长，m。

连续油管塑性变形引起的残余应力使得连续油管的伸长比一般常规油管要复杂得多。以上讨论的 4 种伸长中，拉伸伸长和温升伸长较其他两种重要。

在不同作业中，应采用以上 4 种伸长的不同组合，于是得出连续油管（只考虑弹性伸长）的总伸长量 δ 为：

$$\delta = \delta_{af} + \delta_{at} + \delta_{aw} + \delta_{hb}$$ （2-49）

二、修井管柱强度校核

起下过程中，修井作业管柱将会受到轴向载荷、内外压力、弯矩及扭矩的综合作用。为确保管柱能顺利下放至预计井深，以及保障其工作寿命，利用三轴应力校核进行强度分析。用三个主应力，即轴向应力 σ_z、径向应力 σ_r 与周向应力 σ_θ，来表示修井管柱受力后产生的应力，如图 2-17 所示。

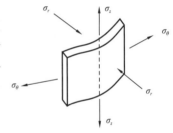

图 2-17 修井管柱应力状态

1. 轴向应力

在上提、下放和解卡过程中，捞管柱始终受到自身的重力，液压增力解卡时管柱会受到较大的上提拉力和摩擦力，在管柱的任一截面都会存在轴向应力 σ_z。

$$\sigma_z = \frac{4F_t(s)}{\pi(D^2 - d^2)}$$ （2-50）

2. 径向和周向应力

当在管内循环液体时，会在管柱截面处产生径向应力和周向应力，根据 Lame 公式可求得径向应力 σ_r 和周向应力 σ_θ 为：

$$\begin{cases} \sigma_r = \dfrac{p_i d^2 - p_o D^2}{(D^2 - d^2)} - \dfrac{(p_i - p_o)d^2 D^2}{4r^2(D^2 - d^2)} \\ \sigma_\theta = \dfrac{p_i d^2 - p_o D^2}{(D^2 - d^2)} + \dfrac{(p_i - p_o)d^2 D^2}{4r^2(D^2 - d^2)} \end{cases}$$ （2-51）

式中：p_i 为管柱内压力，MPa；p_o 为管柱外压力，MPa；d 为管柱内径，m；D 为管柱外径，m；r 为管柱任意位置处的半径，m。

可以看出，径向应力和周向应力的大小与管柱内外压力有关，当管内压力越大，管柱的安全性越差，并常常在管柱内壁首先发生屈服。

3. 双向应力

在内外压力 p_i 和 p_o 及轴向力 $F(s)$ 作用下，管柱截面存在轴向应力 σ_z 和环向应力 σ_θ，根据第四强度理论，将 σ_z 和 σ_θ 代入式（2-52）可得式（2-53）。

$$\sqrt{\frac{1}{2}\left[(\sigma_1-\sigma_2)^2+(\sigma_2+\sigma_3)^2+(\sigma_3-\sigma_1)^2\right]}\leqslant[\sigma] \tag{2-52}$$

$$\sigma_e=\sqrt{\sigma_\theta^2+\sigma_z^2-\sigma_\theta\sigma_z} \tag{2-53}$$

令 $\sigma_e=\sigma_s$，由式（2-53）可得式（2-54），由该式可得双向应力椭圆，如图2-18所示。

$$\sigma_s^2=\sigma_\theta^2+\sigma_z^2-\sigma_\theta\sigma_z \tag{2-54}$$

式中：σ_e 为等效应力，MPa；σ_s 为管材屈服极限，MPa。

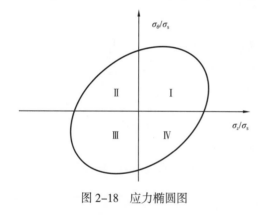

图2-18 应力椭圆图

由图2-18可知，若管柱轴向应力、环向应力位于椭圆内，则强度安全；图中第 I 象限说明，管柱内压在一定范围内，管柱抗拉强度会增大，修井管柱会安全一些。在进行管柱校核时，应用单一应力进行强度校核是不安全的。

4. 安全系数

从上面分析，可知修井管柱在三维空间方向上受到三大主应力，将各应力代入式（2-53）可求得：

$$\sigma_e=\sqrt{\sigma_r^2+\sigma_\theta^2+\left[\sigma_z+\text{sign}(\sigma_z)\sigma_b\right]^2-\sigma_r\sigma_\theta-(\sigma_r+\sigma_\theta)\left[\sigma_z+\text{sign}(\sigma_z)\sigma_b\right]} \tag{2-55}$$

式中：σ_b 为管材强度极限，MPa。

上式全面考虑了管柱受到的三维应力，并且大多数强度破坏都在屈服强度以内，由此计算的管柱安全系数更能反映管柱的受力状态：

$$n=\frac{\sigma_s}{\sigma_e} \tag{2-56}$$

目前现场安全系数一般要求 $n\geqslant 1.5$，油管接头类型不一样，抗滑扣强度不一样，其值可查。计算管柱轴向力后，即可按照强度条件校核抗滑扣强度。

5. 强度分析实例

对 WY202H2-3 井修井管柱在 4100m 处进行起下钻作业时，修井管柱沿井筒的等效应力进行计算，结果如图 2-19 所示。由该图能够发现，在 4100m 处进行起、下钻作业时，修井管柱上最大等效应力所处的位置，从而预测管柱强度失效的危险点。

对 WY202H2-3 井修井管柱在修井作业中，起下钻至不同井深位置处，修井管柱的最大等效应力进行计算，结果如图 2-20 所示。由该图能够发现，起下钻至不同井深位置处，修井管柱的最大等效应力，从而预测修井管柱起下到何种井深时容易产生强度失效。

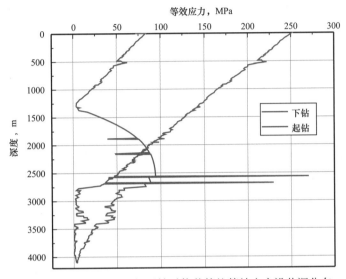

图 2-19 在 4100m 处起下钻时修井管柱等效应力沿井深分布

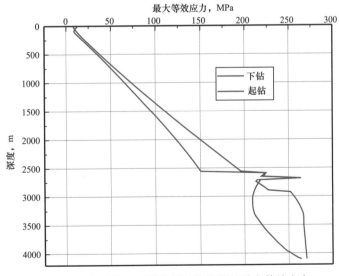

图 2-20 起下钻至不同井深处修井管柱最大等效应力

参 考 文 献

李黔，陈忠实，1993. 大斜度井下套管摩阻计算［J］. 天然气工业（5）：50-54.

周劲辉，张勇，高德利，2015. 大位移井卡点预测实验［J］. 实验室研究与探索，34（5）：11-15.

白家祉，苏义脑，1990. 井斜控制理论与实践［M］. 北京：石油工业出版社.

高德利，2006. 油气井管柱力学与工程［M］. 东营：中国石油大学出版社：316.

吕苗荣，2012. 石油工程管柱力学［M］. 北京：中国石化出版社：181.

李子丰，梁尔国，2008. 钻柱力学研究现状及进展［J］. 石油钻采工艺（2）：1-9.

黄文君，高德利，2015. 受井眼约束带接头管柱的纵横弯曲分析［J］. 西南石油大学学报（自然科学版），37（5）：152-158.

李子丰，梁尔国，2008. 钻柱力学研究现状及进展［J］. 石油钻采工艺（2）：1-9.

刘峰，王鑫伟，2004. 斜直井中钻柱非线性屈曲分析的有限元增量加权迭代法［J］. 中国机械工程（24）：3-8.

张广清，路永明，陈勉，2000. 斜直井中扭矩和轴力共同作用下钻柱的屈曲问题［J］. 石油大学学报（自然科学版）（5）：4-6.

张强，刘昱良，许杰，等，2016. 轴向均布载荷和约束对石油钻采管柱失稳长度的影响［J］. 数学的实践与认识，46（9）：135-142.

刘亚明，于永南，仇伟德，1999. 连续油管在水平井中的稳定性分析［J］. 石油大学学报（自然科学版）（3）：70-72.

张智，王波，李中，等，2016. 高压气井多封隔器完井管柱力学研究［J］. 西南石油大学学报（自然科学版），38（6）：172-178.

第三章　页岩气水平井冲砂技术

页岩气主要采用水平井完井和大型水力加砂压裂等系列工艺技术进行开发，单井加砂规模超过千吨，大规模加砂压裂后地层常常出砂严重。由于水平井井身结构的特殊性，容易在井筒底部形成砂床甚至可能堵塞井眼、卡阻井下工具等生产故障。

本章分析了页岩气水平井砂堵原因及冲砂难点；基于水平井岩屑运移及沉降规律，对页岩气水平井冲砂水力关键参数进行了计算；并介绍了常见刚性管柱冲砂、连续油管冲砂工艺技术及设备；提供了页岩气水平井连续油管冲砂作业实例。

第一节　概　　述

对于井筒内沉砂，目前常用的方法主要是捞砂和水力冲砂。捞砂是用钢丝绳将捞砂筒下入井内，将井底的沉砂捞到地面上。捞砂方法适用于砂堵不严重、油井比较浅、油层压力比较低或有漏失层等无法建立循环的油井。水力冲砂是通过油管或者油管与套管之间的环空向井底注入冲砂液冲散沉砂，并由高速流动的冲砂液携带砂子循环上返至地面，从而清除井底的积砂，保证井筒清洁，水力冲砂是目前页岩气水平井清除井筒沉砂的主要方法。

一、页岩气水平井井筒砂堵原因

1. 压裂过程中砂堵

压裂砂堵就是在压裂施工中，当所需注入流体的压力超过了注入设备的能力时，导致井筒或管柱沉砂，压裂施工提前结束。压裂砂堵事故轻者可能导致延长油井作业时间，重者可能造成卡管柱，甚至大修。砂堵主要可以分为脱砂和桥堵两种。脱砂是指支撑剂过早沉降而形成的堵塞，这类砂堵的作用过程比较缓慢，受沉降速度的控制；桥堵是指支撑剂在通过宽度较窄的裂缝时，在裂缝壁面"架桥"形成的堵塞，其作用过程较脱砂快得多。导致页岩气压裂施工砂堵的因素较多，主要包括以下几部分。

（1）地层因素。页岩气储层天然裂缝和层理缝极发育的不成熟是不可避免和无法提前预知的，压裂液的脱失量很大，易导致砂堵。除此之外，在近井筒地带由于井斜或者射孔方位的影响，裂缝可能是非平面的或者曲形的，致使支撑剂很容易留在其表面，形成砂堵。如果近井筒裂缝太多，支撑剂会形成沉积，堵塞近井筒导致砂堵；近井筒几何的尺寸太小也会带来同样的问题。

（2）设计因素。大多数的设计都会追求加砂量或高砂比，但是也要把握好度，不可盲目。页岩气的体积压裂与常规油气压裂有很大的不同，页岩气压裂的目的是采用溜滑水尽可能多地沟通储层内的天然裂缝，使储层的体积有所改造和完善，但是过高的追求裂缝导流能力是不现实的。另外，设计支撑剂粒径超过正常值，由于页岩气储层裂缝的尺寸较小，大粒径是很难进入的，就容易在较窄的位置发生砂堵。设计时都会出现施工排放量小的情况，如果压裂所用的滑溜水黏度较低，支撑剂不能深入到裂缝深处，就在近井筒的地带迅速地发生沉积，从而导致砂堵。

（3）现场施工因素。现场施工中遇到的情况是难以预测的，加砂压裂后地层常常伴随出砂的情况，不过常见的有两种：一是没有根据压力的起伏变化及时地调整泵注程序。众所周知，页岩气压裂施工通常会采用段塞式加砂模式，不同于一般的加砂模式。储层很容易由于砂比的变化产生敏感的反应，施工中砂比一旦提高就可能引起压力剧烈变化。因此要根据压力的变化对泵注程序进行及时的调整。二是由于施工中不可避免地会出现一些设备故障，从而使得砂子的返排量降低，进而形成砂堵。正如大家所知，在生产施工中，产液携砂造成抽油泵磨损、砂卡，管柱砂卡，砂埋油层，进而使得砂粒的返排量大大降低，甚至导致油井无法正常生产。

2. 钻磨桥塞期间沉砂

钻磨桥塞作业是页岩气井开发过程中最关键的作业程序之一，通常页岩气水平井水平段较长且桥塞较多，钻桥塞作业中的返排物大多数是铸铁压块碎屑、复合材料的碎屑、胶筒碎屑、支撑剂和地层砂粒。通过观察沉砂罐放喷口滤网发现，钻磨过程中最先上返至地面的是复合材料屑和小尺寸橡胶，随后金属碎屑和陶粒返出。目前，造成页岩气水平井钻塞过程碎屑的返排效率不高的主要原因，首先是桥塞没有被充分钻磨，形成较大块的桥塞碎屑，这些碎屑不太容易返排，它们积聚在一起还会产生卡钻现象；其次是钻塞过程中水力参数设计不合理、钻磨液携砂能力差造成井筒沉砂。因此在水平井钻塞工程中，要求优化钻塞参数和钻塞工具串，钻完2~3个桥塞后进行短起，大排量充分洗出碎屑，防止碎屑卡管串；选择合适的螺杆钻具，控制钻塞钻压和转速使桥塞钻磨充分，得到较小的碎屑，提高返排率；据井况和磨铣碎片分析，发配选携带能力强的磨铣液，以增强磨屑有效携带能力。

3. 排采期间井筒沉砂

页岩单井加砂规模会超过千吨，以有6口单井的丛式井平台为例，总的加砂量往往会超过万吨。在返排期间，地层出砂的可能性非常大，泵入的部分支撑剂会回流进入井筒而返排出来，威远地区早期几个平台排液期间平均出砂量为28.8m³。压裂施工后，需要关井扩散压力，如果扩散时间不够，压裂液没有破胶，或者是地层没有闭合，在返排过程中，地层就会吐砂。保证扩散时间是减少此类事故发生的关键。

在排采期间发现地面出砂，意味着井内两种情况的发生：井筒积砂外排或地层吐砂，需要对两种情况的合理判断以采取恰当的措施。井筒积砂外排发生在水平井压裂不是很顺利的层段，即出现砂堵泵组超压或者工具滑套打不开，井筒内会囤积大量砂体，这时就需要及时排砂。这些砂体不能控制，要及时快速地外排出去，否则将在井筒内形成砂柱压力，抑制排液。最终会堵塞管柱，造成放喷失败。如果是地层出砂，说明地层闭合不到位，有吐砂现象，这时候要进行及时的流量控制，以便给地层有充分的闭合时间，从而形成一个稳定的泄流通道，从而保证地层的产出效能。

二、页岩气水平井冲砂难点

页岩气水平井冲砂主要是面临井筒压力高、水平段长等难题，特别是冲砂工具下到免钻磨大通径桥塞下部进行冲砂具有很高的风险。页岩气水平井由于井身结构及完井工艺特点，水力冲砂主要有以下技术难点：

（1）在水平段环空流体速度偏差很大，在靠井壁底面位置流速很低，靠井壁顶面流速高，因此，冲砂液易在流动阻力小的水平井段井眼上部形成循环通道，下部的砂床难以清理干净。

（2）在水平井段，砂不易被冲起，冲起的砂粒在水平段容易再次沉砂，总有部分地层砂在上返途中留在井壁低边，形成砂屑床，而且此时循环通道在短时间内依然存在，施工时不易发现这种异常情况。

（3）停泵时很容易在大斜度及水平井段形成砂桥，造成冲砂过程中砂卡事故的发生，特别是在 $30° \sim 60°$ 斜井段和水平井段。

（4）砂屑床的存在致使冲砂管柱摩擦面积和扭矩增大，上提下放过程遇阻，甚至导致钻具被卡，使井下情况进一步变得复杂。

（5）页岩气地层压力普遍较低，水平井的油层裸露面积又大，水力冲砂过程中冲砂液携砂漏入地层，会造成对地层的严重伤害和冲砂作业效率低下，有的甚至因漏失严重而无法达到冲砂目的。

（6）大通径桥塞可实现不钻桥塞即可生产，但是容易在桥塞位置产生沉沙，形成砂堵，常规的冲砂工具易与油管壁紧贴，增加下入摩阻，且仅能对小范围区域进行冲洗，导致冲砂效果并不理想，进尺困难。

第二节　页岩气水平井冲砂水力参数设计

与直井冲砂相比，水平井冲砂冲洗井段长，冲起的砂粒在造斜段和水平段容易再次形成沉积，清除不干净。冲砂管柱贴近井壁低边，管柱的摩擦面积大，冲砂液环空流速偏差很大，井眼低边的流速低，携砂能力下降，更易形成砂卡。部分水平井油层漏失严重，冲砂液直接进入储层，不上返。不但伤害储层，还需经常重复冲砂。刚性管柱冲砂和连续油管冲砂都涉及砂粒在井筒内的运移，因此在考虑冲砂技术方案前，需对砂粒在井筒内的上返条件及冲砂排量要求进行分析，从而确定合理的冲砂水力参数。

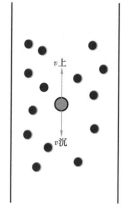

一、水平井岩屑运移及沉降规律

按照岩屑运移机理和携岩机理的不同,水平井冲砂洗井通常按井斜角划分为 3 个洗井区,即直井段第 1 洗井区(0°～30°)、斜井段第 2 洗井区(30°～60°)和水平段第 3 洗井区(60°～90°)。

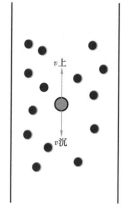

图 3-1　直井段砂粒
运移方式

如图 3-1 所示,在直井段第 1 洗井区中,砂粒受到的重力方向与洗井液在井筒中的流动方向相反。由于砂粒的重力方向与洗井液轴向速度在同一直线上,砂粒主要为悬浮运移,在理论上,冲砂洗井过程中洗井液的上返速度只要大于砂粒在洗井液中的沉降速度,并且保证洗井液的连续循环,直井段第 1 洗井区的砂粒将被洗井液冲洗携带出井筒。

如图 3-2 所示,在斜井段第 2 洗井区中,砂粒在井筒中的重力形成轴向分力与径向分力。在径向分力作用下岩屑颗粒会沉降,洗井液冲蚀砂床表层岩屑,此时砂粒主要为滚动跃移运移,同时,由于岩屑颗粒间存在摩擦拖曳作用,砂床在洗井液冲洗下以整体运移状态沿井壁向上运移;如果洗井液排量较大,砂粒在井筒径向方向可能处于完全悬浮状态,由洗井液携带,沿井筒轴向向上运移进入直井段,此时砂粒为悬浮冲洗运移状态,如图 3-2(b)所示。

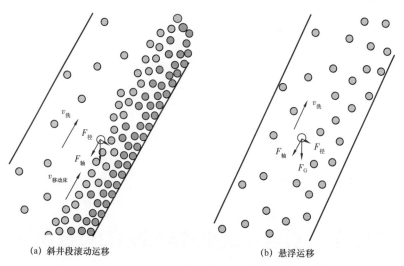

(a) 斜井段滚动运移　　　　　　　　　(b) 悬浮运移

图 3-2　斜井段砂粒运移形式

如图 3-3 所示,在水平段第 3 洗井区中,砂粒重力方向与洗井液流动方向垂直,其合速度方向指向井眼下侧,因而极易在井壁下侧形成岩屑沉积床。冲砂洗井时,在洗井液作用下,砂床表面砂粒开始滑动,由于砂床表面粗糙不平,砂粒主要以翻滚、跃移的形式运移;由于洗井液的拖曳力不仅可以作用于砂床表面砂粒上,还可以深入到砂床表面以下各层的颗粒,加之各层砂粒之间的动量交换,下部砂床也同时整体运移,此时表层砂粒为翻滚跃移运移,而下部砂粒形成运移岩床整体运移。

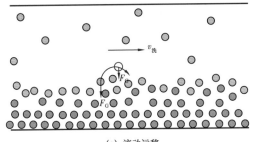
(a) 滚动运移

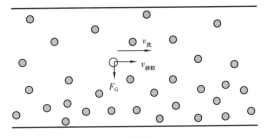
(b) 悬浮运移

图 3-3　水平段砂粒运移方式

二、砂粒自由下沉速度计算

对于采用水力冲砂洗井的方法清除井内砂粒,正确计算砂粒的下沉速度和冲砂液排量是确保快速、安全、彻底地冲砂洗井的关键,也是合理选择洗井泵泵型的依据之一。如何正确计算砂粒的下沉速度是一个长期困扰人们的问题,国内外已经进行了相当长时期的研究。1948 年,威廉斯(Williams)和布鲁斯(Bruce)通过模拟实验指出:如果保持紊流状态,冲砂液流速只要稍大于最大砂粒的下沉速度即可将砂粒上返至地面。砂粒的沉降速度直接影响最小注入速度和工作排量,准确计算砂粒的沉降速度至关重要。计算砂粒沉降速度的常用方法有:牛顿—雷廷格计算法、莫尔计算法、斯笃克计算法、刘希圣法和模拟实验法等。

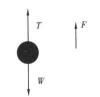
图 3-4　悬浮于冲砂液中的砂粒受力示意图

1. 牛顿—雷廷格计算法

砂粒的密度与冲砂液的密度不同,因而由于重力的作用,砂粒就会在垂直方向上产生相对运动,即所谓的沉降运动。砂粒在冲砂液中作沉降运动时,同时受到重力、浮力和液体阻力的作用,如图 3-4 所示。众所周知,砂粒在沉降过程中开始是加速运动的,当阻力、重力和浮力三者达到平衡时,砂粒的沉降速度将不再增加,这时的沉降速度称之为沉降末速(Terminal Settling Velocity),用 v_t 表示。球形砂粒在冲砂液中的沉降末速可用牛顿—雷廷格公式计算,其适用范围为雷诺数在 $500 \sim 1 \times 10^5$。

根据牛顿定律,砂粒在刚开始加速下降,当速度增加到一定数值时,砂粒以该速度匀速下降,砂粒的受力平衡公式如下:

$$W=T+F \tag{3-1}$$

其中

$$W = \frac{\pi}{6}d_s^3 \rho_s g, \quad T = \frac{\pi}{6}d_s^3 \rho_1 g, \quad F = C_d \frac{\pi}{8}d_s^2 \rho_1 v_1^2 \tag{3-2}$$

将其带入式(3-1)得:

$$\frac{\pi}{6}d_s^3\rho_s g = \frac{\pi}{6}d_s^3\rho_1 g + C_d\frac{\pi}{8}d_s^2\rho_1 v_1^2 \tag{3-3}$$

整理得到沉降速度计算公式：

$$v_t = \left[\frac{8}{3}d_s\frac{(\rho_s-\rho_1)}{\rho_1}g\right]^{1/2} \tag{3-4}$$

式中：v_t 为砂粒的沉降末速度，m/s；d_s 为砂粒的直径，m；ρ_s 为砂粒的密度，kg/m³；ρ_1 为冲砂液的密度，kg/m³；C_d 为阻力系数，雷诺数在 $500\sim1\times10^5$ 时取 0.5。

2. 莫尔计算法

将莫尔沉降末速关系式换算成工程常用单位后，有：

$$v_t = 2.95\left[d_s\frac{(\rho_s-\rho_1)}{\rho_1}\right]^{1/2} \tag{3-5}$$

3. 斯笃克（Stokes）计算法

砂粒在冲砂液中做沉降运动，会受到冲砂液的阻力。阻力的大小与砂粒的直径，以及冲砂液的黏度有密切的关系。砂粒在向下运动过程中受到的阻力表达式为：

$$F=6\pi\mu r v_t \tag{3-6}$$

下沉速度 v_t 越大阻力 F 也就越大，但砂粒在冲砂液中下沉时不可能无限制地加速，而是很快地变成等速下沉。则砂粒沉降运动的受力平衡方程为：

$$\frac{4}{3}\pi r^3(\rho_s-\rho_1)g = 6\pi\mu r v_t \tag{3-7}$$

沉降末速度整理得到：

$$v_t = \frac{2r^2(\rho_s-\rho_1)}{9\mu}g \tag{3-8}$$

式中：r 为砂粒的半径，cm；μ 为冲砂液的黏度，Pa·s；g 为重力加速度，m/s²。

4. 刘希圣计算法

砂粒在冲砂液中的下滑速度 v，可用莫尔提出的公式计算。原公式为英制单位，换算成公制单位后为：

$$v_t = 0.0707d_s\frac{(\rho_s-\rho_1)^{2/3}}{(\rho_1\mu)^{1/3}} \tag{3-9}$$

式中：v_t 为砂粒沉降末速度，m/s；μ 为冲砂液有效黏度，Pa·s。

5. 砂粒沉降拖曳系数计算法

计算砂粒沉降速度，需要确定砂粒在冲砂液中的拖曳系数。砂粒拖曳系数计算主要分为理论计算和经验公式两种方法。

国内外学者提出的众多经验公式中，White 提出的公式具有适用范围广：误差小的优点，其表达式为：

$$C_d = \frac{24}{Re_p} + \frac{6}{1 + Re_p^{0.5}} + 0.4 \qquad （3-10）$$

式中，Re_p 为颗粒雷诺数，无量纲。

本文采用 White 提出的公式作为砂粒在冲砂液中的拖曳系数计算公式。式（3-10）针对牛顿流体的情况，对于砂粒在非牛顿流体冲砂液中沉降的拖曳系数根据文献，在不同雷诺数下，球计算表达式为：

（1）层流（$Re < 1$），$C_d = \dfrac{3\pi}{Re}$；

（2）过渡流（$25 \leqslant Re \leqslant 500$），$C_d = \dfrac{5\pi}{4\sqrt{Re}}$；

（3）湍流（$10^3 \leqslant Re \leqslant 10^5$），$C_d = \dfrac{\pi}{8}c$，系数 c 几乎保持不变，为 0.44～0.5，平均值为 0.47。

6. 冲砂液上返速度确定

冲砂时，为了使液流将砂粒带至地面，液流在井内的上升速度必须大于最大直径砂粒的沉降末速。

$$v_s = v_l - v_t \qquad （3-11）$$

式中：v_s 为砂粒净上升速度，m/s；v_l 为液体上返速度，m/s。

玉门油田用石英砂与水所做的模拟实验结果表明：当液体上返速度和砂粒在冲洗液中沉降末速的比值（即 v_l/v_t）为 1.6～1.7 时，砂粒在上升液流中呈悬浮状态；而当液流上返速度稍增加时，砂粒便开始上升。因而，保证将砂粒带出地面的条件是 $v_l/v_t \geqslant 2$，即最小注入速度 $v_{min} = 2v_t$。

取 20.2℃时，清水黏度 η 为 1cP 即 10^{-2}P，将密度为 2.65g/cm³ 石英砂实验条件分别采用莫尔计算法和斯笃克计算法进行计算，计算结果见表 3-1。

从表 3-2 可以看出，考虑黏度影响，斯笃克计算法在清水中的计算误差大，而莫尔计算法误差相对较小，但计算数据普遍比实验数据偏大。沉降速度计算越大，施工对流速的要求越高，现场施工过程中如果按照计算数据来计算施工流速，是能够满足实际需要的。

表 3-1　密度为 2.65g/cm³ 的石英砂在清水中的自由沉降速度

平均砂粒大小 mm	在水中下降速度 m/s	平均砂粒大小 mm	在水中下降速度 m/s	平均砂粒大小 mm	在水中下降速度 m/s
11.9	0.393	1.85	0.147	0.200	0.0244
10.3	0.361	1.55	0.127	0.156	0.0172
7.3	0.303	1.19	0.105	0.126	0.0120
6.4	0.289	1.04	0.094	0.116	0.0085
5.5	0.260	0.76	0.077	0.112	0.0071
4.6	0.240	0.51	0.053	0.08	0.0042
3.5	0.209	0.37	0.041	0.055	0.0021
2.8	0.191	0.30	0.034	0.032	0.0007
2.3	0.167	0.23	0.0285	0.001	0.0001

表 3-2　密度为 2.65g/cm³ 石英砂实验与计算数据对比表

平均砂粒大小 mm	水中沉降速度，m/s		
	实验数据	莫尔计算法	斯笃克计算法
11.9	0.393	0.413	0.757
0.76	0.077	0.104	0.019
0.055	0.0021	0.028	7.5×10^{-6}

三、冲砂最小排量计算

1. 直井段冲砂排量要求

直井段的最小排量就要保证液流在井内的上升速度必须大于最大直径砂粒的自由下沉速度，自由下沉速度可以由经验公式计算得到，也可以通过表 3-1 查得不同直径的砂粒在清水中的自由沉降速度。在常规直井中，冲砂洗井的最低排量要求是能够满足冲砂液携带砂粒上行的最低条件，$v_l/v_t \geqslant 2$，即最小注入速度 $v_{min}=2v_t$。获得砂粒沉降速度和最小注入速度后，可以求得冲砂所需的最小工作排量。

$$Q_{min} = Av_{min} \qquad\qquad (3-12)$$

式中：Q_{min} 为砂粒上行的最低排量，m^3/s；A 为冲砂液上返流动时的最大截面积，m^2；v_{min} 为保持砂粒上行的最低液流速度，m/s。

在冲砂洗井过程中，砂粒运移到井口的时间：

$$t = \frac{H}{v_s} \qquad (3-13)$$

式中：t 为砂粒从井底上升到井口时间，h；H 为井深，m；v_s 为砂粒上升速度，m/s。

为了提高冲砂洗井速度，在低于地层漏失压力条件下，要尽可能地提高泵的排量，或减小液流返出面积，如果按照最小砂粒上行速度来要求排量，则冲砂效率极低。

以西南油气田加砂常用 20 目石英砂（直径 0.850mm）为例，假定其密度为 2.65g/cm³，在井深 2000m 直井中，ϕ139.7mm 套管完井（内径 126mm），ϕ73mm（内径 62mm）油管清水正冲砂中，要求最低排量计算：

查表可近似知：取粒径为 1.04mm 的砂粒，沉降末速 v_t=0.094m/s，则：
要求的最低上返流速为

$$v_{\min} = 2v_t = 0.188 \text{m/s}$$

最低泵排量为

$$Q_{\min} = 3600Av_{\min} = 3600p\frac{d_c{}^2 - d_t{}^2}{4}v_{\min} = 5.60\text{m}^3/\text{h}$$

砂粒净上升速度

$$v_t = v_{\min} - 1.6v_t = 0.07552\text{m/s}$$

上返时间

$$t = 26595\text{s} = 7.4\text{h}$$

要缩短冲砂时间，需要提高砂粒的上行速度，即提高冲砂液上返速度。当提高冲砂效率至 0.5h 砂粒返到井口，此时砂粒净上升速度为 1.1m/s 时，泵排量为：37.3m³/h 即 621L/min。如果采用反冲时，砂粒沉降末速不变，地面排量计算取值应根据冲砂液最大截面积进行计算。

2. 水平段及造斜段冲砂排量要求

最小注入速度必须满足 $v_l/v_t \geqslant 2$，仅仅是针对砂粒在井斜较小的井段有效，而砂粒在大斜度、水平井中的运移更加复杂、困难。由第一节可知，要使大斜度、水平井中的砂粒能够在井斜段正常运移，其要求的液体流速条件更加苛刻。

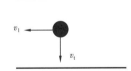

图 3-5　水平段中的砂粒速度矢量分布示意图

水平段中，砂粒的运移同时受两个速度矢量的影响，即砂粒在水平段的沉降速度 v_t，冲砂液的上返速度 v_l。从图 3-5 中可以看出：水平段冲砂时，砂粒的沉降方向同冲砂液的运行方向不一致，夹角近似 90°。沉降方向始终指向井壁低边。此时，影响砂粒在水平段中的运移的主要因素变成了砂粒是否能够在冲砂液中悬浮，即冲砂液的黏度成了影响水平段砂粒运移的主要因素。经验表明：在大斜度及水平段，在冲砂液黏度相同的情况下，当 $v_l/v_t \geqslant 3 \sim 10$ 时，冲砂液才能充分地携带砂粒运移。这就要求在该类井的冲砂施工中，即需选择合理的冲砂液黏度，又必须具有更高的泵压及排量。以上述井况为例，如果该井要使大斜度、水平段砂粒运移而后至井口，需要的最低上返流速：

$$v'_{min}=10v_t=0.94m/s$$

最低排量：

$$Q'_{min}=28m^3/h=466L/min$$

上返时间由垂直井段运行时间与大斜度、水平段运行时间组成。垂直井段运行时间同前面计算方法相同。

3. 井身结构对冲砂排量的影响

在分析最小冲砂排量的时候，除了井眼轨迹的影响，井眼大小变化造成井内冲砂液流速变化也会影响最小冲砂排量的选择。页岩气水平井多为大小套管组合式方式完井。以四川油气田为例，目前的完井方式多为 ϕ177.8mm 套管加 ϕ139.7mm 或 ϕ127mm 尾管悬挂方式完井。采用入井管柱正循环冲砂时，冲砂液在油套环空内上返过程中，流量不变情况下，随着砂粒上行至井眼扩径处，冲砂液流速减小。此时，若液体流速过低则不能将砂粒携带出井口，造成井眼变径部位砂粒沉积，形成砂卡事故（图3-6）。此时，若只要求冲砂液满足水平段携砂流速，而不考虑井径变化对流速减小效应，则可能造成砂粒不能携带至井口。需校核在满足水平段最小携砂可能的条件下，在大井眼井段是否也能够满足携砂条件，此种情况同样适用于直井变径段冲砂施工。

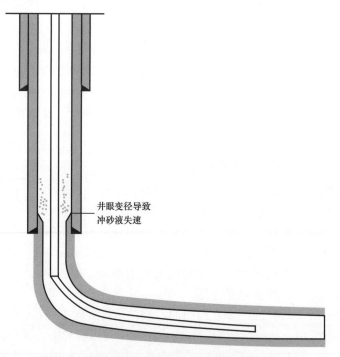

井眼变径导致
冲砂液失速

图3-6　正循环冲砂井径变化导致上返冲砂液失速

在要求最低携砂流速 v_{min} 前提下，井口泵车最小排量 Q_{min} 需大于大斜度、水平段砂粒最低排量 Q'_{min}，同时满足大于井眼变径段最低排量 Q''_{min}，取两则最大值。即要求：

$$\begin{cases} Q_{min} > Q'_{min} \\ Q_{min} > Q''_{min} \end{cases}$$

以 $\phi73mm$ 冲砂管柱在有：$\phi177.8mm$（内径154mm）加 $\phi127mm$（内径108mm）组合套管内冲砂为例（表3-3），为保证最低携砂流速，有：

直井段液流速度

$$v_{1直} = \frac{Q_{min}}{3600A_{直}} > 2v_t$$

水平段液流速度

$$v_{1水} = \frac{Q_{min}}{3600A_{水}} > 3v_t$$

表3-3　组合套管过流面积实例

套管外径，mm	冲砂管柱外径，mm	环空过流面积 A，m²
177.8	73	0.0144
127	73	0.0049

计算得出，直井段最低排量 $Q_{min} > 103.68v_t$，水平井段最低排量 $Q_{min} > 52.92v_t$。此时，若只满足水平井段最低排量进行冲砂施工，则在砂粒运移至井眼变径处，砂粒会因为失速无法上行，沉积在 $\phi127mm$ 悬挂处，造成卡钻风险。

所以，设计本类井冲砂施工排量，需同时校核直井段及水平井段冲砂最低排量。为克服变径井眼对冲砂排量的高要求，同时减小冲砂液摩阻，增大携砂液流速，在井下冲砂工具满足的条件下，可以采用反循环冲砂方式或组合式冲砂管柱等方式来解决油套环空变径造成的携砂液失速问题。

四、冲砂循环压耗计算

冲砂液在循环管路中流动时的压力损耗就是该段管路两端的压力差。设冲砂液在等直径管路中流动，根据水力学中的伯努利方程可得，计算密度为 ρ 的冲砂液压力损失的两个普遍公式：

管内流

$$\Delta p_p = \frac{2f\rho L \overline{v}^2}{d_i} \tag{3-14}$$

环空流

$$\Delta p_{a} = \frac{2f\rho L\overline{v}^{2}}{d_{i}-d_{o}} \tag{3-15}$$

式中：Δp_{p} 为管内压降，Pa ；Δp_{a} 为环空压降，Pa ；L 为井段长度，m ；d_{i} 为连续油管内径，m ；d_{o} 为连续油管外径，m ；d_{i} 为井眼直径，m ；

在实际问题中，密度、井段长度、连续油管内径、井眼直径、连续油管外径和平均流速等参数都很容易得到，唯一较难得到的是摩阻系数，后文将详细讨论。

由于钻井循环系统的管路是不规则的，并且钻井液是一种非牛顿流体，其流变特性变化较大，所以在工程上常常需要进行简化计算。

根据前面所述，从理论上讲幂律流型最接近实际钻井液，宾汉流型次之。为了研究比较，下面分别介绍幂律流型和宾汉流型循环系统压力损耗。

1. 幂律流体循环系统压力损耗

1）计算管内和环空流变参数

管内流型指数 n_{p}：

$$n_{p}=3.32\lg\left(\Phi_{600}/\Phi_{300}\right) \tag{3-16}$$

式中，Φ_{600} 和 Φ_{300} 分别为 600r/min 和 300r/min 时旋转黏度计的读数。

管内稠度系数 K_{p}：

$$K_{p}=0.511\Phi_{600}/1022^{n_{p}} \tag{3-17}$$

环空流型指数 n_{a}：

$$n_{a}=0.51\lg\left(\Phi_{300}/\Phi_{3}\right) \tag{3-18}$$

式中，Φ_{3} 为 3r/min 时旋转黏度计的读数。

环空稠度系数 K_{a}：

$$K_{a}=0.511\Phi_{300}/511^{n_{a}} \tag{3-19}$$

2）计算管内和环空中钻井液的雷诺数

管内雷诺数：

$$Re=\frac{\rho d_{i}^{n}v_{p}^{2-n_{p}}}{8^{n_{p}-1}K_{p}\left(\dfrac{2n_{p}+1}{4n_{p}}\right)^{n_{p}}} \tag{3-20}$$

式中，v_{p} 为管内流速，m/s。

环空雷诺数：

$$Re=\frac{\rho\left(d_{\mathrm{i}}-d_{\mathrm{o}}\right)^{n_{\mathrm{a}}} v_{\mathrm{a}}^{2-n_{\mathrm{a}}}}{12^{n_{\mathrm{a}}-1} K_{\mathrm{a}}\left(\dfrac{2 n_{\mathrm{a}}+1}{3 n_{\mathrm{a}}}\right)^{n_{\mathrm{a}}}} \qquad (3\text{-}21)$$

式中，v_{a} 为环空流速，m/s。

3）判别流态

若 $Re<3470\sim1370$，为层流，若 $Re<3470\sim1370$，为紊流；若 $3470\sim1370\leqslant Re\leqslant 4270\sim1370$，为过渡流。

4）计算范宁摩阻系数

层流范宁摩阻系数 f：

$$f=\frac{16}{Re} \qquad (3\text{-}22)$$

紊流范宁摩阻系数 f：

$$f=\frac{a}{Re^{6}} \qquad (3\text{-}23)$$

过渡流范宁摩阻系数 f：

$$f=\frac{G}{C_{1}}+\left(\frac{a}{C_{2}^{b}}+\frac{G}{C_{1}}\right)\frac{Re-C_{1}}{800} \qquad (3\text{-}24)$$

式（3-24）中，管柱内 $G=16$；环空中 $G=24$；$a=\dfrac{\lg n+3.93}{50}$；$b=\dfrac{1.75-\lg n}{7}$；$C_{1}=3470-1370n$；$C_{2}=4270-1370n$。

以上各式中，对于管柱内，$n=n_{\mathrm{p}}$；对于环空，$n=n_{\mathrm{a}}$。

5）计算循环压降

管内压耗 Δp_{p}：

$$\Delta P_{\mathrm{p}}=\frac{2f\rho Lv^{2}}{d_{\mathrm{i}}} \qquad (3\text{-}25)$$

环空压耗 Δp_{a}：

$$\Delta P_{\mathrm{a}}=\frac{2f\rho Lv^{2}}{d_{\mathrm{i}}-d_{\mathrm{o}}} \qquad (3\text{-}26)$$

管内和环空总压耗 Δp_{t}：

$$\Delta p_{\mathrm{t}}=\Delta p_{\mathrm{p}}+\Delta p_{\mathrm{a}} \qquad (3\text{-}27)$$

2. 宾汉流体循环压耗

宾汉流体循环压耗计算方法与幂律流体基本相同，唯一不同的是在雷诺数 Re 的计算上。若为紊流，必须重新计算雷诺数 Re 和摩阻系数 f。

管内流：

$$Re = \frac{3.2\rho d_i v_p}{\eta} \tag{3-28}$$

环空内流：

$$Re = \frac{3.2\rho(d_i - d_o)v_a}{\eta} \tag{3-29}$$

摩阻系数：

$$f = \frac{A}{Re^{0.2}} \tag{3-30}$$

对于内平管柱，$A=0.053$。

两种流型计算循环压耗时的基本思路及方法基本一致，都是先计算管内和环空的平均流速、流变参数以及雷诺数，再根据雷诺数判别流态，然后计算范宁摩阻系数，最后得出压降。区别在于，当流体为宾汉流体且流态为紊流时，需要重新计算雷诺数并根据第二次计算的雷诺数来计算摩阻系数，最后得出循环压降。

需要说明的是，由于连续油管本身直径小，流体流动空间小，所以在实际作业中管内流态一般为紊流，环空流态一般也为紊流，少数情况下为层流。

3. 地面管汇（卷筒上）摩阻压降计算

流体流过连续油管卷筒时，受到不断变化的离心力的作用，产生二次涡流，称为 Dean Vortices 效应。它对流体的阻力很大。与流过连续油管直管段产生的压降相比，流过连续油管卷筒段产生的压降要大得多。流过连续油管卷筒段时对压降的影响由 Dean 数（N_{Dn}）表示，它与 Re 的关系为：

$$N_{Dn} = Re\left(\frac{r_o}{R}\right)^{0.5} \tag{3-31}$$

式中，r_o/R 为油管半径 r_o 与从管体中心线算起的弯曲半径 R 的比值。

注意，对于卷筒最内层油管，R 等于卷筒半径加上 r_o。卷筒上其他层油管的弯曲半径 R 可用下式计算：

$$R_i = R_{i-1} + 0.875 d_i \tag{3-32}$$

根据同直径圆形物体的叠加方向，卷筒上每层连续油管的弯曲半径要增加约 $0.875d_i$，因而必须分别计算每一层连续油管的 r_o/R 值。

用 Dean 数（N_{Dn}）代替 Re，得到摩阻系数 f。分别计算每层连续油管产生的压降，然后叠加就可以得出整个卷筒上的摩阻压降，可将其等效为地面管流的摩阻压降。

卷筒上摩阻压降：

$$\Delta p_{\mathrm{p}} = \frac{2\rho v_{\mathrm{p}}^{2}}{d_{\mathrm{i}}} \sum_{m=1}^{n} f_m L_m \tag{3-33}$$

式中，L_m 为连续油管 m 段的长度，m；f_m 视流态的不同而取不同的值。

层流：

$$f_m = \frac{16}{Re\left(\dfrac{r_{\mathrm{o}}}{R_m}\right)^{0.5}} \tag{3-34}$$

紊流：

$$f_m = \frac{a}{\left[Re\left(\dfrac{r_{\mathrm{o}}}{R_m}\right)^{0.5}\right]^{b}} \tag{3-35}$$

过渡流：

$$f_m = \frac{G}{C_1} + \left(\frac{a}{C_2^{b}} + \frac{G}{C_1}\right) \frac{Re\left(\dfrac{r_{\mathrm{o}}}{R_m}\right)^{0.5} - C_1}{800} \tag{3-36}$$

4. 流体流经喷嘴的压降计算

单喷嘴时：

$$\Delta p = \frac{8}{\pi^2} \cdot \frac{\rho Q^2}{C_{\mathrm{d}}^2 d^4} \tag{3-37}$$

等径多喷嘴：

$$\Delta p = \frac{8}{\pi^2} \cdot \frac{\rho Q^2}{C_{\mathrm{d}}^2 d^4} \tag{3-38}$$

不等径多喷嘴：

$$\Delta P = \frac{8}{\pi^2} \cdot \frac{\rho Q^2}{C_{\mathrm{d}}^2 \left(d_1^2 + d_1^2 + \cdots + d_n^2\right)^2} \tag{3-39}$$

式中：Δp 为喷嘴节流压差，Pa；ρ 为喷射液体密度，kg/m³；Q 为排量，m³/s；C_{d} 为喷嘴流量系数；d 为喷嘴直径，m。

5. 计算实例

某井使用 2in（50.8mm）、4.44mm 等壁厚、5200m 连续油管下入冲砂喷嘴到最下面一个桥塞上部，即 4590.99m 上部，对井筒进行冲洗作业。冲砂管柱为：平底磨鞋 + 螺杆马达 + 马达头总成 + Roll-on 接头 + 连续油管。使用冲砂液为滑溜水，黏度 6～9 mPa·s；准备约 300m³；备胶液，黏度 35～40 mPa·s，准备约 100m³。计算结果如图 3-7 和图 3-8 所示。

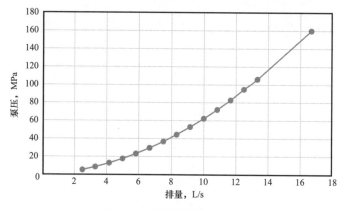

图 3-7　不同排量施工泵压

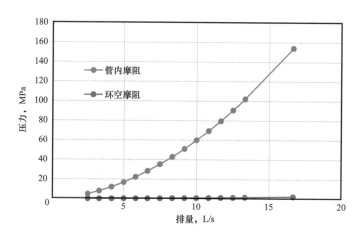

图 3-8　不同排量下连续油管内外压力变化

第三节　页岩气水平井冲砂工艺技术

井内岩屑清除主要采用机械捞砂和水力冲砂两大类技术。机械捞砂技术是下入捞砂工具，一次捞砂量最大为 50～100m 砂柱。由于水平井井身结构的特殊性，水平段较长，使用机械捞砂技术需要进行多次捞砂作业，清砂效率较低且效果较差。水力冲砂技术是下入冲砂管柱，通过管柱注入高速流体，在此高速流体的作用下将井底砂堵冲散，并借用液流循环上返的携带能力将沉积砂粒携带出地面。相对于机械捞砂方法，水力冲砂技术效率高、效果好，水力冲砂洗井效果是诸如流体性质、流体速度、井眼尺寸、钻柱偏心情况、岩屑颗粒性质、沉积物渗透率和通井速度等因素的函数，需要根据储层特点以及压力状况进行水力冲砂施工方法的选择与参数设计。经过长久发展，目前已经形成了众多的冲砂方式和技术。水平井冲砂技术按照管柱类型可主要分为三类：刚性管柱冲砂、同心油管冲砂、连续油管冲砂。

一、刚性管柱冲砂

目前，国内刚性管柱冲砂主要有机械冲砂、水力冲砂和连续冲砂几种主要的冲砂方式。

1. 机械冲砂

机械冲砂采用冲砂管柱带冲砂头入井至大斜度、水平段冲洗。采用井口转盘作为动力，在接单根及起下管柱时边循环边转动，带动井内冲砂管柱旋转并循环冲砂液进行冲砂的工艺过程。

1）冲砂管柱结构

其常见的冲砂管柱由斜尖、扶正器、倒角油管、封井器等组成，如图3-9所示。同时针对水平井冲砂的特点，在基本冲砂管柱的基础上发展出了更适合水平井冲砂的管柱结构。

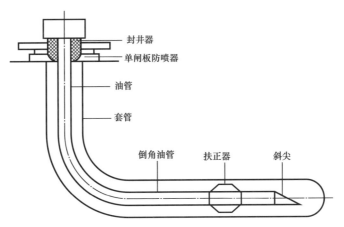

图 3-9 常规冲砂工艺管柱结构图

（1）引锥冲砂笔尖 + 大倒角薄接箍油管（造斜井段以下，配套接箍扶正减摩器和挠性接头）+ 直井段常规油管组合管柱结构。此工具组合是针对大斜度、水平井冲砂难点而设计的。引锥冲砂笔尖作用在于引导冲砂管柱在斜井及水平段的前行，为圆弧倒角设计，便于降低水平段前行阻力。接箍扶正减摩器变接箍和套管之间的滑动摩擦为滚动摩擦；挠性接头可降低刚性管柱在造斜井段的钟摆力，从而降低冲砂管柱在水平井中的摩擦阻力，便于冲砂管柱正常的进、出水平井段（图3-10至图3-12）。

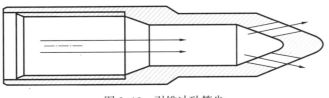

图 3-10 引锥冲砂笔尖

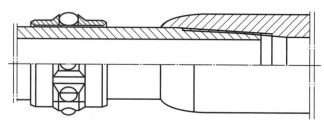

图 3-11　接箍扶正减摩器

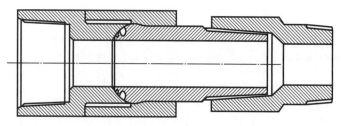

图 3-12　挠性接头

（2）冲砂笔尖 + 无接箍管柱（造斜井段以下）+ 直井段常规油管组合管柱结构。该管柱组合设计的主要目的是减少入井冲砂工具（扶正器、挠性接头等），又达到降低管柱摩阻、增加冲砂液过流面积、防止砂卡的目的。

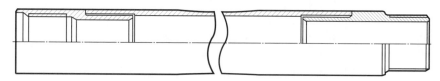

图 3-13　无接箍油管示意图

（3）钻头冲砂管柱。尖钻头 + 钻杆，用于直井段和小于 30° 的井段施工。短翼三刮刀钻头 + 钻杆，用于 30°～60° 井段的施工。三牙轮（或 PDC）钻头 + 钻杆，用于大于 60° 井段和水平段的冲砂解堵施工。

2）冲砂循环路径

大斜度、水平井直井段冲砂根据选用工具不同可采用正冲或反冲方式，即从入井管内进，环空返或油套环空进液、油管内返均可。

（1）正循环冲砂。冲砂液沿冲砂管向下流动，在流出管口时以较高的流速冲散砂堵。冲砂的砂子和冲砂液一起沿冲砂管与套管的环形空间返至地面。随着砂堵冲开的程度增加，逐步加深冲砂管。正循环冲砂冲洗能力较强，容易冲开井底沉砂，但携砂能力较小，易在冲砂过程中发生卡钻。

（2）反循环冲砂。与正循环冲砂相反，冲砂液由套管和冲砂管的环形空间进入，被冲起的砂粒随同冲砂液从冲砂管返回到地面。反循环冲砂冲洗能力小，但液流上返速度大，携砂能力较强。

（3）正反循环冲砂。利用正冲、反冲的优点，用正循环冲砂方式将砂堵冲开，并使砂子处于悬浮状态。然后改为反冲，将冲散的砂子从冲砂管内返至地面，这样可迅速解除砂堵，提高冲砂效率，直径 139.7mm 以上套管，可采取正反循环冲砂的方式。采用正反循环冲砂方式时，地面管线上应安装改换冲洗方式的总机关控制，以实现快速转换。

一般来说，此类管柱组合因为采用的是倒锥引进，内孔水眼较小，反循环冲砂效果不如正循环冲砂。

3）冲砂施工过程控制方法

对于页岩气水平井在井斜 100°～300° 井段，此井段一般形不成沉砂床，但存在沉降作用，要保持洗井液的悬浮性，防止砂粒沉降。钻具运动方式以旋转为主，转速 15～30r/min，以环空流态为层流时的排量为宜。

在井斜 30°～60° 井段，以破坏沉砂床、防止砂粒再次沉降为主。钻具运动方式以往复运动为主，结合旋转运动。下放钻具时，转速控制在 15～30r/min；上提钻具时，速度控制在 5m/min 左右，以充分利用上提钻具时产生的偏流对砂床的冲蚀作用，以达到紊流的大排量为主，必要时可用双泵或水泥车组提高排量。在完全破坏沉砂床后，结合层流，利用洗井液的低剪切速率黏度和静切力彻底清除井筒内的沉砂。

在井斜 60°～90° 井段，以减少钻具摩阻，破坏沉砂床为主。钻具运动方式以旋转为主，因为水平段中钻具已不能在拉力下靠近上井壁，偏流冲蚀作用很小。下放钻具时必须动转盘，转速 15～30r/min，以减少钻具摩阻，遇阻后要反复活动钻具，根据理论计算摩擦阻力大小，适当加压冲砂。钻压以计算能克服摩擦阻力时为宜，一般不超过 20kN，不能强加大钻压下入。

表 3-4 为水平井冲砂施工过程控制表。

表 3-4 水平井冲砂施工过程控制表

井段，（°）	钻具活动方式	钻压，kN	转速，r/min	主要目的
垂直段	适当旋转	10～20	—	破坏砂床
10～30	旋转为主	10～20	15～30	防卡/防砂粒二次沉降
30～60	往复/旋转	10～20	15～30	破坏砂床/防砂粒二次沉降
60～90	旋转为主	≤20	15～30	减摩阻/破坏砂床

控制下放速度，30°～60° 井段，管柱上下起放，一般下放 50m，上提一次，负荷异常增加及憋压后加大排量反循环洗井。60°～90° 井段，下放速度控制在 0.3m/min，并每根单根上下活动 2～3 次，排量要求在保证最低冲砂排量的前提下，不低于 1000L/min。

4）冲砂施工要求

该管柱组合为不连续冲砂，如果静止在井内洗井，其偏心环空必然导致井眼底边的流速减低，不但洗不出沉砂，反而会引起新的沉降，甚至造成卡钻。转动的管柱不但可以使井筒内的洗井液保持均匀的流变性，改善井眼冲洗效果，同时，可以搅动带起井眼底部的沉砂，提高冲砂效率。管柱与洗井液之间有一定的粘连作用，运动的管柱会很快将沉砂带起并保证不再次沉积。因此为防止砂粒二次沉降卡钻需要注意以下事项：

（1）尽量减少地面接换单根时间。

（2）在接单根及起下管柱时，需边循环边转动，机械冲洗与水力冲洗相结合破坏沉砂床。

（3）转动及上下活动管柱，利用钻具接箍破坏砂粒沉积。

（4）加强固控，及时有效地清除洗井液中的固相。

（5）普通管材加减磨工具的冲砂管柱组合较复杂，在井内易遇卡，施工过程中需严防井口落物。

2. 水力旋转射流冲砂

水平井因其井型的特殊性，在冲砂中通常是机械冲砂与水力冲砂相结合的过程。水力旋转射流冲砂采用水流作为动力驱动冲砂头旋转来破碎沉砂床的冲砂方法通常称为水力旋转射流冲砂，简称水力冲砂。该组合工具在冲砂液作用下，带动旋转射流喷头旋转，旋转射流喷头喷出水射流开始破碎井内砂床，清洗井筒，旋转射流喷头的转动带动旋转轴上的钢丝刷转动，钢丝刷清洗井壁完成第二次井筒清洁目的，从而达到高效清砂解堵，解除井内堵塞的目的。

1）水力旋转射流冲砂管柱结构

常采用的管柱组合为：直井段工作管柱 + 无接箍油管（倒角油管）+ 扶正器 + 无接箍油管 + 安全接头 + 组合式旋转射流冲砂工具。组合式旋转射流冲砂工具是用普通油管实现连续冲砂的关键部件，其常见结构如图3-14所示。扶正器是通过两点一线来保证冲砂头居中，防止冲砂头靠井壁底边后阻碍其旋转。安全接头通过投球打压可使冲砂工具与管柱脱开，管柱采用的弹性扶正器与冲砂头设计均能保证足够的液流通道，不会对砂粒的运移造成阻碍。

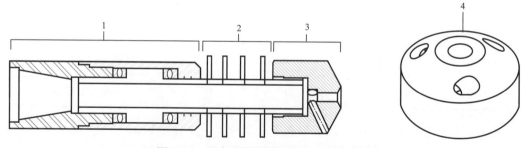

图3-14 组合式旋转射流冲砂工具示意图

1—轴承接头；2—井筒清洁钢刷；3—射流冲砂头；4—喷嘴分布示意图

2）冲砂工艺及施工要求

在冲砂时，需结合机械法冲砂工艺及参数对管柱进行上下活动及适当旋转，达到扰动、破坏砂床并防止砂卡的目的。但因为井下有弹性扶正器，转速需降低至5～15r/min，在满足冲砂头要求的前提下尽量提高排量。与机械冲砂类似，为防止砂粒二次沉降卡钻，也需要尽量减少地面接换单根时间、防止落物入井及加强固控，及时有效地清除洗井液中的固相。

3. 刚性管柱连续冲砂

刚性管柱连续冲砂是指通过冲砂作业过程中不停泵，冲砂液保持长循环状态的冲砂工艺，能有效解决传统停泵接冲砂管冲砂工艺中存在的卡管柱等问题。连续冲砂工艺相对于常规冲砂工艺具有以下优点：

（1）施工时间较短，节约了常规冲砂过程中需停泵接单根时间。

（2）冲砂液在井内一直处于运动状态，避免了运移中的砂粒在井内，特别是斜井段及水平井段的二次沉降。

（3）有利于防止卡钻。

（4）缩短了冲砂周期，从而减少了冲砂液漏失对地层造成的伤害，对储层保护具有积极意义。

目前，刚性管柱连续冲砂主要包括地面换向连续冲砂和套管内换向连续冲砂两种工艺技术。

1）地面换向连续冲砂

地面换向连续冲砂采用地面换向阀换向来改变水流流向实现油套换向，在不停泵情况下实现连续冲砂，从而保证冲砂效果。该套管柱包括专用换向自封、密封胶芯、换向短节、地面换向阀等组成，如图 3-15 所示。

(a)换向自封　(b)换向短节　(c)换向阀

图 3-15　地面换向连续冲砂主要工具图

正循环冲砂时，进液渠道为水龙头及换向自封旁通，旁通通过换向自封及换向阀进入油管至井底，通过套管四通从油套环空返出携砂液。当控制阀使液流从冲砂管柱上部进液时，可以上下活动管柱，完成冲进过程。当冲完一根油管，油管吊卡坐在换向自封上时，即可通过换向阀改变液流方向从侧孔进入换向自封内，憋压后推动油管换向短节的滑阀打开，液流进入油管内，继续到达冲砂笔尖，在换单根时依旧保持冲砂液流持续携砂上返，完成洗井过程。换向自封结构及地面换向连续冲砂工艺如图 3-16 和图 3-17 所示。

连续冲砂在防卡方面具有一定的优势，但是也需要活动钻具。此工艺地面控制工具、管线较多，连接管线比较麻烦，需要人工扳动换向阀实现地面换向，施工过程中需注意细节控制，防止出现安全事故。

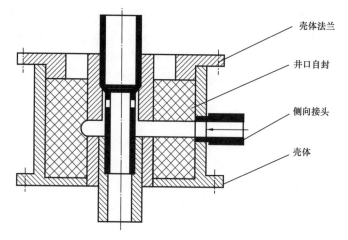

图 3-16 换向自封结构示意图

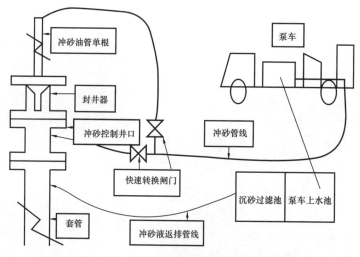

图 3-17 地面换向连续冲砂工艺示意图

2）套管内换向连续冲砂

该技术是在地面换向连续冲砂基础上改进而来，通过在套管内加入衬管，并使用原换向短节来实现连续注入冲砂液而不影响接单根，整个过程为不停泵连续作业，从而保证了冲砂效果。常见的管柱组合为，冲砂头＋安全短节＋扶正器＋无接箍油管（倒角油管）＋直井常规油管＋换向＋油管＋换向短节等。一般采用正循环冲砂，冲砂液从自封旁通进入，在冲砂油管与衬管内换向进入油管，冲砂液从衬管与套管环空返出。

套管内换向连续冲砂是通过井口自封与换向密封阀来实现冲砂液换向的密封。施工时，冲砂液从自封旁通进入衬管与套管环空，通过换向密封阀进入油管，冲砂后从套管四通返携砂液。冲砂时每接一次单根，均连接一个换向密封阀，保证了液流均从旁通进入，而修井平台上只需要对管柱进行起下、旋转作业。图 3-18 所示为机械和液压双补偿自封及换向密封阀，图 3-19 所示为套管内换向连续冲砂工艺示意图。

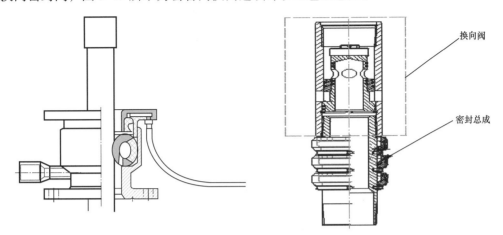

图 3-18　机械和液压双补偿自封及换向密封阀

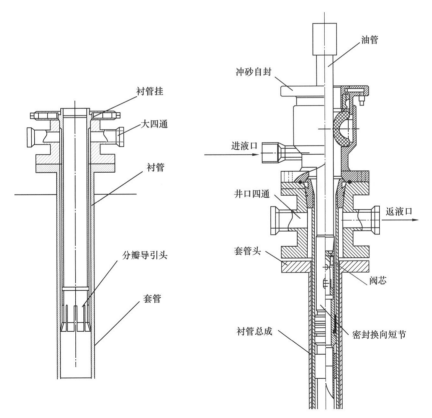

图 3-19　套管内换向连续冲砂工艺示意图

此工艺在套管内换向，操作相对于地面换向简单。但井口或者井内的密封构件及密封件密封能力的大小直接决定井口冲砂液循环时的循环泵压及排量大小。

二、连续油管冲砂

页岩气冲洗作业是目前最为常见的连续油管作业技术。连续油管是一种缠绕在连续油管作业机大滚筒上,可连续下入或起出油井的一整根无螺纹连接的油管。连续油管冲砂即通过连续油管作业机的液压驱动设备将连续油管下入套管内或通过油管下入井底,并利用水泥车将冲砂液从油管内泵入井底,高速液流冲散砂堵,同时,借助上返液流将井底泥砂携带出地面的过程。

与常规油管冲砂作业相比,连续油管冲砂具有以下优点:

(1)不需要拆井口、压井,节约了压井周期,减少了时间成本,提高了修井时效。

(2)可实施负压冲砂,减少了修井作业对地层的潜在伤害,利于储层保护。

(3)作业设备简单,成本相对较低。

(4)连续油管无接箍,摩阻较小,在大斜度井段发生卡钻的风险较低。

(5)减少了额外的排液施工工序,使得修井后油气井复产更加快速、高效。

(6)有利于解决永久式封隔器完井造成的后期井内出砂无法修井的情况。

连续油管冲砂方式可分为:正冲、反冲、正正冲及正反冲等,冲砂方式根据井况选择一种或多种方式组合(图3-20)。

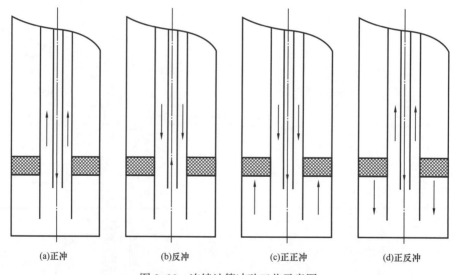

(a)正冲　　　　(b)反冲　　　　(c)正正冲　　　　(d)正反冲

图3-20 连续油管冲砂工艺示意图

(1)正冲:冲洗介质由连续油管管内入液,从连续油管与生产管柱的小环空返出,是连续油管最常用的冲洗方式,对井下带有封隔器或是油套无法建立循环的井,采用这种方式。

(2)反冲:冲洗介质由生产油管与连续油管间的环空注入,从连续油管返出。优点是作业中不会卡钻,但受施工排量、摩阻和绞盘上连续油管曲迂度影响,容易在连续油管内沉砂,而且循环中摩阻主要消耗于连续油管内,对地层的回压很大,不能起到负压作业效果,这种方法很少使用。

（3）正正冲：在油套连通的情况下，同时从连续油管和生产油管注入冲洗介质，从油套环空返出携砂液，这种方法适用于不动管柱的情况下，清除管脚以下的沉砂，它冲刺力较强，能够冲起粒径较大或含有堵球的沉积物。

（4）正反冲：同样用于油套连通的情况，同时从连续油管和环空注入冲洗介质，从连续油管和生产油管的环形空间返出循环介质，特点是冲刺力、携砂能力都很强，但上返截面较小，对大直径颗粒冲砂时要慎重选用。

（5）组合冲洗：根据现场实际情况，选用以上4种方式组配，一般是先用正冲（洗）或反冲（洗）使油套连通，再正正冲（洗）或正反冲（洗）至目的层段。

1. 连续油管空井筒冲砂

连续油管空井筒冲砂是指修井作业过程中井内管柱已经起出，井内呈空井筒状态下采用连续油管入井冲砂的工艺。空井筒连续油管作业选用原则：在连续油管长度满足的前提下，通过增大连续油管管径，来减小冲砂液摩阻，降低地面泵车作业压力，提升冲砂液流速。川渝地区页岩水平井多为 ϕ177.8mm 套管加 ϕ139.7mm 套管组合，前期井深多在 4000m 以内。在井内无管柱情况下，为减小冲砂液摩阻、增加施工排量、冲砂液流速。可选择 ϕ50.8mm 连续油管作为作业管柱。冲砂管柱组合推荐： ϕ50.8mm 连续油管 + 接头 + 扶正器 + 井下液压马达 + 喷头或 ϕ50.8mm 连续油管 + 接头 + 扶正器 + 旋转射流喷头（图 3-21）。由于井眼较小（油层套管为 ϕ139.7mm 以下空井筒），排量要求不高，可以采用连续油管正循环冲砂的方式作业。

图 3-21 连续油管配液压马达及喷头

2. 连续油管不动管柱冲砂

连续油管最大的优势是可以进行带压作业，不需要起出井内管柱，相对于常规压井作业起管柱后冲砂，连续油管不动管柱冲砂能够更好地保护储层，降低修井成本且能连续冲砂。因此，在油气井的解堵、特别是井下套管环空不通的情况下，其实用性非常强。连续油管冲砂作业根据井内管柱最小内径大小，满足连续油管下入同时，降低冲砂液摩阻，提升冲砂液流速。针对目前川渝地区大多数页岩气水平井，井内带 ϕ73mm 油管完井水平井。可选用 ϕ44.45mm 和 ϕ50.8mm 连续油管作为冲砂管柱。

3. 连续油管负压冲砂

页岩气水平井普遍地层压力不高，随进入中后期开发时，地层能量进一步下降，可能出现了井筒静水柱压力高于地层压力的情况，在修井冲砂过程中，若采用常规水基冲砂液，则大量冲砂液会漏入地层。冲砂液侵入地层后可能形成暂时水堵或永久性水堵，冲砂液温度较低可能导致地层的暂时蜡堵，有的还会造成黏土膨胀，使渗透率降低而给地层造成危害。冲砂液漏失到地层时还将同时带入井底砂，开抽后砂了重新返回井底，造成冲砂周期相应大为缩短。而泡沫流体由于密度小、黏度大、滤失小，用它做冲砂液可以有效地减少井底漏失，从而实现连续冲砂，还可避免因中途停泵造成砂卡事故；遇水敏地层也不会产生黏土膨胀问题；连续油管负压冲砂主要有连续油管泡沫负压冲砂、连续油管氮气负压冲砂或两种结合的连续油管氮气泡沫负压冲砂。

1）连续油管泡沫负压冲砂

连续油管泡沫负压冲砂是将加入了起泡剂和稳泡剂等添加剂的冲砂液与氮气在地面泡沫发生器中充分混合，形成稳定泡沫随即注入井内，起到循环洗井液的作用。低密度泡沫液可有效控制液柱压力，由于基液密度比水密度小，当水柱高度与基液高度相同时，泡沫液的压力较小，黏度高，携砂能力强，因此可以在负压的状态下正常冲砂，避免了冲砂液可能造成的污染，从而能有效保护储层，最大限度地降低漏失。

负压冲砂采用正循环工艺，其流程如图3-22所示，冲砂液从井口的油管注入，到达井底后携带砂粒从环空返回，达到清除井底出砂的目的。可在井底形成负压，随着环空回压的增大，井口注入压力成正比例增加，井底压力先减小后增大。泡沫流体密度小、黏度大、滤失小，泡沫负压冲砂可以有效地减少井底漏失。

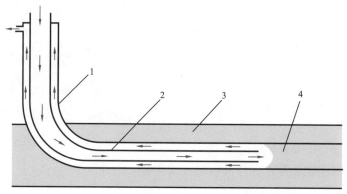

图3-22　大斜度、水平井负压冲砂正循环流程图

1—套管；2—油管；3—地层；4—地层出砂

连续油管泡沫负压冲砂的工艺中，泡沫在环空中上返流速应大于最大粒径砂粒在静止泡沫中的沉降速度。泡沫冲砂中，泡沫进口的单流是保证连续冲砂的关键。

2）连续油管液氮负压冲砂

连续油管液氮负压冲砂工艺采用正正冲或正反冲循环方式冲砂。此冲砂方式适用于油套环空畅通井。

正正冲采用连续油管与液氮车配合，从连续油管内泵注冲洗液体，油管与连续油管环空注氮气，经由油管与套管环空返出的流程。在冲砂过程中，在管脚上部密封油管与套管环空，以实现冲砂时井口密封和冲砂过程中连续下钻而无须停泵。连续油管正正冲可携带井下螺杆及冲砂头，优点是便于破碎板结成砂；缺点是携砂液在油套环空上返，在油套环空较大的情况下，对连续油管排量的要求高。

表 3-5　砂粒的直径与泡沫流速的关系表

砂粒直径，mm	井底泡沫最小流速，m/s	携砂率，%
0.3	0.14	>90
0.4	0.31	>90
0.5	0.54	>90
0.6	0.98	>90
0.7	1.16	>90
0.8	1.25	>90
0.9	1.31	>90

　　正反冲采用连续油管与液氮车配合，从连续油管内泵注冲砂液体，从套管环空泵入液氮，连续油管与井内油管小环空返出携砂液。此种方式冲砂液上返速度较正正冲快，携砂能力较强。连续油管正反冲优点是携砂液从小环空上返，携砂能力较强。但为防卡钻，不适宜大颗粒沉砂。

三、川渝地区页岩气水平井推荐清砂修井设备

1. 修井机负压冲砂

　　（1）推荐管柱组合：钻杆＋钻铤＋随钻震击器＋钻铤＋扶正器＋钻铤＋负压清洁工具（＋高效铣鞋）（图 3-23）。

钻杆　钻铤　随钻震击器　钻铤　扶正器　钻铤　负压清洁工具　高效洗鞋

图 3-23　修井机负压冲砂管柱

　　（2）管柱特点：能对较坚硬的落物进行套铣负压打捞；确保工具在水平段居中；确保工具串在套铣打捞过程中有良好的解卡能力。

2. 连续油管负压冲砂

　　（1）推荐负压清洁管柱组合：连续油管＋复合接头＋单流阀＋液压丢手＋震击器＋螺杆马达＋（换向旋流冲砂工具）＋负压清洁工具（＋高效铣鞋）（图 3-24）。

　　（2）管柱特点：能对较坚硬的落物进行套铣负压打捞；确保工具串在套铣打捞过程中有良好的解卡能力。

3. 连续油管转向旋流冲砂

　　（1）推荐冲砂管柱组合：连续油管＋复合接头＋单流阀＋液压丢手＋震击器＋螺杆马达＋换向旋流冲砂工具＋冲洗头（图 3-25）。

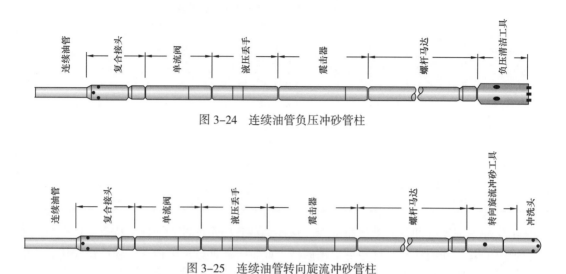

图 3-24　连续油管负压冲砂管柱

图 3-25　连续油管转向旋流冲砂管柱

（2）管柱特点：在能建立全井筒循环条件下能有效进行循环冲砂；通过泵压控制，能调整液体循环位置，产生旋流，避免砂卡；确保工具串在套铣打捞过程中有良好的解卡能力。

第四节　页岩气水平井冲砂实例分析

一、WY202H2-3 井连续油管冲砂

1. 基本情况

WY202H2-3 井深 4693m，垂深 2736m。油层套管为 ϕ139.7mm 套管，壁厚 12.7mm，井身结构如图 3-26 所示。井筒内存在 15 个大通径桥塞，第一个桥塞位置为 4590.99m，最后一个桥塞位置为 3481m。

在冲砂前下入管柱多次遇阻。

下入 ϕ108mm 通井规 ×3m + ϕ78mm 变扣 ×0.14m + ϕ73mm 外卡瓦连接器 ×0.21m + ϕ50.8mm 连续油管至 2955.62m 遇阻。

下入 ϕ89mm 模拟射孔枪 ×5.57m + ϕ78mm 变扣 ×0.14m + ϕ73mm 外卡瓦连接器 × 0.21m + ϕ50.8mm 连续油管至 4086.39m 遇阻。

下入 ϕ106mm 通井规 ×2.5m + ϕ78mm 变扣 ×0.14m + ϕ73mm 水力振荡器 ×0.55m + ϕ73mm 变扣 ×0.22m + ϕ73mm 外卡瓦连接器 ×0.21m + ϕ50.8mm 连续油管至 4040m 遇阻。

施工目的：使用 2in（50.8mm）、4.44mm 等壁厚、5200m 连续油管下入冲砂喷嘴到最下面一个桥塞上部，即 4590.99m 上部，对井筒进行冲洗作业。

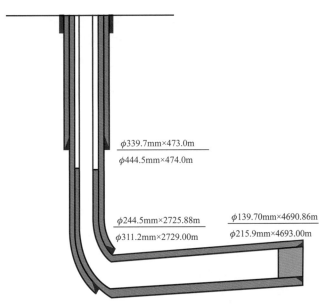

φ339.7mm×473.0m

φ444.5mm×474.0m

φ244.5mm×2725.88m   φ139.70mm×4690.86m

φ311.2mm×2729.00m   φ215.9mm×4693.00m

图 3-26   WY202H2-3 井井身结构示意图

2. 施工过程

（1）用连续油管带 roll-on 接头（OD=50.8mm）+ 单流阀（OD =50.8mm）+ 变扣（OD= 51mm）+ 喷头（OD =45mm）冲砂工具串入井（图 3-27），下放过程中每 500m 做一次提拉测试，下放至 2710m 时，泵注胶液 8m³，后泵注滑溜水顶替，泵压 9～25MPa，排量 380L/min，连续油管下至 3474m 处遇阻（连续油管示深），此时距离第一个桥塞（3481m）7m 的距离，泵注 10m³ 胶液，泵压 16MPa，排量 300L/min，反复活动油管仍然遇阻。

大通径桥塞可实现不钻桥塞即可生产，但是容易在桥塞位置产生沉沙，形成砂堵，常规的冲砂工具易与油管壁紧贴，增加下入摩阻，且仅能对小范围区域进行冲洗，导致冲砂效果并不理想，进尺困难。在第一个桥塞附近连续油管遇阻现象非常明显，反复提拉下放无果，可能是由于下入过程中由于连续油管的挠性导致工具贴紧油管壁，加之桥塞的作用导致工具下放遇阻。

（2）更换为 roll-on 接头（OD=50.8mm）+ 马达头总成（OD =50.8mm）+ 螺杆马达（OD= 53.5mm）+ 平底磨鞋（OD =54mm）冲砂工具串入井（图 3-28），下放至 3080m 时开泵循环，泵压 11～23MPa，排量 210～260L/min，油管下至 4064m 处遇阻，此时已通过第 8 个桥塞（4060.98m）3m 左右。说明采用螺杆马达工具下钻，通过工具旋转作用容易通过遇阻位置，且冲洗范围较大。

（3）油管下至 4064m 处遇阻后，多次上提下放无果，且每次下放深度呈递减趋势，出现自锁现象。在未加金属减阻剂的情况下，油管下至 4064m 处自锁；施工前经过软件模拟结果预计在 4191m 处会发生连续油管自锁现象，具体自锁位置应根据现场具体情况而定，此次连续油管在下放至 4064m 处遇阻，但是泵压未见升高，上提后下放，连续油管深度降低，为典型连续油管自锁现象，上提油管至 3580m，然后下放油管至 3886m 处泵注 8m³ 金属减阻剂，并不断分别用胶液和金属减阻剂循环，泵压 18～20MPa，排量 240～250L/min，油管下至 4130m。因此，连续油管发生自锁后，可考虑泵注金属降阻剂，减小井筒与连续油管的摩阻，缓解连续油管自锁现象，一次性泵送金属降阻剂的体积超过连续油管内容积 1～2m³ 较为理想。

图 3-27　带喷头（45mm）冲砂工具

图 3-28　冲砂工具示意图

二、YSH1-1 冲砂洗井

YSH1-1 井采用压裂泵车泵送电缆下入水力桥塞＋射孔枪的方式，一次完成桥塞封隔前一级压裂段、下级层段射孔的作业，完成下级压裂准备的工艺。加砂压裂共分 8 级进行施工，最大排量达到 12.3m³/min，注入井筒液体总量为 15802.5m³，总砂量为 1020.3t。生产测井时，由于井筒内残留桥塞钻屑造成测井仪器爬行器无法顺利入井，多次冲洗井不能返排出井筒，致使不能正常进行测井。分析认为 2880m 断层以下地层可能出水；同时，根据井下微地震监测结果显示，第一级与第二级压裂施工裂缝相互沟通明显。对 YSH1-1 井采用连续油管进行下非永久性桥塞封堵作业，封堵压裂施工前两级，封堵位置 2775m。下泵生产，日产气量稳定 11000～18100m³，见到较好排采效果。

YSH1-1 井于 2016 年 6 月，平均日产气下降到 2030m³。截至 2016 年 12 月，日产气 2021m³，日产水 2.5m³。之后该井不出液，产气量为 0m³，等待酸洗解堵。

根据生产动态，预测储层压力系数为 1.0，储层压力约为 22.25MPa。

作业目的：为了提高 YSH1-1 井产量，挖掘龙马溪组页岩气产气潜力，对该井进行清洁井筒、酸洗解堵作业。

作业方案：（1）泄压压井观察后，起出原井抽油杆、油管；（2）下入带喇叭口管鞋的工作管柱；（3）换装井口后下入ϕ50.8mm连续油管带水力旋转喷头采用液氮进行负压冲砂；（4）采用连续油管进行80m^{3}降阻酸拖动酸洗；（5）采用ϕ50.8mm连续油管液氮气举排尽残酸；（6）下入机抽管、杆柱排液生产。

连续油管负压清砂施工步骤：

（1）下入ϕ50.8mm连续油管带ϕ44.45mm水力旋转喷头至井深2000m。

① 连续油管清砂管柱组合由施工单位在施工设计中明确，需考虑因油管弯曲造成在井口下入及喇叭口上起时可能遇到的困难。

② 工具入井前需在地面用工作液对水力旋转喷头进行测试，检查其是否转动灵活。

③ 工具串下过喇叭口后做上起试验，反复3次，确保能顺利起至工作油管内。

（2）下至井深2000m后，连接液氮罐车、液氮泵车、连续油管车地面流程并试压35MPa，稳压30min，压降小于0.7MPa为合格。

（3）关套管阀门，开油管侧翼至节流管汇、分离器阀门，进行连续油管负压清砂作业。

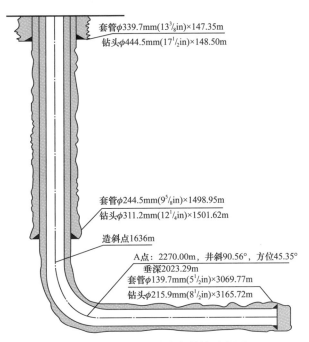

套管ϕ339.7mm(13$\frac{3}{8}$in)×147.35m
钻头ϕ444.5mm(17$\frac{1}{2}$in)×148.50m

套管ϕ244.5mm(9$\frac{5}{8}$in)×1498.95m
钻头ϕ311.2mm(12$\frac{1}{4}$in)×1501.62m

造斜点1636m
A点：2270.00m，井斜90.56°，方位45.35°
垂深2023.29m
套管ϕ139.7mm(5$\frac{1}{2}$in)×3069.77m
钻头ϕ215.9mm(8$\frac{1}{2}$in)×3165.72m

图3-29 YSH1-1井井身结构示意图

① 开泵注入氮气，先进行气举排液，液氮排量240～260L/min。

② 地面出口开始返液后，以10～15m/min的速度下放连续油管进行负压清砂作业。

③ 进尺每达到50m时回拖连续油管10m检查有无挂卡。

④上述施工参数仅供参考，具体参数以单项施工设计为准。

⑤ 清砂至井深3000m，预计此阶段液氮用量30t。

⑥ 清砂后起出连续油管，若能自喷生产，则转入生产流程先生产，后续工作暂缓，否则进行下一步作业。

参 考 文 献

汪兴明，2014. 水平井水力冲砂施工参数及工具研究［D］. 成都：西南石油大学.

赖枫鹏，李治平，岑芳，等，2007. 水平井水力冲砂最优工作参数计算［J］. 石油钻探技术（1）：69-71.

朱宏武，任志禄，赵翠玲，2005. 冲砂喷嘴水力冲砂性能的试验研究［J］. 石油机械（12）：13-15.

王丽梅，2012. 水平井修井技术［M］. 北京：石油工业出版社：223.

魏佳，辛勇亮，2017. 页岩气压裂施工砂堵原因与策略研究［J］. 中国石油石化（9）：95-96.

李奎东，2014. 页岩气水平井桥塞分段压裂超压砂堵处理技术［J］. 江汉石油职工大学学报，27（6）：14-16.

翟恒立，2015. 页岩气压裂施工砂堵原因分析及对策［J］. 油气井测试，24（1）：60-62.

韩旖旎，2015. 小洼油田水平井修井难点及对策［J］. 化工管理（6）：105.

张好林，李根生，黄中伟，等，2014. 水平井冲砂洗井技术进展评述［J］. 石油机械，42（3）：92-96.

张仕民，韩月霞，刘书海，等，2012. 水平井、大位移井连续管高效清砂技术进展［J］. 石油机械，40（11）：103-107.

赖枫鹏，李治平，岑芳，等，2007. 水平井水力冲砂最优工作参数计算［J］. 石油钻探技术（1）：69-71.

张好林，李根生，肖莉，等，2016. 水平井中钻柱旋转对岩屑运移影响规律研究［J］. 科学技术与工程，16（2）：125-130.

董小彬，2011. 水平井冲砂参数研究与应用［D］. 大庆：东北石油大学.

杜丙国，2007. 井下作业技术规范［M］. 东营：中国石油大学出版社：181.

吴奇，2013. 水平井体积压裂改造技术［M］. 北京：石油工业出版社：259.

李蕴航，2018. 欢127水平井冲砂研究与应用［D］. 大庆：东北石油大学.

李刚，2016. 水平井同心管射流负压冲砂技术研究［D］. 青岛：中国石油大学（华东）.

王成业，2016. 水平井修井技术研究［D］. 大庆：东北石油大学.

袁广，2014. 水平井管外冲砂解堵和防砂一体化技术［D］. 青岛：中国石油大学（华东）.

周帅，2015. 水平井冲砂技术的研究［D］. 大庆：东北石油大学.

王伟佳，熊江勇，张国锋，等，2015. 页岩气井连续油管辅助压裂试气技术［J］. 石油钻探技术，43（5）：88-93.

夏健，杨春林，卫俊杰，等，2013. 连续油管带压冲砂洗井技术在注水井中的应用［J］. 石油钻采工艺，35（6）：105-108.

何银达，张玫浩，秦德友，等，2018. 连续油管冲砂解堵工艺在超高压深井中的应用［J］. 钻采工艺，41（2）：119-121.

第四章 页岩气水平井解卡打捞工艺技术

页岩气水平井在修井过程中，会由于井内落物、井筒沉砂、结垢、套损套变等因素，发生修井管柱或工具的卡阻。本章介绍了通过测卡仪及理论计算的方法以确定管柱卡点位置，为解卡作业的实施提供依据；介绍了页岩气水平井常见解卡技术：提拉解卡、震击解卡、定点倒扣；并对提拉解卡载荷传递、震击器力学分析、定点倒扣上提拉力及倒扣圈数等解卡作业关键参数进行了分析和计算。本章还提供了页岩气水平井解卡管柱力学分析实例及井下落物打捞实例。

第一节 页岩气水平井卡阻的类型及解卡技术

一、卡阻的类型

页岩气水平井在修井过程中常见卡阻类型有以下几种：

（1）小件落物卡阻。井内落入小件落物，如钳牙、钢球、螺帽、吊卡销子、喷砂器弹簧折断脱落等，造成井筒堵塞或管柱卡阻。

（2）施工管柱卡阻。射孔、压裂、生产等施工管柱遇到砂卡、垢卡等事故，造成管柱断脱、落入造斜或水平段，甚至被砂埋或被杂乱落物埋死。

（3）井下工具卡阻。施工管柱上的井下工具卡阻，导致井下工具不能活动，造成管柱拔不动。

（4）套变卡阻。井下出现套变，使大直径工具受卡阻拔不动或无法通过。随着开发时间的延长，套变卡阻问题会越来越多，将成为页岩气水平井大修的重点。

二、解卡技术

水平井解卡工艺技术主要针对斜井段和水平段内的落物实施，常规直井解卡方法已不适用。因此，应根据井下不同的阻卡情况及落物类型，采取相应的解卡技术。

（1）水平增力解卡技术。针对水平井井斜角大、在井口活动管柱能量传递效果差、不易解卡的难题，利用井下打捞增力器把大钩的垂直拉力转变成水平拉力并具有增力效果，两力共同作用实现解卡。适用于在斜井段和水平段内断脱或砂卡的压裂、分层管柱等。

（2）震击解卡技术。针对水平井钻压传递困难的实际情况，采用倒装钻具结构或配合下击器共同作用进行震击解卡。适用于管柱掉井后砂卡或小件落物造成的管柱阻卡后的解卡。

（3）震击倒扣解卡技术。对以上方法无法解卡的，可利用震击配合倒扣进行解卡。管柱结构和震击解卡管柱配合倒扣工具。先将卡阻点以上的管柱倒扣捞出，处理卡阻点后再打捞落物。

（4）钻磨铣套技术。采用各类钻头、铣锥、铣鞋、套铣筒等硬性工具对被卡落物破坏性处理，如对桥塞、牙块、钢丝绳、下井工具等进行钻磨铣套，清除掉卡阻落物。适用于小件落物掉井卡阻后的解卡、管柱掉井后被其他小件落物卡阻后的解卡或其他解卡方法无效后的最后解卡方法。

第二节　卡钻位置确定及提拉解卡载荷传递

在处理水平井卡钻事故时，首要的问题是分析卡钻事故的原因，确定钻柱的卡点位置。卡点位置即为井下被卡管柱最高点的位置。卡点位置的深度是分析并制订卡钻事故处理方案的重要依据。目前，在现场确定卡点位置的方法主要有两种：第一种方法是用测卡仪电测确定卡点位置。测卡仪主要基于应力应变、注磁标记、压磁效应、磁导率变化等测量卡点位置。第二种方法是用卡点计算公式确定卡点位置。因为卡钻事故发生的时间具有不确定性，所以第二种方法是卡钻事故发生后现场确定卡点最常使用方法。

一、测卡仪法

测卡仪的基本原理实质上应用的是电磁感应的原理。对于被卡管柱，在井口施加的轴向力只能传递到卡点以上，而不能传递到卡点以下。测卡仪就是利用这一特点，通过测量井下管柱的伸长或扭转距离来确定卡点位置。在测卡仪的关键部件传感器的内部有磁钢和线圈，当提拉及旋转钻具时，由于传感器的上下弹簧矛紧撑在被测管柱壁上，于是使得传感器也随管柱一起伸长和旋转，由于电磁感应的因素，此时在传感器内部便产生了瞬间感应电流，通过电缆传递到地面测卡仪表上，其上指针便随之左右摆动，由于卡点以上钻具可以拉伸和旋转，这种现象便很明显，而卡点以下钻具因不能被拉伸旋转，测卡表上便无此反映。因此可以根据反应幅度的变化，确定卡点位置。

美国 HOMCO 测卡仪和 AES 公司研发的测卡松口系统都是基于应力应变测卡。HOMCO 测卡仪耐压 136MPa，耐温 210℃，最大外径 41.3mm，可变径 34.9mm，可以在必 ϕ44.5mm～ϕ339.7mm 的管柱内径测卡，可以在油管、钻杆（钻合金钻杆）、钻铤（无磁钻铤）及套管内测卡。该仪器的灵敏度很高，当被测量的管柱在 1.5m 范围内被压缩拉伸 0.025mm 或被扭转 0.5° 都能准确地测出卡点，地面仪表的输入电压为 95～135V，整套仪器的功率为 95W，它可以正转测卡，也可以反转加压测卡。

1. 仪器结构

测卡仪是由地面仪表和井下仪器两组成。地面仪表即井下仪器的信号接收内部也有一个振荡器，频率与井下振荡器和井下仪器（图 4-1）由下弹簧锚、传感器、上弹簧锚、振荡器、伸缩杆、加重杆、磁定位器组成，这些部件连接在一起，再由电缆头和电缆连接下井。

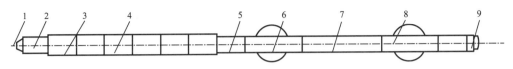

(a) 易下井测卡仪器组合

1—电缆；2—电缆头；3—磁定位；4—加重杆柱；5—振荡器；6—上弹簧锚；7—传感器；8—下弹簧锚；9—引鞋

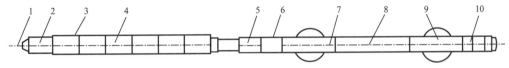

(b) 难下井测卡仪器组合

1—电缆；2—电缆头；3—磁定位；4—加重杆柱；5—伸缩杆；6—振荡器；7—上弹簧锚；8—传感器；9—下弹簧锚；10—引鞋

图 4-1　测卡工作示意图

上、下弹簧锚装有弹簧锚片，作用是与管壁摩擦向传感器传递应力。振荡器是一个产生交流电的装置，它把通向井下仪器的直流电转换为交流电，其频率可通过改变电路中的电容、电阻和电感量进行调节。

传感器接在上下弹簧锚之间，它在一定范围内可以拉伸和扭转，内有一电感线圈，上下弹簧锚相对位置的变化，使这个敏感线圈的电感量发生了变化，这样就改变了振荡器的频率，最后反应在地面仪表上。

加重杆用来增加仪器上部重量，使之顺利下井。磁定位用于测量管柱接箍位置，监测仪器下行。伸缩杆，也叫下击器，用于提拉管柱测卡，仪器受阻卡时有助于解卡。

2. 测卡仪工作原理

测量管柱受外部载荷时的变形情况，当被检测的管柱处于静止状态时，由于上下弹簧锚之间没有相对运动，并下振荡器没有频率变化。当被检测的管柱受拉伸或扭转应力时，上下弹簧锚之间产生了相对运动，这时传感器敏感线圈电感量的变化，就改变了振荡器的频率，地面仪表上也就出现了地面和井下振荡器的频率差。当应力从被检测的管柱上消除后，振荡器的频率回到原始状态。HOMCO 测卡仪就是利用振荡器的频率差来测量卡点的，它的频率差值说明了管柱的自由程度。

3. 使用方法

（1）调试地面仪表。先将调试装置与地面仪表连接好，再根据被卡管柱的规范，将调整装置上的拉伸应变表调到适当的读数后（应超过预施加给被卡管柱的最大提升力所产生的伸长应变），把地面仪表的读数调到 100，然后把指针拨转归零。同法调试地面仪的扭矩。这样才能保证测卡时即不损伤被卡管柱，又能准确测出正确的数据。

（2）测卡操作。先用试提管柱等方法估计被卡管柱卡点的大致位置，进而确定卡点以上管柱质量，并根据管柱的类型规范确定上提管柱的附加力。将测卡仪下到预计卡点以上某一位置，然后自上而下逐点分别测拉伸与扭矩应变，一般测 5～7 点即可找到卡点。测试时先测拉伸应变，再测扭转应变。

测拉伸应变，先松电缆使测卡滑动接头收缩一半，此时仪器处于自由状态，将表盘读数调整归零，再用确定的上提管柱拉力提管柱，观察仪表读数，并做好记录。

测扭转应变，根据管柱的规范确定应施加于被卡管柱旋转圈数（经验数据是 300m 的自由管柱转 3/4 圈，一般管径大壁厚的转的圈数少些）。先松电缆，使测卡仪处于自由状态，然后将地面仪器调整归零，再按已确定的旋转圈数缓慢平稳地转动管柱，观察每转一圈时地面仪表读数的变化，直至转完，记下读数值。然后控制管柱缓慢退回（倒转），观察仪表读值的变化，直至转完，记下读数值。然后控制管柱缓慢退回（倒转），观察仪表读数的变化，以了解井中情况，这样逐点测试，直到找准卡点为止。

4. 注意事项

（1）被测管柱的内壁一定要干净，不得有滤饼、硬蜡等，以免影响测试精度。
（2）测卡仪的弹簧外径必须合适，以保证仪器正常工作。
（3）所用加重杆的质量要适当，要求既能保证仪器顺利起下，又能保证仪器处于自由状态，以利于顺利测试。

二、计算法确定卡点位置

1. 单一管柱卡点位置计算

针对单一管柱，常见的卡点计算公式主要有两个：一个是卡点理论计算公式；另一个是卡点经验计算公式。

1）卡点理论计算公式

根据胡克定律，绝大部分材料在拉力作用下发生弹性形变时其所受的拉力与其伸长量之间有一定关系，基于这个原理关系，油田在测算卡点时，推导出下面的理论计算公式。

$$L = 0.1EA\Delta L/T \tag{4-1}$$

式中：L 为卡点深度，m；E 为管柱弹性模量，MPa；F 为作用于管柱拉力，N；A 为管柱截面积，m^2；ΔL 为管柱伸长量，m。

现场进行操作时就是在井下被卡管柱的抗拉强度范围内（即弹性形变范围内）用一定的上提力上提管柱，测得管柱在该上提力下的伸长量，然后根据面积公式再计算被卡管柱的截面积，这样运用式（4-1）就可以计算出卡点的深度，确定出卡点的位置。

2）卡点经验计算公式

油田现场在计算卡点深度时经常使用的是经验计算公式。由于理论公式中所要计算的数据比较多，计算起来也比较烦琐，所以人们在卡点理论计算公式的基础上，综合多年的工作经验，总结出下面的卡点经验计算公式：

$$L = \left(K\Delta L \times 10^3\right)/T \tag{4-2}$$

式中，K 为计算系数，与管柱特性有关。

表 4-1 钻杆计算系数 K 值表

外径，in	壁厚，mm	K 值	备注
$2\frac{3}{8}$	7.112	249	API
$2\frac{7}{8}$	9.195	387	API
$3\frac{1}{2}$	9.347	491	API
	11.405	583	API
$4\frac{1}{2}$	10.922	745	API
5	7.518	593	API
	9.195	715	API
$5\frac{1}{2}$	9.169	790	API
	10.541	898	API

2. 水平井复合管柱卡点计算模型

上节公式对直井基本可行，但对水平井、大位移井和定向井等来说，由于存在巨大的摩阻力，卡点位置计算误差较大。同时，由于水平井钻井过程中钻具结构较为复杂，钻具并不只是由单一钻杆组成，还附带马达、扶正器、钻铤、加重钻杆等井下工具。且不同钻具类型材料性质的差异较大，故采用单一管柱卡点位置计算方法计算卡点位置误差较大。因此，对于水平井卡点位置求解考虑摩阻力和复合管柱对卡点位置计算的影响。

根据材料力学原理，材料受力之后应力与应变（单位变形量）之间呈线性关系，这就是胡克定律。满足胡克定律的材料称为线弹性或胡克类型材料，钻柱整体结构均可视为胡克类型材料。基于这个原理，可以得出在单位拉力与扭矩条件下管柱的伸长量与扭转量：

$$\begin{cases} \mathrm{d}L_i = \dfrac{L_i \mathrm{d}F_i}{E_i A_i} \\ \mathrm{d}l_i = \dfrac{L_i \mathrm{d}M_i}{G_i J_i} \end{cases} \tag{4-3}$$

其中

$$\begin{cases} G = \dfrac{E}{2(1+v)} \\ J = \dfrac{\pi}{32}\left(d_o^4 - d_i^4\right) \end{cases} \tag{4-4}$$

式中：$\mathrm{d}L_i$ 为管柱伸长量，mm；L_i 为管柱长度，m；E_i 为管柱弹性模量，N/m²；$\mathrm{d}F_i$ 为作用于管柱拉力，N；A_i 为管柱截面积，m²；$\mathrm{d}l_i$ 为管柱扭转增量，(°)；G_i 为管柱切变模量，m⁴；$\mathrm{d}M_i$ 为作用于管柱扭矩，N·m；J_i 为管柱惯性矩，m⁴；v 为管柱材料泊松比；d_o 为钻具外径，m；d_i 为钻具内径，m。

可以假设卡点以上有 i 种管径组合，这 i 种管径组合的管柱参数为：横截面积是 A_1，A_2，$\cdots$，A_i；管柱长度是 L_1，L_2，$\cdots$，L_i；弹性模量是 E_1，E_2，$\cdots$，E_i；第 i 种管径管柱卡点至其第 $i-1$ 种管径管柱底端的长度为 I。

类似于单一管径卡点计算公式的推导，令 G 为卡点以上管柱组合自重与所受到的浮力的合力，T 为管柱组合受到的提升力，其中：

$$\begin{cases} T = T_1 \\ T = T_2 \\ T_1 > T_2 > G \end{cases} \qquad (4\text{-}5)$$

L 为管柱组合在 T 作用下的总伸长增量。由式（4-6）可以求出第一种管柱至第 $i-1$ 种钻柱在 T 作用下的伸长增量为：

$$\Delta\lambda_1 = \frac{\Delta T L_1}{E_1 A_1}, \ \Delta\lambda_2 = \frac{\Delta T L_2}{E_2 A_2}, \ \cdots, \ \Delta\lambda_{i-1} = \frac{\Delta T L_{i-1}}{E_{i-1} A_{i-1}} \qquad (4\text{-}6)$$

第 i 种管柱伸长量增量则有：

$$\Delta\lambda_i = \frac{\Delta T I}{E_i A_i} \qquad (4\text{-}7)$$

由式（4-6）和式（4-7）可以求不同钻具类型在上提拉力作用下的累计伸长量 L：

$$L = \Delta\lambda_1 + \Delta\lambda_2 + \cdots + \Delta\lambda_{i-1} + \Delta\lambda_i \qquad (4\text{-}8)$$

3. 水平井复合管柱计算方法

在水平井卡点位置计算模型中，必须考虑摩阻因素的影响，并且水平井钻具组合结构较为复杂，不同钻具类型的材料性质差异较大，故必须采用复合管柱卡点位置计算模型，该计算模型求解方法复杂。本文根据钻柱力学与材料力学相关理论，在考虑摩阻载荷对卡点位置计算的影响条件下，建立适用于水平井卡钻事故的复合钻具卡点位置计算模型。

采用钻柱拉伸测试方法计算水平井卡点位置，并引入一种数值计算方法求解水平井卡点位置，建立相应的计算模型，其计算流程如图4-2所示，主要分为以下5个计算步骤：

（1）假设卡点位置初始值（默认从钻头位置处开始），并从初始卡点位置到井口进行微元段划分，采用前述的摩阻扭矩计算模型，可以计算出从卡点位置到井口上提的摩阻力。

（2）由第一步计算结果可以得到上提钻柱时井口所需最小拉力，由此判断初始上提钻柱拉力是否能够传递到卡点位置，并依据钻柱轴向力传递计算方法得到上提钻柱传递至卡点的最小拉力。

（3）根据第二步判断结果，结果为"否"则计算结束，重新进行测试、输入参数；结果为"是"则输入上提拉力增量。

（4）由上提拉力增量与摩阻力差值力，可得到作用于卡点以上管柱的有效作用拉力。根据有效作用拉力，并采用复合管柱卡点位置计算方法，可以得到卡点以上至井口钻柱累计伸长量 L。

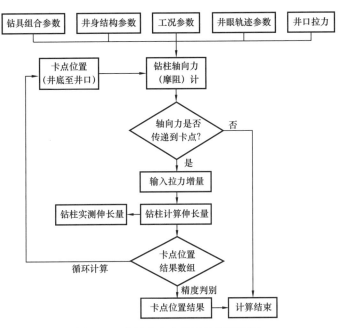

图 4-2　水平井卡点位置计算流程图

（5）根据输入实测钻柱伸长量 L_1 与计算钻柱累计伸长量比较，计算误差在精度范围内，可认为初始输入卡点位置即为实际卡点位置；否则初始输入卡点位置不满足计算精度要求，故重新输入初始卡点位置，重复第一步至第四步计算过程，直到结果满足计算精度。

三、提拉解卡载荷传递计算

上提解卡方法适用于多种卡钻事故类型，通过上提钻柱将井口拉力传递至卡点，通过作用于卡点的拉力达到解卡效果。准确计算上提解卡过程中的井口载荷能够有效预估卡点载荷，并且能对上提解卡过程中钻杆的抗拉安全性进行评价分析，具有重要的研究意义。

由于在上提解卡过程中，钻柱在井筒中需受到摩擦阻力与自身重力作用，故需要对上提过程进行解卡受力分析。上提解卡过程类似于钻柱的起钻工况，由摩阻扭矩计算公式，可得到上提解卡过程中的井口载荷，并可以计算解卡过程中钻杆的抗拉安全系数。起下钻条件下的边界条件为：

$$\begin{cases} T|_{s=0} = 0 \\ M_t|_{s=0} = 0 \end{cases} \tag{4-9}$$

式中：T 为拉力，kN；M_t 为扭矩，N·m。

当拉力达到最小屈服强度下的抗拉负荷时，材料发生屈服而不能继续适用。因此，一般把它的 90% 作为最大的工作负荷。

$$P_w = 0.9P_y \quad\quad (4\text{--}10)$$

式中：P_w 为最大工作负荷，kN；P_y 为屈服强度下抗拉载荷，kN。

考虑到钻柱的实际工作条件，上提解卡过程井口拉力必须小于钻柱的最大工作负荷 P_w。安全系数法是常用的校核方法，通过它来考虑解卡过程中的动载及其他力的作用，大致取为 1.80。其中安全系数 α 为：

$$\alpha = \frac{P_w}{P_\alpha} \quad\quad (4\text{--}11)$$

式中：P_α 为安全载荷，kN。

第三节　震击解卡方法及工具配套

一、震击器工作原理

液压震击器通过释放存储在压缩或拉伸的钻柱中的能量而工作。上击时下放钻柱，心轴下移，活塞离开密封体，打开旁通油流通道。心轴台肩接触到传动套端面震击器关闭。上提钻柱使震击器受一定拉力，震击器开始工作。液压震击器结构如图 4-3 所示。

（1）上提储能阶段。

由于延时机构的作用，密封体与锥体下端面之间的油流通道被部分封闭。唯有锥体底面的两条卸油孔道可以通过少量液压油。由于锥体底面与密封体之间良好的密封性能，其余的液压油流被完全阻绝于锥体活塞的上部，随活塞向上运动，液腔油压增高。震击器以上钻具处于拉伸变形状态，能量以弹性势能储存在上部钻柱中。

（2）释放加速阶段。

随活塞继续向上运动，钻柱伸长，达到液压腔变径突增段。腔内的高压油流在短时间下泻，活塞突然失去阻力，被拉伸的钻柱突然被激发，加速弹性收缩。此阶段储存在钻柱中的弹性势能迅速转化为动能。心轴向上加速运动，直到与承撞体打击面相撞结束。

（3）震击阶段。

震击器心轴自由端（冲击锤）与传动套下端相撞，持续时间较短，向下产生一个震击力，沿连接外筒以压力波的形式传递至卡点，在卡点处产生一个向上的震击载荷。又产生一个压力波向上传递至自由端，如此反复。上击动载荷大于卡点阻力，使卡点向上移动。

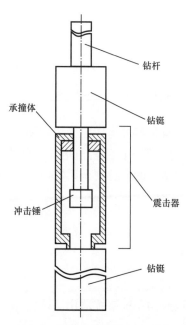

图 4-3　液压震击器结构示意图

钻杆
承撞体
钻铤
冲击锤
震击器
钻铤

（4）复位阶段。

平稳下放钻柱，心轴自由端向下移动，震击器重新回位，处于待工作状态，准备下一次震击。

震击器工作分以上 4 个阶段，重复上述过程可以再次进行震击作业。经过多次震击过程对卡点施以震击力达到解卡效果。

二、震击器力学分析

1. 基本假设

本文建立了钻柱阻尼振动力学模型，进行震击加速过程的整体动力学分析，其基本假设：

（1）钻柱为细长的弹性杆，应力波在钻柱中传播满足一维纵波振动方程；

（2）释放加速阶段，上部钻柱可视为线性阻尼振动，阻尼力均匀分布作用于钻柱；

（3）忽略钻柱扭转及横向移动对应力波传递的影响；

（4）震击阶段，震击器心轴自由端与下部相连接的承撞体相撞瞬间，为完全非弹性碰撞。

2. 阻尼振动力学模型

阻尼振动指振动系统受到恢复力和不太大的阻尼力的作用，在无外界能量补偿下的振动，其特点是系统的总能量不断减少，振动的幅度也不断变小。假设钻柱上行加速过程为线性阻尼振动，包括黏性阻尼和库仑阻尼两部分。黏性阻尼为钻柱在钻井液中运动的阻尼力；库仑阻尼多由于钻柱在井筒中的偏心造成，大小与运动的相对速度有关，在此假设其值与相对速度呈线性关系。阻尼力的大小与运动质点的速度的大小成正比，方向相反。其中 β 为阻尼系数，其值为：

$$\beta = \frac{2\pi\mu\lambda}{A_1\rho\ln\left(\frac{d}{2r}\right)} \tag{4-12}$$

其中，阻尼因子：

$$\eta = \beta / 2 \tag{4-13}$$

式中：μ 为钻井液动力黏度，mPa·s；λ 为钻柱在井筒中偏心而引起的摩阻增加系数；A_1 为上部钻柱组合当量横截面积，m²；ρ 为钻柱的材料密度，g/cm³；d 为井筒直径，mm；r 为钻柱半径，mm。

$$A_1 = \sum_{i=1}^{n} \frac{l_i S_i}{L_1} \tag{4-14}$$

式中：l_i 为第 i 段钻柱的长度，m；S_i 为第 i 段钻柱截面积，m²；L_1 为震击器以上钻柱长度，m。

1）微分方程

此钻柱系统可视为弹性杆体系，在释放加速阶段，它的振动方程用时间和空间坐标函数来表示。垂直向上为正方向，振动方程的一般形式为：

$$\frac{\partial^2 u(x,t)}{\partial^2 t} = \alpha^2 \frac{\partial^2 u(x,t)}{\partial^2 x} - \beta \frac{\partial u(x,t)}{\partial t} \quad (4-15)$$

其中

$$\alpha = \sqrt{E/\rho} \quad (4-16)$$

式中：α 为弹性波在轴向钻柱中传播速度，m/s；E 为材料弹性模量，MPa。

震击器芯轴下端以上钻柱（至钻台）可视为固定单元体，即 $L_1 = x$。故偏微分方程在震击器下端处可化解为常微分方程为：

$$\frac{d^2 u(L_1,t)}{d^2 t} = \frac{EA_1}{m_1 L_1} u(L_1,t) - \beta \frac{du(L_1,t)}{dt} \quad (4-17)$$

式中，m_1 为震击器以上钻柱质量，kg。

2）初值条件

在活塞刚达到液压腔变径段，心轴向上加速初速度为 v_0，震击器心轴下端位移为拉伸变形 δ_1。

$$\begin{cases} \frac{du(L_1,t)}{dt}\Big|_{t=0} = v_0 \\ du(L_1,0) = \delta_1 \end{cases} \quad (4-18)$$

3）分析求解

由于阻尼力的作用使钻柱振动频率发生改变，根据以上力学模型，可求得钻柱上行阻尼振动频率为：

$$\omega' = \sqrt{\omega^2 - \eta^2} \quad (4-19)$$

根据振动力学理论可求得阻尼振动频率值 ω'。其中：

$$\begin{cases} \omega = \sqrt{\frac{C_1}{m_1}} \\ C_1 = \frac{1}{\sum_{i=1}^{n} \frac{l_i}{ES_i}} \end{cases} \quad (4-20)$$

式中：ω 为钻柱轴向振动固有频率，Hz；C_1 为钻柱轴向刚度系数，N/m。

在弱阻尼（$\eta < \omega'$）条件下，可以得到心轴自由端的位移函数：$x = du(L_1, t)$。

$$x = -A_0 e^{-\eta t} \cos(\omega' t + \phi) \quad (4-21)$$

A_0 和 ϕ 可由钻柱初始弹性变形 δ_1、加速初速度 v_0 求得。根据材料力学原理，有：

$$\begin{cases} v_0 = \dfrac{F\alpha}{EA_1} \\ \delta_1 = \dfrac{F}{C_1} \end{cases} \tag{4-22}$$

其中，F 为震击器作业时上提拉力。故可推出阻尼振动的初始振幅 A_0、初始相位 ϕ：假设震击器理论自由行程为 u_1，可得到：

$$-\delta_1 + u_1 = -A_0 e^{-\eta t_1} \cos(\omega' t_1 + \phi) \tag{4-23}$$

一般震击器的理论自由行程 $u_1 < \delta_1$，所以震击器心轴加速碰撞过程前，钻柱仍处于拉伸状态。求解此方程可到通过理论计算得到震击器加速到最大速度的时间 t_1。心轴自由端位移方程曲线如图 4-4 所示。

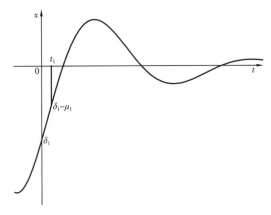

图 4-4　震击器心轴自由端位移方程曲线

将 t_1 带入速度方程可求得加震击前最大速度 v_1 为：

$$v_1 = \eta A_0 e^{-\eta t_1} \cos(\omega' t + \phi) + \omega' A_0 e^{-\eta t_1} \sin(\omega' t + \phi) \tag{4-24}$$

3. 震击载荷计算

由于震击过程为完全非弹性碰撞，碰撞后震击力需要克服重力与井筒对钻柱的摩擦阻力。其震击碰撞过后震击器到卡点位置处受力分析如图 4-5 所示。

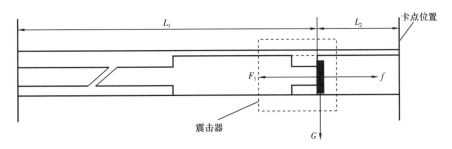

图 4-5　震击碰撞后下部钻柱受力分析图

震击碰撞过后，可根据动量方程得到震击器以上钻柱，及震击器下部钻柱碰撞后运动速度：

$$v_2 = \frac{m_1 v_1}{m_1 + m_2} \tag{4-25}$$

式中，m_2 为震击器以下至卡点处钻柱的质量，kg。

震击过程瞬间，震击器以下的初始动能：

$$E_2 = \frac{1}{2} m_2 v_2^2 \tag{4-26}$$

根据能量守恒原理，震击器初始动能应转换成下部钻柱的弹性势能、重力势能增量、卡点阻力所做的功：

$$E_2 = \frac{EA_2}{2L_2} \delta_2^2 + m_2 g \delta_2 \cos\theta + f_2 \delta_2 \tag{4-27}$$

式中：θ 为震击器以下卡钻井段平均井斜角，（°）；L_2 为震击器下部至卡点处长度，m；A_2 为震击器以下至卡点横截面积，m^2；f_2 为卡点出的黏卡阻力，N；δ_2 为碰撞瞬间震击力 F_1 作用于下部钻柱产生的弹性形变，m。

$$\delta_2 = \frac{F_1 L_2}{EA_2} \tag{4-28}$$

能量方程可以化解为：

$$\frac{L_2 F_1^2}{2EA_2} + \left(m_2 g \cos\theta + f_2 \right) \frac{L_2 F_1}{EA_2} - E_2 = 0 \tag{4-29}$$

通过式（4-29）可求解出震击力 F_1。震击力传递到卡点过程中，需克服钻柱自身重力，得到作用于卡点的上击载荷：

$$F' = F_1 - m_2 g \cos\theta \tag{4-30}$$

如果 $F' > f_2$，震击力就能使卡点产生有效位移，作业即能达到解卡效果。

三、震击解卡配套工具

1. 地面震击器

地面震击器是解除井内卡钻事故的有效工具，它连接在钻柱的地面部分，调整吨位的机构是露出转盘面作业，地面震击器作业时能清楚地看到给被卡落鱼强烈的下击力。地面震击器是连接在钻柱上的，上提钻柱，卡瓦和心轴产生摩擦阻力阻止向上移动。此时钻柱伸长，当卡瓦心轴脱离卡瓦时，伸长的钻柱突然收缩，伴随着落鱼上部的自由段钻柱的重量传给卡点，使卡点受到猛烈地向下冲击力。每震击一次以后，使心轴回位，又可以进行第二次冲击。如此可反复进行作业。

地面震击器主要结构如图4-6所示，主要技术参数见表4-2。

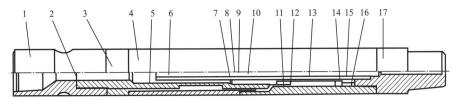

图4-6 地面震击器结构示意图

1—上接头；2，7，8，9—"O"形密封圈；3—短节；4—上壳体；5—心轴；6—冲洗管；10—密封座；11—锁紧螺钉；12—调节环；13—摩擦心轴；14—摩擦卡瓦；15—支撑套；16—下筒体；17—下接头

表4-2 地面震击器主要技术参数表

型号	尺寸，mm		接头螺纹	性能参数				
	外径	内径		冲程 mm	极限扭矩 N·m	极限拉力 kN	最大泵压 MPa	调节范围 kN
DXJ-M178	178	48	139.7FH	1219	7100	3833	56.2	0~1000

2. 开式下击器

开式下击器工作时接在钻柱上，把钻柱分成两个部分。下部钻具遇卡时，开式下击器可以借助钻柱的弹性伸缩及重量对卡点进行震击。开式下击器主要结构如图4-7所示，主要技术参数见表4-3。

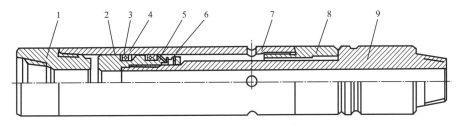

图4-7 开式下击器结构示意图

1—上接头；2—抗挤压环；3—"O"形密封圈；4—挡圈；5—撞击套；6—紧固螺钉；7—外筒；8—心轴外套；9—心轴

表4-3 开式下击器主要技术参数表

规格型号	外形尺寸 mm×mm	接头螺纹	使用规范及性能参数			
			许用拉力 kN	冲程 mm	水眼直径 mm	许用扭矩 N·m
XJ-K95	95×1413	230	1250	508	38	11700
XJ-K108	108×1606	210	1550	508	49	22800
XJ-K121	121×1606	210	1960	508	51	29900
XJ-K140	140×1850	410	2100	508	51	43766

3. 液压式上击器

液压式上击器利用钻具拉伸其内的活塞来压缩液体产生弹性势能，弹性势能被释放后，产生向上的巨大震击动载荷，以此达到解卡目的。液压式上击器主要结构如图4-8所示，主要技术参数见表4-4。

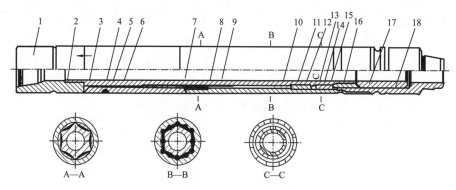

图4-8　液压式上击器结构示意图

1—上接头；2—心轴；3，5，7，8，11，16—密封圈；4—放油塞；6—上壳体；9—中壳体；10—撞击锤；12—挡圈；13—保护套；14—活塞；15—活塞环；17—导管；18—下接头

表4-4　液压式上击器主要技术参数表

规格型号	外径 mm	内径 mm	接头螺纹	冲程 mm	推荐使用钻铤质量 kg	最大上提负荷 kN	震击时计算载荷 kN	最大扭矩 N·m	推荐最大工作负荷 kN
YSQ-95	95	38	2A10	100	1542～2087	260	1442	15500	204.5
YSQ-108	108	49	210	106	1588～2131	265	1923	31200	206.7
YSQ-121	121	51	310	129	2540～3402	423	2282	34900	331.2

4. 液压加速器

由于修井震击器受到井眼尺寸、钻柱强度等因素限制，制约了其额定工作拉力，使震击器的震击力难以增大，而配用液压加速器可弥补震击器震击力的不足。加速器接在钻柱和震击器之间，配有加速器的修井震击器管柱如图4-9所示。

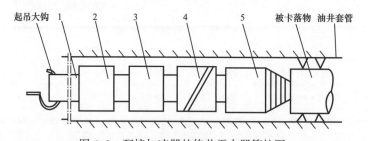

图4-9　配接加速器的修井震击器管柱图

1—钻柱；2—加速器；3—震击器；4—安全接头；5—打捞工具

液压加速器是由液缸筒体和心轴活塞体两个相对运动的部分组成，图4-10为加速器工作原理图，在液缸筒体内充满可压缩硅油。当加速器上部钻柱受拉时，震击器处于拉伸—延时阶段，此时钻柱受拉产生弹性变形。加速器心轴—活塞也在拉力作用下相对液缸筒体自下向上运动，使液缸内可压缩油受到压缩而储存能量，当震击器走完延时行程，活塞进入震击腔时，震击器心轴系统进入自由冲程状态，加速器所积蓄的能量与钻柱的弹性能一起突然释放，带动震击器心轴上的撞击头以很大的速度向上产生撞击。

液体加速泵主要结构如图4-11所示，主要技术参数见表4-5。

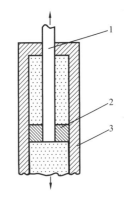

图4-10　加速器工作原理图
1—心轴；2—活塞；3—液缸筒体

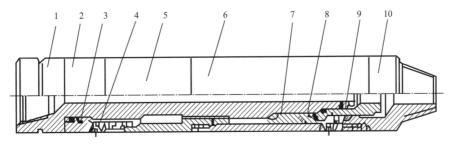

图4-11　液体加速泵结构示意图
1—心轴；2—短节；3—密封装置；4—注油塞；5—外筒；6—缸体；7—撞击锤；8—活塞；9—导管；10—下接头

表4-5　液体加速泵主要技术参数表

规格型号	外径 mm	内径 mm	冲程 mm	接头螺纹	推荐使用钻铤质量 kg	完全拉开负荷 kN	获得撞击最小拉力 kN	强度数据		配套上击器型号
								拉力 kN	扭矩 N·m	
YJ-95	95	38	200	NC26	1542～2087	1973	1973	1442	15500	YSQ-95
YJ-108	108	49	219	NC31	1588～2123	1950	1360	1923	31200	YSQ-108
YJ-121	121	51	257	NC38	2540～3402	2858	1950	2282	34900	YSQ-121

四、震击器使用实例

JY19-1HF井井深4206.00m，垂深2659.88m，井斜93.6°，方位46.5°，垂深2659.88m，闭合距1483.92m。泵送射孔枪及桥塞至3095m后桥塞点火，桥塞坐封后遇卡，泄压解卡失败；然后射孔枪点火，震动解卡失败。后强提，解卡成功，起出电缆，确认电缆从弱点处拉断后关井,井内落鱼(射孔枪 + 桥塞)工具串总长度为 14.22m。震击器参数:外径 73mm、内径 25.14mm、长度 1.73m、行程 0.3m、螺纹 60.3PAC。

施工目的:下放连续油管带打捞工具串:外卡瓦接头 + 单流阀 + 变扣 + 液压丢手 + 震击器 + 打捞筒,打捞落井射孔枪与桥塞。

施工步骤:

(1)缓慢下放连续油管探鱼顶深度,加压 5kN,记录连续油管深度并在滚筒连续油管上做好标记。

(2)上提连续油管,记录正常上提悬重,为下步是否捞获落鱼提供依据。

(3)缓慢下放连续油管,遇阻后加压 10~20kN,上提连续油管,密切观察悬重变化。

(4)若上提悬重无明显变化,则重复上述操作。若多次打捞仍不能捞获,则起出工具检查。

(5)落鱼捕获成功后,若上提悬重增加 50kN 后仍继续上升,则继续上提启动震击器解卡。

(6)若多次启动震击器震击解卡不成功,则继续上提悬重增加 180kN 以上,机械剪切桥塞与推筒,使桥塞与射孔枪分开,打捞出射孔枪,与甲方讨论下步施工。

(7)若上提 180kN 后仍然不能解卡,则上报甲方,讨论下步施工方案。

施工过程:首先下连续油管至 3040m,开泵循环。继续下放油管至 3072m,探到鱼顶,并下压 20kN,上提连续油管遇卡,捞获落鱼。随后整个打捞过程通过反复上提激活震击器解卡,施工过程中震击器震击现示明显,如图 4-12 所示。

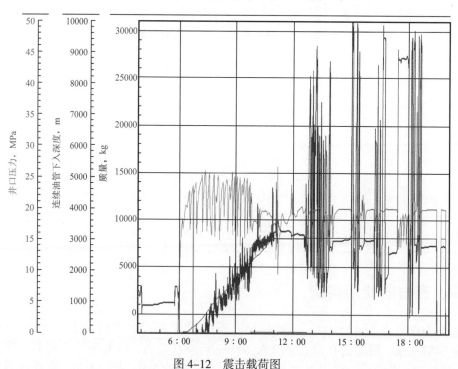

图 4-12 震击载荷图

第四节 定点倒扣作业参数设计

解卡打捞井，活动解卡无效时，需要倒扣取出卡点以上的管柱。倒扣是用钻杆将打捞工具或倒扣器下入井底捞住落鱼进行倒扣，使被卡落物从卡点以上连接扣处退扣，从而起出卡点以上管柱。

一、定点倒扣上提拉力计算

实现定点倒扣的基本方法是"中和点"法，当上提拉力小于管柱自重时，管柱中会存在一个"中和点"，该点以上管柱受拉力，以下管柱受压力，"中和点"处则既不受拉也不受压。倒扣时，由于"中和点"处管柱接头所受拉力或压力最小，阻碍倒扣的摩擦力最小，因而此处最容易被倒开。实现定点倒扣，就是精确计算倒扣拉力，使"中和点"在卡点处，一次倒扣取出卡点以上所有管柱。在《钻井数据手册》中，"中和点"法计算公式为：

$$F = W_1 + W_2 + p_0 S + F_f \tag{4-31}$$

式中：F 为倒扣上提拉力，kN；W_1 为卡点以上管柱在液体中的重量，kN；W_2 为游动滑车、大钩和倒扣装置的总重量，kN；p_0 为倒开点处静液柱压力，MPa；S 为有效密封面横截面积，cm^2；F_f 为水平井中的摩阻，kN。

二、钻柱允许扭转圈数计算

钻柱在轴向拉力下的扭转是轴向拉力和剪切力共同作用的结果，求取扭转的圈数首先必须明确最大剪应力与拉应力 σ 的相互关系，还应注意到各段的最大许用剪应力一直受各分段拉应力 σ 的影响。

1. 最大剪切应力与几何尺寸之间的关系式

钻杆为空心圆轴，扭转时钻杆本体横截面最大剪切应力（以下简称最大剪应力）与几何尺寸之间的关系式为：

$$\tau = \frac{M_k D}{2J_P} \tag{4-32}$$

其中

$$J_P = \frac{\pi}{32}\left(D^4 - d^4\right)$$

式中：τ 为最大剪应力，Pa；M_k 为转盘扭矩，N·m；D 为钻杆外径，m；J_P 为极惯性矩；d 为钻杆内径，m。

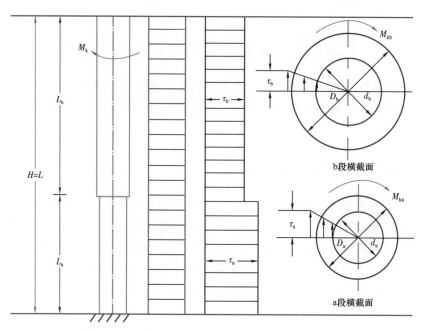

图4-13　复合钻柱在扭矩 M_k 作用下的受力分析图

复合钻柱 a 段和 b 段扭矩可通过水平井摩阻扭矩计算公式求得，且由于外径和极惯性矩不同，扭转时各段产生的最大剪应力就不同，随着扭矩增大，各段的最大剪应力也增大，但增大幅度不同。根据式（4-32）可得 a 段和 b 段的最大剪应力比为：

$$a_\tau = \frac{\tau_a}{\tau_b} = \frac{D_b^3\left(1-a_b^4\right)}{D_a^3\left(1-a_a^4\right)}$$ （4-33）

其中

$$a_a = \frac{d_a}{D_a}$$

$$a_b = \frac{d_b}{D_b}$$

式中：τ_a 和 τ_b 分别为 a 段和 b 段最大剪应力，N；D_b 为 b 段钻杆外径，mm。

a_τ 实质上是两段钻柱抗扭截面模量比的倒数，其值仅与两段钻杆本体的横截面积有关。

2. 剪应力 τ 与拉应力 σ 之间的关系

根据材料力学第四强度理论，危险点处于复杂应力状态的构件发生流动破坏的条件为：

$$u_f = \frac{1+\mu}{6E}\left(2\sigma_{jx}^2\right)$$ （4-34）

$$u_f = \frac{1+\mu}{6E}\left[(\sigma_1-\sigma_2)^2+(\sigma_2-\sigma_3)^2+(\sigma_3-\sigma_1)^2\right] \tag{4-35}$$

$$\sigma_{jx} = \sqrt{\frac{1}{2}\left[(\sigma_1-\sigma_2)^2+(\sigma_2-\sigma_3)^2+(\sigma_3-\sigma_1)^2\right]} \tag{4-36}$$

式中，σ_1，σ_2 和 σ_3 为三个方向的主应力，MPa；σ_{jx} 为材料的极限应力。取管柱横截面周边上任意微元体为研究对象，该点在拉扭作用下处于两向应力状态，有如下关系式：

$$\begin{cases} \sigma_1 = \frac{\sigma}{2}+\sqrt{\left(\frac{\sigma}{2}\right)^2+\tau^2} \\ \sigma_3 = \frac{\sigma}{2}-\sqrt{\left(\frac{\sigma}{2}\right)^2+\tau^2} \\ \sigma_2 = 0 \end{cases} \tag{4-37}$$

将钢材的最小屈服强度 σ_s 作为材料极限应力 σ_{jx}，根据式（4-36）和式（4-37）两式，可得出以下表达式：

$$\tau = \sqrt{\frac{\sigma_s^2-\sigma^2}{3}} \tag{4-38}$$

复合钻柱顶部所受拉力为各段钻柱顶部在钻井液中重力与欲倒开点液柱静压影响的附加拉力之和，即：

$$T = P + \frac{P_y S}{10^5} + F_f \tag{4-39}$$

式中：T 为钻柱顶部拉力，10^4N；P 为钻柱在钻井液中的重量，10^4N；P_y 为欲倒开点液柱静压力，kPa；S 为钻杆接头台肩啮合面积，cm^2。

复合管柱顶部轴向应力为：

$$\begin{aligned} \sigma_a &= \frac{T_a}{A_a} \\ \sigma_b &= \frac{T_b}{A_b} \end{aligned} \tag{4-40}$$

式中：σ_a 和 σ_b 分别为 a 段和 b 段轴向应力，MPa；T_a 和 T_b 分别是 a 段和 b 段顶部拉力，N；P_b 为 b 段钻柱在钻井液中的重量，N；A_a 和 A_b 分别为 a 段和 b 段钻杆本体横截面积，mm^2。

式（4-38）中的 τ 为钻柱的最大剪应力，由于与轴向拉力之间的相互关系，与钻柱各点的拉应力 σ 形成对应的函数关系，τ 受到强度条件严格限制，对于最大剪应力已达到强度许用值的钻柱段，这时 τ 等于$[\tau]$，考虑强度条件安全系数为 n_s，则许用剪应力的计算式为：

$$[\tau] = \frac{\sqrt{\sigma_s^2 - \sigma^2}}{\sqrt{3}n_s} \tag{4-41}$$

为了判定 τ_a 和 τ_b 谁先达到许用值，引用由横截面尺寸决定的比值 a_τ 与相同强度条件中的分段许用剪应力比值大小进行比较，做出判定。

在强度条件中，设 $[\tau]_a$ 和 $[\tau]_b$ 分别表示 a 段和 b 段钻柱的许用剪应力。有：

$$\frac{[\tau]_a}{[\tau]_b} = \frac{\sqrt{\sigma_{sa}^2 - \sigma_a^2}}{\sqrt{\sigma_{sb}^2 - \sigma_b^2}} \tag{4-42}$$

a 段和 b 段哪一段先达到所在分段的许用剪应力可根据 a_τ 与 $\dfrac{[\tau]_a}{[\tau]_b}$ 的大小进行判定。$a_\tau = \dfrac{[\tau]_a}{[\tau]_b}$，则 a 段和 b 段同时达到许用值；若 $a_\tau > \dfrac{[\tau]_a}{[\tau]_b}$，则 a 段首先达到许用值；若 $a_\tau < \dfrac{[\tau]_a}{[\tau]_b}$，则 b 段首先达到许用值。

3. 允许扭转圈数计算方法

求取复合钻柱允许扭转圈数 N_t，是将各段允许扭转圈数相加，即其值是最大剪应力已达到许用值的某一分段允许扭转圈数与同一时刻最大剪应力未达到许用值的其他分段扭转圈数之和。设经判定式判定后，a 段最大剪切应力已达到许用值，其扭转圈数为 N_a，b 段最大剪应力尚未达到许用值，其扭转圈数为 N_b，则有：

$$N_t = N_a + N_b \tag{4-43}$$

N_a 和 N_b 都可根据圆轴扭转变形扭转圈数计算公式求出。圆轴扭转变形扭转圈数计算公式为：

$$n = \frac{\varphi}{2\pi} = \frac{\tau L}{\pi G D} \tag{4-44}$$

式中，φ 为圆轴扭转变形角度。

由于 a 段的最大剪应力达到许用值，有以下计算式：

$$\tau_a = [\tau]_a = \sqrt{\sigma_{sa}^2 - \sigma_a^2} \tag{4-45}$$

将式（4-45）代入式（4-43），得：

$$N_a = \frac{[\tau]_a L_a}{\sqrt{3}n_s \pi G D_a} = \frac{\sqrt{\sigma_{sa}^2 - \sigma_a^2} L_a}{\sqrt{3}n_s \pi G D_a} \tag{4-46}$$

由于 b 段最大剪应力尚未达到许用值，根据式（4-43）可得：

$$N_b = \frac{\sqrt{\sigma_{sa}^2 - \sigma_a^2} L_b}{\sqrt{3} n_s \pi G D_b} \qquad (4-47)$$

通过上述分析可求得 a 段首先达到许用值时的复合钻柱允许扭转圈数:

$$N_t = \frac{\sqrt{\sigma_{sa}^2 - \sigma_a^2}}{\sqrt{3} n_s \pi G} \left(\frac{L_a}{D_a} + \frac{L_b}{a_r D_b} \right) \qquad (4-48)$$

式中: N_t 为复合钻柱允许扭转圈数; σ_{sa} 为 a 段(下部钻柱)钢材最小屈服极限, MPa; σ_a 为 a 段顶部拉应力, MPa; n_s 为安全系数, 一般取 1.5; G 为钢材剪切弹性模量, $G=8 \times 10^4$ MPa; L_a 为 a 段钻柱长度, mm; L_b 为 b 段钻柱长度, mm; D_a 为 a 段钻杆外径, mm; D_b 为 b 段钻杆外径, mm。

同理可求得, b 段首先达到许用值时的复合钻柱允许扭转圈数:

$$N_t = \frac{\sqrt{\sigma_{sb}^2 - \sigma_b^2}}{\sqrt{3} n_s \pi G} \left(\frac{a_r L_a}{D_a} + \frac{L_b}{D_b} \right) \qquad (4-49)$$

式中: σ_{sb} 为 b 段(下部钻柱)钢材最小屈服极限, MPa; σ_b 为 b 段顶部拉应力, MPa。

当轴向拉力为零时, a 段首先达到许用值时的纯扭转复合钻柱允许扭转圈数计算式为:

$$N_t = \frac{\sigma_{sa}}{\sqrt{3} n_s \pi G} \left(\frac{L_a}{D_a} + \frac{L_b}{a_r D_b} \right) \qquad (4-50)$$

当轴向拉力不为零时, 单一等径管柱允许扭转圈数计算式为:

$$N_t = \frac{\sqrt{\sigma_s^2 - \sigma^2}}{\sqrt{3} n_s \pi G} \left(L_a + L_b \right) \qquad (4-51)$$

当轴向拉力为零, 单一等径管柱允许扭转圈数计算公式:

$$N_t = \frac{\sigma_s}{\sqrt{3} n_s \pi G} \left(L_a + L_b \right) \qquad (4-52)$$

三、倒扣工具

1. 倒扣器

倒扣器是连接在打捞工具管柱上的一种换向装置。其功用是把正扣钻柱上的右旋转动变换成抓捞工具上的左旋转动, 使遇卡管柱的连接螺纹松扣。由于这种换向装置没有专门的抓捞机构, 因此它必须同左旋捞筒、左旋捞矛、左旋公锥、左旋母锥等工具联合使用, 以便完成抓捞倒扣作业。可见, 从倒扣器使用条件而言, 它是一种组合型修井工具, 对解除那些提不动、拉不断、割不成、井架负荷又小的复杂井况事故, 倒扣器则表现出明显的经济效益。

倒扣器主要由接头总成、变向机构、锚定机构、锁定机构等组成，主要技术参数见表4-6。

表4-6　倒扣器主要技术参数表

型号	DKQ95	DKQ103	DKQ148		DKQ196
外径，mm	95	103	148		196
内径，mm	16	25	29		29
长度，mm	1829	2642	3073		3073
锚定套管尺寸（内径），mm	99.6～127	108.6～150.4	152.5～205	216.8～228.7	216～258
抗拉极限负荷，kN	400	660	390	890	1780
扭矩值 N·m 输入	5423	13558	18982	18982	29828
输出	9653	24133	33787	33787	53093
井内锁定工具压力，MPa	4.1	3.4	3.4	3.4	3.4

2. 倒扣捞筒

倒扣捞筒是集可退捞筒和卡瓦捞筒于一身的多功能修井打捞工具，既可抓捞井下落鱼，又能对遇卡落鱼施加反扭矩，使之从接箍处松扣。利用倒扣捞筒倒扣的工作原理为：首先，下放工具至落鱼顶，转动工具，引入落鱼。当内径略小于落鱼的外径的卡瓦接触到落鱼时，筒体相对卡瓦开始下滑，弹簧被压缩，限位坐顶在上接头下端面上，迫使卡瓦外胀，落鱼进入卡瓦，由于弹簧力的作用，卡瓦牙始终贴紧落鱼外表面。若停止下放后，上提钻具，筒体相对卡瓦上行，由于卡瓦与筒体锥面贴合，随着上提力的增加，三块卡瓦对落鱼的夹持力也相应增加；三角牙吃入落鱼外壁。继续上提，就可实现打捞。如果此时对钻杆施以扭矩，通过筒体上的键传给卡瓦和落鱼，使落鱼接头松扣，即实现倒扣。

倒扣捞筒主要结构如图4-14所示，主要技术参数见表4-7。

3. 倒扣捞矛

倒扣捞矛是井下被卡钻具进行倒扣作业的一种专用工具。在倒扣打捞作业中，使用该工具，钻具可以不带安全接头，通过井上操作，可实现安全退扣。利用倒扣捞矛倒扣的工作原理为：下放工具使卡瓦接触落鱼，并让卡瓦内缩进入鱼腔，上提，矛杆和卡瓦锥面贴合，使卡瓦外胀，咬住落鱼，实现打捞。倒扣时，扭矩通过矛杆上的键传给卡瓦乃至落鱼倒扣。

主要结构如图4-15所示，主要技术参数见表4-8。

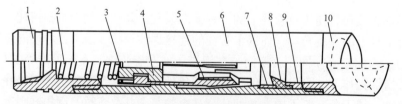

图4-14　倒扣捞筒结构示意图

1—上接头；2—弹簧；3—螺钉；4—限位座；5—抓捞卡瓦；6—筒体；7—上隔套；8—密封圈；9—下隔套；10—引鞋

表 4-7　倒扣捞筒主要技术参数表

规格型号	外形尺寸（直径 × 长度）mm × mm	螺纹类型	打捞尺寸	许用提拉负荷 kN	许用倒扣拉力和扭矩	
					拉力，kN	扭矩，N·m
DLT-T48	95×650	230	47～49.3	300	117.7	2754
DLT-T60	105×720	210	59.7～61.3	400	147.1	3059
DLT-T73	114×735	210	72～74.5	450	147.1	3467
DLT-T89	134×750	210	88～91	550	166.7	4079
DLT-T102	145×750	310	101～104	800	166.7	4487
DLT-T114	160×820	4A10	113～115	1000	176.5	6118
DLT-T127	185×820	4A10	126～129	1600	196.1	7138
DLT-T140	200×850	4A10	139～142	1800	196.1	8158

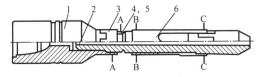

图 4-15　倒扣捞矛结构示意图

1—上接头；2—矛杆；3—花键套；4—限位块；5—定位螺钉；6—卡瓦

表 4-8　倒扣捞矛主要技术参数表

规格型号	外形尺寸（直径 × 长度）mm × mm	接头螺纹	使用规范及性能参数		
			打捞尺寸 mm	许用拉力 kN	许用扭矩 N·m
DLM-T48	95×600	2A10	39.7～41.9	250	3304
DLM-T60	100×620	230	49.7～51.9	392	5761
DLM-T73	114×670	210	61.5～77.9	600	7732
DLM-T89	138×750	310	75.4～91	712	14710
DLM-T102	145×800	310	88.2～102.8	833	17161
DLM-T114	160×820	410	99.8～102.8	902	18436
DLM-T127	160×820	410	107～115.8	931	21221
DLM-T140	160×820	410	117～128	931	21221
DLM-T168	175×870	410	145～155	2400	25423
DLMI-T178	175×870	410	153～166	2400	25423

4.倒扣安全接头

倒扣安全接头像其他安全接头一样连接在工具管柱上，传递扭矩，承受拉、压和冲击负荷，而在打捞工具遇卡，或者动作失灵无法释放落鱼收回钻具时，可很容易地将此接头旋开，收回安全接头以上的工具及管柱，再行处理下部钻杆和工具。它可单独使用，也可作为倒扣器的配套工具。其主要结构如图 4-16 所示，主要技术参数见表 4-9。

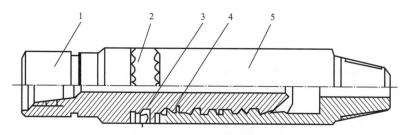

图 4-16　倒扣安全接头结构示意图

1—上接头；2—防挤环；3—螺钉；4—密封圈；5—下接头

表 4-9　倒扣安全接头主要技术参数表

规格型号	外形尺寸 （直径 × 长度） mm × mm	接头螺纹	传递扭矩，N·m	配套倒扣器规格
DANJ95	95 × 762	230 × 231	11000	DKQ95
DANJ105	105 × 762	210 × 211	21000	DKQ103
DANJ148	148 × 813	310 × 311	48000	DKQ146
DANJ197	197 × 813	410 × 411	86000	DKQ196

5.倒扣下击器

倒扣器工作时，必须固定在套管壁上。因此，旋松螺纹的管柱升移量，需要补偿。否则不仅造成松扣困难，而且还会损坏连接螺纹、或有黏扣。利用倒扣器下击器心轴，筒体的自由伸缩，就成为倒扣过程中螺纹松扣升移量的补偿件。

倒扣下击器主要由心轴、承载套、键、筒体、销、导管、下接头及各种密封件组成。主要结构如图 4-17 所示，主要技术参数见表 4-10。

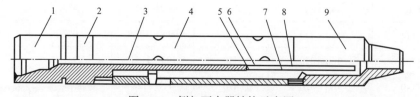

图 4-17　倒扣下击器结构示意图

1—心轴；2—承载套；3—圆柱键；4—筒体；5—弹性销；6，8—密封圈；7—导管；9—下接头

表4-10 倒扣下击器主要技术参数表

规格型号	外形尺寸（直径 × 长度）mm × mm	接头代号	适用范围及性能参数		配套倒扣器规格 mm（in）
			冲程 mm	允许传递扭矩 kN·m	
DXJQ95	95 × 762	$2^7/_8$REG	406	10.8	95（$3^3/_4$）
DXJQ105	105 × 762	NC31（210）	406	20.7	103（4）
DXJQ148	148 × 813	NC38（310）	457	48.39	168（6）
DXJQ197	197 × 813	NC50（410）	457	85.72	197（8）

第五节 YS108H1-2井钻塞卡钻处理管柱力学分析

一、井基本情况

YS108H1-2井是川南一口页岩气生产井，构造上位于四川台坳川南低陡褶带南缘，南与四川台坳相邻，地理上位于四川省珙县上罗镇石柱村（居于南方河畔东岸），处于昭通国家级示范区黄金坝 YS108 井区 $5 \times 10^8 m^3$ 页岩气产建区的核心区域（YS108H1 平台）。主要目的层位是下志留统龙马溪组。YS108H1-2井于 2014 年 2 月 14 日一开，2015 年 4 月 17 日完钻，完钻井深4420m。该井采用四开井身结构：一开采用 ϕ660.4mm 钻头钻至井深 22.29m，下入 ϕ508mm 导管封隔地表疏松地层和保护地表水；二开采用 ϕ444.5mm 钻头钻至井深 480m，下入 ϕ339.7mm 表层套管，封固地表疏松地层和保护地表水；三开采用 ϕ311.15mm 钻头钻至井深 1635m，下入 ϕ244.5mm 技术套管封固造斜段；四开采用 ϕ215.9mm 钻头钻至完钻井深，下入 ϕ139.7mm 生产套管。YS108H1-2 井井眼轨迹水平投影如图 4-18 所示，垂直投影如图 4-19 所示，井身结构如图 4-20 所示。

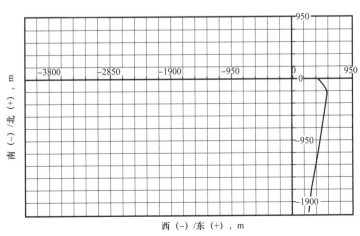

图4-18 YS108H1-2井井眼轨迹水平投影图

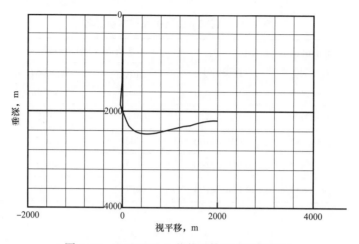

图 4-19　YS108H1-2 井井眼轨迹垂直投影图

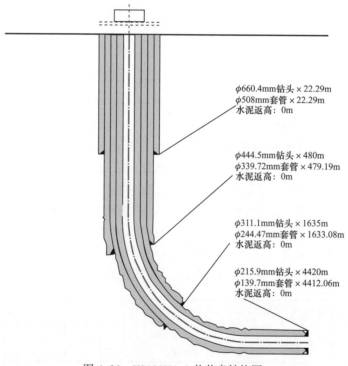

ϕ660.4mm钻头×22.29m
ϕ508mm套管×22.29m
水泥返高：0m

ϕ444.5mm钻头×480m
ϕ339.72mm套管×479.19m
水泥返高：0m

ϕ311.1mm钻头×1635m
ϕ244.47mm套管×1633.08m
水泥返高：0m

ϕ215.9mm钻头×4420m
ϕ139.7mm套管×4412.06m
水泥返高：0m

图 4-20　YS108H1-2 井井身结构图

二、卡钻发生及解卡处理过程

　　YS108H1-2 井前期压裂后发生套管变形，未完成钻塞影响了产气量，为恢复产量，进行了大修，其中一项任务就是进行桥塞钻磨。YS108H1-2 井于 2017 年 3 月 7 日上午 8 时在钻塞过程中下放钻具至 3014.21m 遇阻，开始钻磨，钻磨至井深 3015.33m，进尺 1.12m。钻磨至井深 3015.96m，发生卡钻，此时钻压 40～50kN，转盘转速 45～50r/min，排量300L/min，钻井液性能参数见表4-11。后多次采取提拉、震击、扭转钻柱解卡措施，均无法解卡。最终采用倒扣方式，将钻柱全部倒出井筒。从2017年3月7日16时发生卡钻到从2017年3月24日18时将钻柱起出井筒，前后历时17天。卡钻时钻具组合为：ϕ90mm引子磨鞋×0.94m+ϕ60.3mm钻杆16根×154.60m+ϕ89mm上击器3.10m+ϕ60.3mm钻杆41根×395.54m+ϕ73mm钻杆255根×2461.78m。YS108H1-2井解卡施工过程见表4-12，其中2017年3月12日至3月24日为钻柱倒扣施工工程，详情未在表中给出。

表4-11　YS108H1-2井钻井液性能参数

入口钻井液密度 g/cm³	出口钻井液密度 g/cm³	漏斗黏度 s	塑型黏度 mPa·s	动切力 Pa	初切力 Pa	终切力 Pa
2.05	2.05	64	35	17.5	9	18.5

表4-12　YS108H1-2解卡施工过程表

日期	解卡措施	施工简况
2017.03.07	卡钻	钻磨至井深3015.96m，发生卡钻，钻压40~50kN，转盘转速45~50r/min，钻井液密度2.05g/cm³，漏斗黏度64s
	提拉、震击	上提下放钻具，震击16次解卡无效，钻具活动范围250~980kN
2017.03.08	提拉、震击	上提下放钻具，震击48次解卡无效，钻具活动范围300~1100kN，300~1200kN和300~1300kN，活动距离最大5.8m，多次活动无效
	扭转	正转转盘15圈回15圈，正转转盘17圈回17圈，正转转盘20圈回20圈，正转转盘25圈回25圈，扭矩范围：8000~13000N·m，多次无效
2017.03.09	提拉、震击	上提下放钻具，震击74次解卡无效，钻具活动范围280~1250kN和200~1300kN，活动距离最大6.0m，多次活动无效
	扭转	正转转盘20圈回20圈，扭矩范围：8000~11000N·m，多次无效
2017.03.10	提拉	上提下放钻具，钻具活动范围100~1300kN，活动距离最大6.0m，多次活动无效
	扭转	正转转盘20圈回20圈，扭矩范围：10000~11000N·m，多次无效
	倒扣	正转转盘5圈紧扣，重复2次，上提钻具至悬重500kN，下放钻具至悬重360kN，反转转盘24圈，悬重360~160kN，下放钻具至悬重150kN，正转转盘15圈回5圈，正转转盘5圈回4.5圈，对扣成功
2017.03.12	倒扣	上提下放钻具紧扣，悬重范围40~420kN，正转钻盘圈数14~24圈，停泵，上提钻具至悬重400kN，反转转盘35圈回8圈，悬重400kN↓380kN，上提钻具悬重380kN↑480kN，倒扣成功
……	……	……
2017.03.24	起钻	起钻完，捞获ϕ60.3mm钻杆1根×9.66m+ϕ90mm引子磨鞋0.94m=10.60m

三、卡点位置计算

当钻柱完全卡死后，通过表4-12中提拉震击解卡过程中井口钻具轴向载荷变化范围与钻具活动距离数据，采用水平井复合管柱卡点位置计算模型求取卡点位置。采用提拉法确定卡点位置时，根据表4-12解卡施工过程处理后所得到的计算基础参数见表4-13。

表4-13　提拉法井口测量参数

钻头位置 m	初始拉力 kN	最终拉力 kN	实测伸长增量 cm	拉力增量 kN
3015.96	300	1300	580	1000
3015.96	200	1300	600	1100
3015.96	100	1300	600	1200

运用拉压胡克定律求得卡点位置为3004.18m。根据YS108H1-2井试油日志，发生卡钻前钻柱下放至3014.21m遇阻，进行了钻磨，钻磨至井深3015.33m，进尺1.12m。钻磨至井深3015.96m，卡钻，进尺0.63m。推测卡点是在钻过的桥塞处，位置为3014.21～3015.96m。计算的卡点位置与其误差为10m。

四、提拉解卡钻柱力学分析

对前文所提YS108H1-2水平井卡钻事故进行提拉解卡力学计算分析，根据给定大钩载荷（大钩载荷在钻柱允许拉力载荷范围内）计算卡点处提拉解卡载荷，解卡计算参数见表4-14。

表4-14　提拉解卡载荷计算参数及结果表

卡点位置 m	井口大钩载荷 kN	套管摩擦系数	裸眼摩擦系数	钻井液密度，g/cm³		卡点解卡载荷 kN
				管内	管外	
3004.18	1000	0.25	0.3	2.05	2.05	415.57

钻柱轴向载荷与抗拉强度关系如图4-21所示。

五、定点倒扣钻柱力学分析

1. 定点倒扣上提拉力计算分析

对前文所述水平井YS108H1-2井基础数据以及计算出的卡点位置，对卡点上方且离卡点最近的接头进行定点倒扣模拟计算分析，定点倒扣上提拉力计算参数见表4-15。

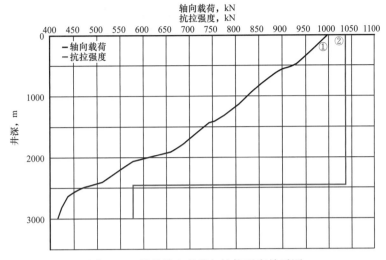

图 4-21　钻柱轴向载荷与抗拉强度关系图

表 4-15　定点倒扣上提拉力计算参数表

工况状态	倒扣井深 m	套管摩擦 系数	钻井液密度，g/cm³		考虑浮力补 偿项	上提拉力 kN
			管内	管外		
工况 1	3004.18	0.25	2.05	2.05	考虑	424.25
工况 2	3004.18	0.2	2.05	2.05	考虑	406.2

2. 钻柱允许扭转圈数计算分析

由 YS108H1-2 井基础数据可知，被卡钻柱刚级均为 S-135，最小屈服强度为 931MPa，安全系数取 1.5，钢材剪切弹性模量 $G=8 \times 10^4$MPa，通过计算分析出考虑水平井摩阻扭矩、轴向载荷以及复合管柱对允许扭转圈数的影响，其中分析轴向载荷对钻柱允许扭转圈数计算影响时，以表 4-15 中工况 1 与工况 2 进行分析。单一管柱和复合管柱基础参数见表 4-16 和表 4-17。

表 4-16　单一管柱基础参数

井段	钻柱类型	钢级	管柱长度 m	管柱外径 mm	管柱内径 mm	许用剪切应力 MPa
0～3004.18	钻杆	S-135	3004.18	73.02	54.63	419.69

表 4-17　复合管柱基础参数

井段	钻柱类型	钢级	管柱长度 m	管柱外径 mm	管柱内径 mm	许用剪切应力 MPa
0～2460	钻杆	S-135	2460	73.02	54.63	419.69
2460～3004.18	钻杆	S-135	544.18	60.32	46.1	431.02

不考虑水平井摩阻扭矩条件下，分析轴向载荷对钻柱允许扭转圈数计算影响，以表 4-15 中工况 1 计算参数进行分析，计算结果见表 4-18。

表 4-18　钻柱在拉扭与纯扭转条件下的允许扭转圈数

钻柱类型	计算条件	允许扭转圈数
复合钻柱	拉扭	83.9
	纯扭转	86.4
单一钻柱	拉扭	68.5
	纯扭转	70.7

钻柱在拉扭条件下，分析水平井摩阻扭矩对钻柱允许扭转圈数计算影响，计算结果见表 4-19。

表 4-19　钻柱在摩阻扭矩影响下的允许扭转圈数

钻柱类型	计算条件（是否考虑摩阻）	允许扭转圈数
复合钻柱	不考虑	80.2
	考虑	83.9
单一钻柱	不考虑	68.7
	考虑	72.2

3. 反演倒扣施工过程

在倒扣施工过程中，通过井口转盘旋转圈数，可实时计算出扭矩传递井深及倒扣点的实际倒扣扭矩。通过分析表明，如图 4-22 所示：转盘旋转 25 圈时，井口扭矩为 8000N·m，倒扣点处扭矩为 5720N·m。

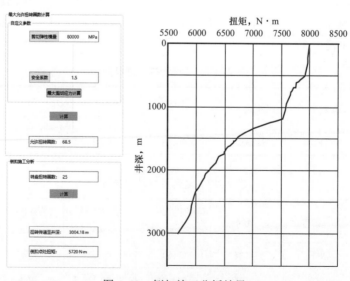

图 4-22　倒扣施工分析结果

第六节　页岩气水平井落物打捞技术

一、长电缆工具串落鱼打捞

在页岩气水平井桥塞分段压裂技术中，需要利用电缆下入"射孔枪+桥塞"联作管串，过造斜段后泵入液体将工具串推送到位，电点火坐封桥塞射孔，最后起出电缆和射孔枪，进行光套管压裂。该技术施工过程中，管串移动时电缆需保持一定张力，但泵速过大、通过砂桥和管柱遇卡上提等情况会导致电缆张力增大，易使电缆从中间断开，造成工具串落井。

针对长电缆工具串落井问题时，一般采用先压井再打捞的作业方式，但其施工周期长，成本高，易对储层造成伤害。连续油管作业技术具有不需压井、不伤害地层、操作简单、作业周期短、成本低、可靠性高和可在水平段有效传递轴向力等优点，可应用于水平井电缆工具串落鱼的打捞。

1. 长电缆落鱼打捞难点

（1）落鱼在井下的位置不易精准定位，打捞工具下不到位会出现捞空，下过电缆落鱼太多则容易造成卡钻或其他井下故障。

（2）断落电缆在井筒中的状态无法确定，井下电缆可能呈弯曲、打扭或变形等状态，同时可能缠绕在落井工具串上，只有准确判断井下电缆状态，才能制订有针对性的打捞方案。

（3）连续油管不能旋转管柱，电缆进入捞筒或捞矛存在一定难度。

（4）由于井口防喷管限制，抓获落鱼的长度受限，成功打捞后的落鱼需完全起至防喷管内才能关闭井口阀门，超长电缆无法完全起至防喷管内。

2. 长电缆落鱼打捞工艺

1）落鱼定位

分析落鱼情况，根据前期施工情况判断落鱼在井内的情况，并利用电缆带 CCL 磁性定位器或用连续油管下入井下工具探鱼顶深度。

2）工具选择

选取合适的打捞工具及井口防喷设备，采用连续油管下入"低速螺杆+外钩或内捞工具"打捞，若井内剩余电缆不多，可直接采用连续油管下入"低速螺杆+打捞筒"打捞；井口防喷装置选用连续油管防喷器及电缆防喷器组合，电缆防喷器的闸板需具有一定的夹持能力与密封性，以保证半封闸板关闭后能够夹持住电缆，不会发生下滑和上移，全封闸板关闭不会剪断电缆。

3）落鱼打捞

打捞电缆时，打捞工具下至鱼顶位置以下，地面泵车启泵，低速螺杆转动带动打捞工具转动 8～15 圈（转动圈数不宜太多，防止电缆缠绕成团或搅断），上提管柱，根据悬重变化判断捕获落鱼后，将打捞工具串起至井口。若上提管柱遇卡，则拔断电缆；若井筒内所剩电缆不多或电缆从弱点处断裂，则下打捞筒直接打捞井下工具串；若根据捞筒内痕迹或者铅印痕迹判断落鱼不易进入打捞筒，则套铣后再进行打捞。

4）电缆出井口

落鱼起至井口时超长电缆无法完全起至防喷管内，无法关闭井口阀门。为解决这一问题，需合理利用电缆防喷器，在保证密封可靠的情况下打开井口防喷管，分段起出电缆。

（1）上提连续油管打捞工具串，注意观察悬重，避免落鱼遇卡后因电缆张力过大再次断裂；连续油管起至防喷盒底部，试关井口阀门至能夹住工具串的圈数（不能超过该圈数，以防止剪断电缆），判断井口附近是否有工具串。

（2）关闭电缆防喷器上、下半封闸板，锁紧并在两级闸板之间注脂，卸载防喷器上部压力，静止观察。

（3）拆除电缆防喷器上部连续油管防喷管，检查捞获电缆的情况。

（4）如井口有电缆，将其固定好后剪断。

（5）通过悬挂短节连接电缆与连续油管，安装好井口防喷管。

（6）平衡电缆防喷器上下压力，打开电缆防喷器的上、下半封闸板，再次上提连续油管工具串至防喷盒底部。

（7）重复步骤（1）—（6），根据起出电缆的长度及悬重情况计算井筒内电缆剩余量，并据此试关井口，判断工具串在井口阀门附近时，下放连续油管至电缆防喷器能关闭电缆位置，采用步骤（2）—（6）处理井口电缆后，将落井工具串起入防喷管。

（8）落井电缆过长且确认电缆完好的情况下，可将电缆反穿出阻流管，将完好的电缆起出。

二、工具串打捞实例——JY19-1HF 井

1. JY19-1HF 井基本数据

JY19-1HF 井是一口页岩气开发水平井。完钻井深 4236m，水平井段长 1212m，油套阻位 4208m。

（1）JY19-1HF 井身结构如图 4-23 所示。

（2）该井 A 靶井深 2994.00m，井斜 91°，方位 47.4°，垂深 2763.4m，闭合距 331.18m；B 靶井深 4206.00m，井斜 93.6°，方位 46.5°，垂深 2659.88m，闭合距 1483.92m。该井井眼轨迹图如图 4-24 所示。

2. 井况说明

JY19-1HF 井在进行坐放桥塞射孔、压裂作业时，电缆带着射孔枪与桥塞自由下放管串至井深 2750m，测试井下仪器通信正常；泵送射孔枪及桥塞至 3095m 后桥塞点火，桥塞坐封后遇卡，泄压解卡失败，经射孔枪点火，震动解卡失败后，进行强提，解卡成功；起出电缆，确认电缆从弱点处拉断后关井，井内落鱼为（射孔枪＋桥塞）工具串总长度为

14.22m。工具串工具清单及结构分别见表4-20和图4-25所示。打捞目的是通过下放连续油管带打捞工具串（外卡瓦接头＋单流阀＋变扣＋液压丢手＋震击器＋打捞筒）打捞出落井射孔枪与桥塞。

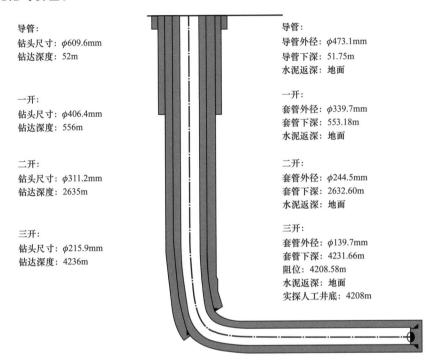

导管：
钻头尺寸：ϕ609.6mm
钻达深度：52m

一开：
钻头尺寸：ϕ406.4mm
钻达深度：556m

二开：
钻头尺寸：ϕ311.2mm
钻达深度：2635m

三开：
钻头尺寸：ϕ215.9mm
钻达深度：4236m

导管：
导管外径：ϕ473.1mm
导管下深：51.75m
水泥返深：地面

一开：
套管外径：ϕ339.7mm
套管下深：553.18m
水泥返深：地面

二开：
套管外径：ϕ244.5mm
套管下深：2632.60m
水泥返深：地面

三开：
套管外径：ϕ139.7mm
套管下深：4231.66m
阻位：4208.58m
水泥返深：地面
实探人工井底：4208m

图 4-23　JY19-1HF 井井身结构图

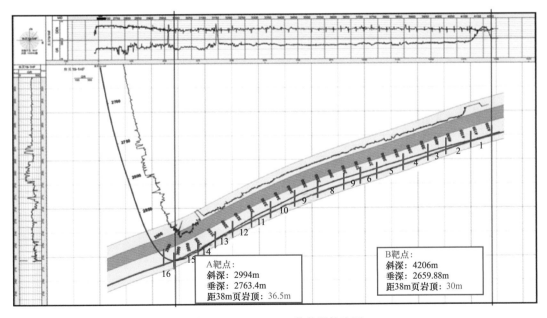

A靶点：
斜深：2994m
垂深：2763.4m
距38m页岩顶：36.5m

B靶点：
斜深：4206m
垂深：2659.88m
距38m页岩顶：30m

图 4-24　JY19-1HF 井井眼轨迹图

表4-20　JY19-1HF井电缆泵送坐封桥塞/多级射孔管柱工具清单

序号	工具名称	最大外径，mm	长度，m
1	打捞头	43	0.50
2	加重	73	2.35
3	加强套	73	0.52
4	CCL	68	0.44
5	接抢头	89	0.28
6	射孔枪1	89	1.3
7	接抢头	89	0.45
8	射孔枪2	89	1.3
9	接抢头	89	0.45
10	射孔枪3	89	1.3
11	接抢头	89	0.45
12	射孔枪4	89	1.3
13	接抢头	89	0.48
14	桥塞工具	96.5	1.98
15	坐封筒	104.8	0.56
16	桥塞	104.8	0.56
总计			14.22

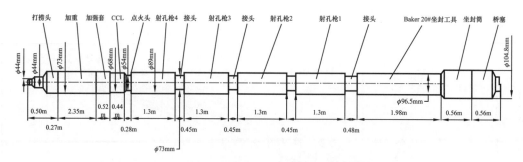

图4-25　JY19-1HF井电缆泵送坐封桥塞/多级射孔管柱结构图

3. 打捞方案设计

（1）连续油管的选择。

根据本井工具管串和施工需求，选择2in连续油管进行本井次施工，连续油管参数见表4-21。根据Cerberus软件模拟结果，该连续油管能顺利下放至目的井深3074m。

表 4-21 JY19-1HF 井连续油管参数（CT20-12）

外径 mm	长度 m	壁厚 mm	内径 mm	工作压力 MPa	重量 t	内容积 m³	80% 最小屈 服极限, tf	最小张力 tf	钢级	使用情况
50.8	5600	4.83~5.69	39.42~41.15	70	31.5	7.1	92200	102500	HS90	仅施工一井次 （焦页 46-1HF 钻磨）

（2）打捞工具的选择。

打捞工具串：2in 接头 + 马达头总成 + 震击器 + 转换接头 + 打捞筒。打捞工具串性能参数见表 4-22。

表 4-22 打捞工具串性能参数

工具图	序号	工具名称	最大外径 mm	最小内径 mm	长度 m	螺纹类型
	1	外卡瓦接头	73	30	0.160	2.375 PAC PIN
	2	马达头总成	73	19	0.711	UP：2.375 PAC BOX DOWN：2.375 PAC PIN
	3	震击器	73	35	1.730	UP：2.375 PAC BOX DOWN：2.375PAC PIN
	4	转换接头	73	35	0.210	UP：2.375 PAC BOX DOWN：2.875in 加厚油管扣 PIN
	5	打捞筒	102	43	0.948	2.875in 加厚油管扣 BOX
		总计			4.121	

注：打捞工具串总长 4.121m，加落鱼长度 14.22m，共计 18.341m，整个工具串变径均为平缓过渡，现场需准备足够长防喷管。

（3）井口装置选择。

本次施工采用的井控装置自上而下依次为：注入头（带鹅颈架）、防喷器（图 4-26）、防喷盒（图 4-27）、防喷管变径法兰、井口，其具体参数见表 4-23。JY19-1HF 井连续油管井口安装示意图如图 4-28 所示。

连续油管井控设备为：A.Texas Oil Tools EH34 Quad BOP 3.06"，10M 型防喷器和 Texas Oil Tools 3.06"，10M Side Door Stripper Packer 型防喷盒。

防喷器闸板从上到下依次是：全封闸板、剪切闸板、卡瓦闸板、半封闸板。防喷器工作压力为 10000psi，试验压力为 15000psi。

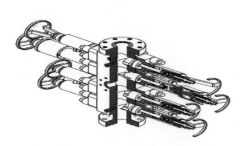

图 4-26 JY19-1HF 井防喷器示意图

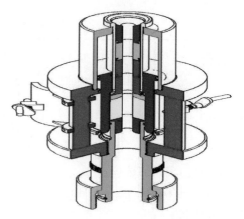

图 4-27 JY19-1HF 井防喷盒示意图

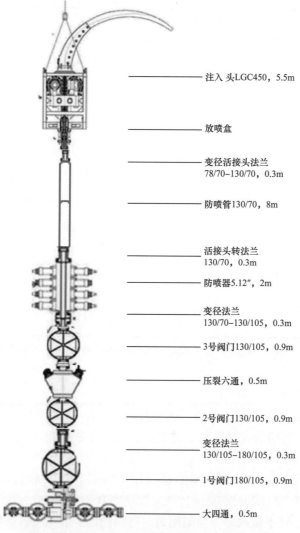

注入头LGC450，5.5m

放喷盒

变径活接头法兰
78/70–130/70，0.3m

防喷管130/70，8m

活接头转法兰
130/70，0.3m

防喷器5.12″，2m

变径法兰
130/70–130/105，0.3m

3号阀门130/105，0.9m

压裂六通，0.5m

2号阀门130/105，0.9m

变径法兰
130/105–180/105，0.3m

1号阀门180/105，0.9m

大四通，0.5m

图 4-28 JY19-1HF 井连续油管井口安装示意图

表 4-23 JY19-1HF 井井口装置参数

名称	规格 / 型号	长度, m	内径, mm	压力等级, MPa
注入头（带鹅颈架）	LGC450	5.69	—	—
防喷盒	VANOIL 侧门式		78	70
变径活接头	78-70/130-70	1.20	78	70
防喷管	130-70	8	130	70
变径法兰	130-70/130-70	1.20	78	70
防喷器	四闸板	1.20	78	70
变径法兰	130-70/180-105	0.3	130	70

（4）施工液体选择。

根据目前已打捞井的施工经验，选择滑溜水作为工作液，为了节省液体，现场采用循环的方式。现场准备清单见表 4-24。

表 4-24 JY19-1HF 井液体清单

液体及材料	参数	单位	用量	备注
降阻水	达到清水磨阻 40%	m³	满足施工	降低液体摩阻，循环使用

4. 施工过程

（1）安装设备及试压。

连续油管到井场后，摆放好车辆、安装连续油管设备、安装井口装置及配合压裂队连接压裂泵、地面高压过滤器及地面管线，对地面流程进行试压压力 50MPa，稳压 10min，若压降小于 0.5MPa，为合格。

将连续油管插入注入头中，连接连续油管连接接头，安装拉力盘对连接部分进行试压。试压介质使用清水，试压前由压裂车将连续油管内充满水，充满水后关闭拉力盘试压旋塞阀，压裂车缓慢平稳将连续油管内压力升至 15MPa，30MPa，每级稳压 10min，观察有无压力下降及泄漏，若压降小于 0.5MPa，为合格。记录试压曲线。

对连续油管接头进行拉力测试，试拉前使用白色记号笔做好标记，将拉力提高至 120kN 后下放连续油管，观察接头与连续油管有无滑动，无滑动则为合格。记录试拉曲线。

（2）打捞落鱼。

① 安装工具及井口、试压。

a. 将滚筒上连续油管穿入注入头并夹紧。

b. 安装 18m 防喷管。

c. 安装外卡瓦。

d. 外卡瓦提拉试验 15tf，提拉合格。

e. 外卡瓦试压 30MPa，试压合格。

f. 连接防喷管，并对防喷管进行试压 40MPa，试压合格。

g. 对防喷器半封进行试压 40MPa，试压合格。

h. 安装打捞工具串：外卡瓦（OD=73mm，L=250mm）+ 单流阀（OD=73mm，L=300m）+ 液压丢手（OD=73mm，L=410mm）+ 循环阀（OD=73mm，L=170mm）+ 震击器（OD=73mm，L=1940mm）+ 变扣（OD=73mm，L=110mm）+ 打捞筒（OD=102mm，L=1090mm），总长：4270mm。

i. 连接井口，并对井口进行试压 40MPa。

② 下连续油管。

a. 提注入头至井口，将防喷管与井口防喷器连接。

b. 建立防喷盒压力从滚筒旋塞打平衡压。

c. 打开井口阀门，下打捞管柱。下放打捞工具通过井口。遇阻钻压不超过 5kN。

d. 下连续油管至目的井深 3074m，速度控制如下：

0～100m 井口附近，速度控制在 5m/min 以下；

100～2547m 速度控制在 15～20m/min；

2547～2985m 速度控制在 10～15m/min；

2895～3050m 速度控制在 10m/min 以下；

3050～3074m 速度控制在 5m/min 以下。

连续油管每下放 500m，进行一次提拉测试，同时记录悬重悬轻参数。在斜井段下放速度小于 15m/min，每下入 500m 进行一次上提测试。

下放过程中连续油管钻压控制在 5kN 以内。

③ 打捞。

a. 缓慢下放连续油管探鱼顶深度，加压 5kN，记录连续油管深度并在滚筒连续油管上做好标记。

b. 上提连续油管，记录正常上提悬重，为下步是否捞获落鱼提供依据。

c. 缓慢下放连续油管，遇阻后加压 10～20kN，上提连续油管密切观察悬重变化。

d. 若上提悬重无明显变化，则重复上述操作。多次打捞仍不能捞获，则起出工具检查。落鱼捕获成功后，若上提悬重增加 50kN 后仍继续上升，则继续上提启动震击器解卡。

若多次启动震击器震击解卡不成功，则继续上提悬重增加 180kN 以上，机械剪切桥塞与推筒，使桥塞与射孔枪分开，打捞出射孔枪，若上提 180kN 后仍然不能解卡，则讨论下步施工方案。

参 考 文 献

陶国治，2016. 水平井大修技术探讨与应用[J]. 化学工程与装备（11）：84-86.

崔玉峰，2014. 修井作业中卡钻原因与解卡方法探讨[J]. 科学与技术（10）.

胡博仲，1998. 油水井大修工艺技术[M]. 北京：石油工业出版社：284.

王新纯，2005. 修井施工工艺技术[M]. 北京：石油工业出版社：341.

张宝和, 陈仁权, 宫西成, 等, 2010. 套铣鱼颈工艺技术在解卡打捞作业中的应用[J]. 石油机械, 38（4）: 84-86.

伊伟锴, 吕芳蕾, 田启忠, 等, 2018. 液压脉冲式震荡解卡技术研究与应用[J]. 钻采工艺, 41（3）: 112-113.

田启忠, 2016. 液压机械一体式震击解卡技术在水平井中的应用[J]. 石油钻采工艺, 38（2）: 201-205.

孔令维, 2013. 水平井管柱增力解卡打捞技术[J]. 大庆石油地质与开发, 32（3）: 93-96.

刘宏伟, 袁得芳, 何正林, 2014. 解析卡点位置计算误差分析及解决方法[J]. 化工管理（2）: 72-73.

况雨春, 熊威, 张立民, 等, 2014. 大斜度井修井作业卡点预测数值模拟方法[J]. 石油机械, 42（4）: 57-61.

魏军, 1992. 测卡解卡工艺技术[J]. 钻采工艺（1）: 66-70.

徐海潮, 边锋, 曾勇, 等, 2012. 浅谈测卡仪及测卡松扣技术在卡钻事故处理中的应用[J]. 中国石油和化工（2）: 65-67.

张鲁江, 陈新君, 2014. 锚定式测卡仪的原理与应用[J]. 仪器仪表用户, 21（3）: 64-66.

薛友康, 1997. Homco 测卡车的结构原理及现场应用[J]. 钻采工艺（2）: 46-48.

刘东明, 2004. 井下被卡管柱的卡点公式计算法优化探讨[J]. 中国海上油气（1）: 49-52.

刘琮洁, 周祥易, 张燕, 等, 2001. 管柱卡点计算公式及应用[J]. 江汉石油学院学报（4）: 74-76.

许清海, 胡晋阳, 熊燃, 等, 2018. 考虑摩阻的圆弧井卡点深度计算模型研究[J]. 石油机械, 46（3）: 84-88.

罗能, 2014. 水平井卡钻事故预测与处理方法研究[D]. 成都: 西南石油大学.

郑锡坤, 2010. 机液控制随钻震击器理论研究及其结构优化设计[D]. 西安: 西安石油大学.

高巧娟, 刘希茂, 张健, 等, 2015. 打捞震击器力学分析[J]. 石油矿场机械, 44（6）: 34-37.

夏元白, 周锡容, 李宗明, 1991. 液压震击器的机械特性及动力分析[J]. 石油机械（9）: 32-37.

冉津津, 邱流湘, 刘涛, 等, 2013. 解卡打捞定点倒扣技术研究与应用[J]. 石油天然气学报, 35（6）: 127-130.

刘涛, 宋国强, 2012. 定点倒扣法取套技术研究与应用分析[J]. 中国石油和化工标准与质量, 33（14）: 126.

张成江, 2010. 定点倒扣法取套技术研究与应用[J]. 复杂油气藏, 3（4）: 78-81.

王伟佳, 2018. 页岩气水平井连续油管带压打捞长电缆技术[J]. 石油钻探技术, 46（3）: 109-113.

冯硕, 2017. P1 井水平井生产测井仪器打捞技术研究及应用[J]. 钻采工艺, 40（5）: 121-123.

（法国）法国石油研究院, 1995. 钻井数据手册[M]. 6 版. 王子源, 等译. 北京: 地质出版社.

第五章　页岩气水平井桥塞处理技术

　　页岩气藏页岩基质孔隙度很低，渗透率小，因此，需要实施水平井分段压裂对储层进行改造。目前，桥塞分段压裂技术是国内外进行页岩气气藏开发所使用的主要手段。该技术同时下入射孔管串和桥塞／球座，完成坐封和多簇射孔联作，并进行分段压裂，具有压裂级数不受限制、压裂层位定位精确、工具管柱简单、不易造成砂卡、解除封堵快捷、无须起下钻、施工效率较高、桥塞处理后能保证井筒的畅通便于后续工艺管柱的下入等优点，取得了显著的增产效果。

　　但在页岩气水平井桥塞—射孔联作分段压裂技术中，压裂施工后，必须对压裂封堵工具桥塞进行正确处理，才能保证页岩气水平井后续的测试及生产工作。同时，由于各种原因引起的井下落物在很大程度上也会影响页岩气水平井的生产，严重时造成停产。因此，需要针对不同类型的桥塞或井下落物采取相应的处理方法以及打捞工艺，钻磨、打捞出桥塞及井下落物，疏通井眼，确保正常生产。

第一节　页岩气水平井桥塞类型及特征

　　桥塞是页岩气水平井桥塞分段压裂技术中重要的封堵工具。随着页岩气水平井分段压裂技术的发展以及新材料在桥塞中的应用，产生了不同类型的桥塞。不同类型的桥塞，在压裂完成后就需要采用有针对性的技术进行桥塞处理，以保证井眼疏通。在页岩气水平井分段压裂中常用的桥塞类型主要为：可钻式复合桥塞、大通径免钻桥塞和可溶性桥塞，并形成了与之相应的分段压裂技术。

一、可钻式复合桥塞

　　可钻式复合桥塞技术由早期的铸铁桥塞技术演化而来。起初制造金属桥塞的关键部件的用料是以金属材料和橡胶材料为主。金属桥塞不易钻铣，钻铣后产生的切屑由于尺寸较大，容易引起磨铣工具卡钻；并且金属桥塞切屑质量较大，不易随工作液循环排出，从而降低了钻磨桥塞的工作效率，导致水平井分段压裂施工周期较长的问题，在一定程度上限制了桥塞的应用（图5-1）。

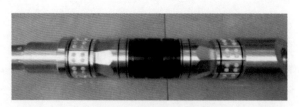

图 5-1　金属材料桥塞

随着复合材料性能不断提高，使其能够适应井下高压湿热等复杂恶劣的环境，并且复合材料具有很好的可钻磨性。因此，复合材料在可钻桥塞制造中得到了很好的应用。可钻复合桥塞不仅具有卓越的力学性能和优良的恶劣环境适应能力，而且容易钻铣、钻铣时产生的碎屑轻小、不易卡钻等优点，缩短了水平井分段压裂的施工周期，从而达到气井快速投产的目的，在页岩气储层改造分段压裂技术中占有重要的地位。

可钻复合桥塞由上接头、可钻卡瓦、复合锥体、复合片、组合密封系统及下接头组成，如图5-2所示。复合桥塞部件大部分的关键部位都是由复合材料制造而成，只有少量的部件是由铸铁（如卡瓦）、黄铜（如剪切销钉）、铝（心轴）及橡胶（密封组件）组成。

图 5-2 复合桥塞示意图

1—上接头；2—可钻卡瓦；3—复合锥体；4—复合片；5—组合胶筒；6—下接头

可钻式复合桥塞分段压裂技术是集水力泵送、射孔与桥塞联作以及快钻桥塞于一体的压裂工艺。其基本作业流程为：按照预先设计的泵送程序，下入可钻桥塞压裂管柱，将射孔器和桥塞泵送到目的层；然后坐封桥塞、封堵桥塞，并上提管柱，将射孔枪对准预定位置，进行多簇射孔；将管柱全部提出井筒后进行压裂；重复以上步骤，进行分段压裂，最后采用连续油管等工具一次性钻掉所有桥塞。图5-3所示为复合桥塞分段压裂管柱。

图 5-3 复合桥塞分段压裂管柱示意图

采用可钻复合桥塞分段压裂结束后，必须以尽可能短的时间钻掉所有桥塞，这样才能提高作业效率，节约时间成本，减少外来液体在地层中的滞留时间，降低压裂液对储层的伤害。因此，钻磨桥塞技术是可钻复合桥塞分段压裂技术的关键配套技术之一。复合桥塞在钻磨过程中受连续油管长度限制，且钻磨过程需耗费一定时长，并存在一定的安全风险。

二、大通径免钻桥塞

页岩气水平井采用可钻式复合桥塞分段压裂后，必须把桥塞全部磨铣掉，才能进行生产测井。但在钻具磨铣过程中由于套管变形等原因，易产生井下事故，造成桥塞钻磨周期长、风险大、成本高等问题，同时碎屑和作业液体易伤害储层。

为了增加页岩气的开采产量，页岩气勘探向深层页岩气迈进，页岩气井水平段不断加长，随之也增加了后续连续油管钻磨复合桥塞的作业难度，同时还降低了钻磨桥塞的作业效率，因此，采用磨铣工具钻磨复合桥塞技术已经难以满足深层页岩气、长水平段页岩气开发要求。

大通径桥塞分段压裂技术采用压裂后无须钻磨的大通径桥塞能够有效地解决以上问题。大通径桥塞球座处通径能达到80~90mm，与桥塞配套的大直径可溶解金属憋压球在井内液体环境下能迅速溶解、无须返排即可建立大通径排液生产通道。大通径桥塞分段压裂技术现已广泛应用于我国长宁、涪陵等页岩气田的分段压裂作业中，并取得了较好的应用效果。

大通径桥塞主要由上接头、复合片、组合胶筒、锥体、卡瓦和下接头等部件组成，如图5-4所示。工作时通过坐封工具压缩卡瓦、锥体沿轴向移动，促使组合胶筒膨胀与套管内壁接触，当坐封力达到一定程度后完成丢手，压裂时投入配套可溶性压裂球进行现场作业。

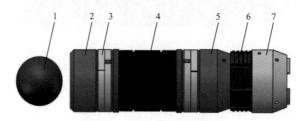

图5-4 大通径桥塞结构

1—可溶性球；2—上接头；3—复合片；4—组合胶筒；5—锥体；6—卡瓦；7—下接头

2015年，中国石油西南油气田公司成功研制出大通径桥塞，用于配套页岩气水平井分段压裂，其工作原理和普通复合桥塞基本相同。该型大通径桥塞采用单卡瓦锚定，结构简单可靠，外径109.55mm、内径76.2mm、长度381mm、承压70MPa、耐温204℃，压裂球尺寸为82.55mm。

大通径免钻桥塞分段压裂基本作业流程为：泵送射孔枪及大通径免钻桥塞至设计井段；对用电缆桥塞点火坐封后，起电缆至设计井深；用射孔枪进行分簇射孔，起出射孔枪；投直径可溶性压裂球，入座坐封后进行压裂；重复以上压裂流程；压裂完工后，压裂球后期在生产流体环境下自然分解，无须钻磨桥塞；可溶性压裂球的溶解性能直接决定了压裂施工的成败和后期井筒的通畅性，可采用连续油管进行通井作业，检查可溶性压裂球是否完全溶解以及井筒连通性。

三、可溶性桥塞

可溶性桥塞分段压裂技术是页岩气水平井分段压裂改造领域的一项新兴技术，该技术在压裂时提供稳定的层间封隔，压裂完成后无须钻磨桥塞，仅依靠井筒内液体浸泡即可实现自行降解。可溶性桥塞技术既有效解决了复合桥塞钻磨施工投入大、风险高。连油自锁、套管变形等造成桥塞无法钻除而影响后续生产的难题，又成功弥补了大通径桥塞未能实现井筒全通径、无法开展后期生产测井及重复压裂等作业的不足，最大程度保证了井筒完整性。可溶性桥塞在施工过程若遇异常情况，可采取专用液体进行速溶，处理方式简单，不易造成井下复杂情况。

可溶性桥塞结构分为基体、密封件、锚定机构三部分（图 5-5），主要由上下接头、上下卡瓦、上下锥体、胶筒、中心筒及卡瓦牙等部件组成，桥塞主体为高分子可溶材料；下锥体、卡瓦载体、上挡环为可溶性镁铝合金材料；锚定机构为可溶载体镶嵌小卡瓦粒，载体溶解后小卡瓦粒可用强磁工具捞出；密封件为可溶性胶筒，是一种不可逆材料，溶解后呈碎粒状，易返排。压裂完成后，可溶性桥塞在高温高压环境下与井筒内液体发生化学反应，桥塞主体溶解，随返排液一同排出井筒。

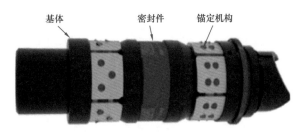

图 5-5　可溶性桥塞结构示意图

可溶性桥塞分段压裂技术工作流程：当泵送可溶桥塞到预定层位后，电缆坐封工具传递推力到坐封套，推动滑套，挤压胶筒和背圈，同时带动锥体挤压卡瓦。当达到卡瓦的破裂压力时，卡瓦向外移动，咬合套管、锥体与卡瓦形成自锁，胶筒鼓胀与套管内壁贴合，完成桥塞的丢手坐封。当需要对桥塞上部产层压裂时，投球泵送到中心管上部的内圆锥面上，密封后进行压裂。当措施完成后，在含有一定浓度电解质溶液的地层返排液中，一定的时间内可以溶解完，留出井筒全通径供后续生产用。

可溶性桥塞分段压裂技术在页岩气水平井分段改造方面具有明显的技术优势，压裂时提供稳定的层间封隔，压裂完成后无须钻磨桥塞，仅依靠井筒内液体浸泡即可实现自行降解，显著提高了作业时效，降低了钻塞作业风险及成本，尤其适用于深层长水平段页岩气井作业。

第二节　页岩气水平井复合桥塞钻磨技术

页岩气水平井采用可钻式复合桥塞分段压裂后，需要把桥塞全部磨铣掉，才能进行后续测试及生产工作。因此，复合桥塞钻磨是复合桥塞分段压裂中的关键配套技术。

一、复合桥塞钻磨工艺

目前，国内各大油田在钻磨复合桥塞时采用的管柱串组合略有区别，见表 5-1。水平井由于其结构的特殊性，使用动力水龙头、转盘等设备驱动工具串，会带动井内管柱整体旋转，在斜井段及水平段会对套管造成损坏，因此优先采用油管或连续油管输送，国外主要采用连续油管输送钻具钻磨水平井桥塞。

表 5-1　国内各大油田及钻井公司使用钻磨复合桥塞管柱串组合

编号	使用油田	管柱串组合
1	大庆油田	ϕ50.8mm 连续油管 + 单流阀 + 丢手 + 循环阀 + 双向震击器 + 马达 + 水力振荡器 +ϕ114mm 磨鞋
2	长庆油田	ϕ38.1mm 连续油管 + 外卡瓦连接接头 + 双瓣单流阀 + 震击器 + 液压丢手扶正器 + 螺杆钻具 + ϕ60mm 碳化钨钻头
		常规倒角油管 + 反循环阀 + 双瓣单向阀 + 螺杆马达 + 六刃高效磨鞋
3	川庆钻探	ϕ73.02mm 油管 + 单流阀 + 液压安全丢手 + 螺杆马达 + 六刃磨鞋工具
		ϕ50.8mm 连续油管 + 外卡瓦接器 + 双瓣式单向阀 + 双向震击器 + 液压丢手 + 双向加速器 + 井下液动马达 +PDC 镶尺 5 刀翼磨鞋
		ϕ50.8mm 连续油管 + 复合接头 + 单流阀 + 双向震击器 + 短节 + 液压丢手 + 马达 +ϕ105mm 磨鞋
4	渤海钻探	ϕ73mm 油管 + 单流阀 + 井下过滤器 + 扶正器 + 缓冲器 + 螺杆钻具 + 旋流式四翼凹底合金磨鞋
5	河南油田	油管 + 双向震击器 + 双向单阀 + 液压应急丢手工具 + 双循环接头 + 液压马达 + 磨鞋
6	江汉油田	ϕ73mm 油管 + 震击器 + 丢手工具 + 循环阀 + 油管扶正器 + 螺杆钻具 +ϕ116mm 钻头
		ϕ73mm 连续油管 + 复合式连接器 + 马达头总成 + 震击器 + 螺杆钻具 +ϕ108mm 高效五翼凹面磨鞋
7	江苏油田	ϕ60.32mm 四方钻杆 +ϕ73.02mm 油管 + 提升短节 + 井下过滤器 + 缓冲器 + 提升短节 + 螺杆泵 + 平底磨鞋
8	吐哈油田	油管 +ϕ95mm 螺杆钻 +ϕ115mm 凹底磨鞋

1. 油管 + 螺杆钻水平井钻磨工艺

在页岩气水平井钻磨桥塞作业中，国内外大多选择以连续油管输送钻磨工具串的方式进行钻磨复合桥塞作业。但由于连续油管车设备重、车身长，对于井场及道路要求高，且钻磨成本高，少数老页岩气井场不具备施工条件。因此，部分油田使用常规油管与螺杆钻的组合进行页岩气水平井钻磨复合桥塞作业。

该工艺是以常规油管 + 螺杆钻钻磨工艺为基础，以实际井况数据为参照。对管柱结构及工具参数优化调整：一是尽量采用小直径油管，避免因本体及接箍阻碍钻屑返出；二是优化螺杆钻性能参数，满足小直径、大扭矩、易入井等要求。磨铣以产生细、碎屑为主，易于返排，以避免管柱卡死问题；三是钻磨过程中，在泵压排量无异常的情况下，使用低钻压、高泵压、大排量可加快钻磨速度；四是尽量选择压裂施工时应用的压裂液作为循环液体，在满足钻磨要求的同时，又能够与地层有良好的配伍性。

油管 + 螺杆钻水平井钻磨工艺采用其钻磨工具串结构大多为：油管 + 单流阀 + 螺杆钻 + 磨鞋。工艺管柱结构如图 5-6 所示，以突出功能、尽量简化为钻塞工具选配的原则。

主要应用于地层压力系数低、压后关井压力不高、井控风险小的井钻磨桥塞，其特点是利用现有常规设备稍加改进即可，对井场及道路要求低，施工成本低，工艺操作简单；但存在工具下入困难、施工周期长；钻磨速度比连续油管慢等问题；并且依赖高效磨鞋，对磨鞋设计要求较高，常用的六刃高效磨鞋，结构如图 5-7 所示。

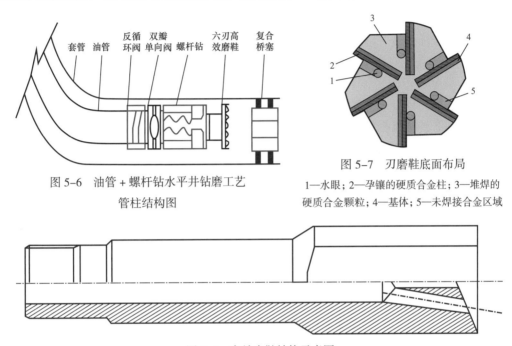

图 5-6 油管 + 螺杆钻水平井钻磨工艺管柱结构图

图 5-7 刃磨鞋底面布局

1—水眼；2—孕镶的硬质合金柱；3—堆焊的硬质合金颗粒；4—基体；5—未焊接合金区域

图 5-8 高效磨鞋结构示意图

该工艺原理的地面流程如图 5-9 所示，利用沉砂罐、低压过滤器将钻磨液净化处理过后，由地面压裂泵车提供循环动力。再经由高压过滤器再次净化后，通过油管传递到井下工具，利用螺杆马达将泵车提供的水力液压转换成动能，从而带动磨鞋使其高速运转，对井内复合桥塞进行磨铣，将其磨成细小碎屑，并使其被具有高流速和悬浮性能的钻磨液从环空携带出来，直至钻完桥塞，起到清理井筒的作用。

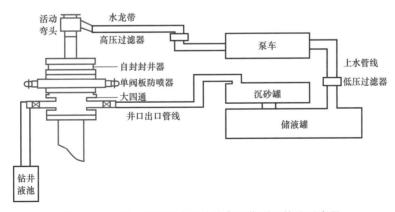

图 5-9 油管 + 螺杆钻水平井钻磨工艺原理的地面流程

2.连续油管钻磨工艺

连续油管钻磨复合桥塞主要是采用连续油管底带专用螺杆钻具及磨鞋下到预定位置后，通过地面泵车循环工作液为井下钻具提供动力进行钻磨桥塞作业。其技术优点主要表现在，连续油管管柱同径且直径适中，可以在不接单根的情况下进行连续钻进，能很好地解决水平井钻磨桥塞时因接单根引起的卡钻问题。连续油管钻磨桥塞工艺原理：连续油管作业机驱动连续油管及其前端的钻磨工具到达目标点探到磨铣物位置后，通过地面压裂泵车泵注工作液进入工具串驱动螺杆马达，带动磨鞋转动，再通过合理工作压差和钻压控制，对井内桥塞进行削磨，形成的碎屑在高压水射流冲击作用下迅速离开井底而流向环空，通过工作液循环带出井筒，从而达到保持井筒畅通、沟通产层的目的。地面液体循环及连续油管钻磨桥塞流程如图 5-10 和图 5-11 所示。

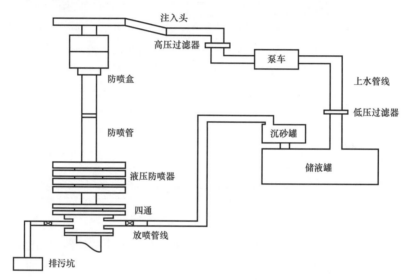

图 5-10　地面液体循环流程

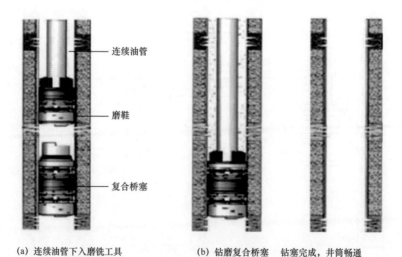

(a) 连续油管下入磨铣工具　　　(b) 钻磨复合桥塞　钻塞完成，井筒畅通

图 5-11　连续油管钻磨桥塞流程

　　钻塞过程关键点主要是：缓慢钻进，保证钻屑细小，同时，根据实际井底情况可增加短起次数，便于循环防止卡油管。其管柱结构通常为：连续油管+外卡瓦连接器+双瓣式单向阀+双向震击器+液压丢手+井下液动马达+磨鞋。通常的钻磨工具串参数见表5-2。

表5-2　钻磨工具串参数

序号	工具名称	外径，mm	内径，mm	长度，mm	连接螺纹类型		备注
1	外拉瓦接头	73.00	38.10	260	上	外卡瓦	用于2″CT
					下	$2^3/_8$inPAC-P	
2	单流阀	73.00	35.00	420	上	$2^3/_8$inPAC-B	
					下	$2^3/_8$inPAC-P	
3	震击器	73.00	—	1659~2159	上	$2^3/_8$inPAC-B	
					下	$2^3/_8$inPAC-P	
4	液压丢手	73.00	22.00	520	上	$2^3/_8$inPAC-B	投球：23mm
					下	$2^3/_8$inPAC-P	剪切值：3950psi
5	振荡器	73.00	—	770	上	$2^3/_8$inPAC-B	
					下	$2^3/_8$inPAC-P	
6	马达	73.00	—	4090	上	$2^3/_8$inPAC-B	
					下	$2^3/_8$inPAC-B	
7	磨鞋	114	—	170	上	$2^3/_8$inPAC-P	
					下		
8	工具串总长度			7889~8389			

　　其应用局限性主要表现为连续油管车身较长，对于井场及道路要求高，多数泥泞低洼的老井场不具备施工条件；国产连续油管螺杆钻具处于研发试用阶段，在深井高温井方面目前仍有一定的局限性，国内连续油管作业依旧依赖于进口生产的连续油管螺杆钻具。由于进口螺杆钻具受技术垄断影响，导致服务价格昂贵；连续油管钻磨桥塞工具串较长，下钻过程中可能会遇到瞬间遇阻折断工具串或连续油管；钻磨过程中容易出现憋泵，引起砂卡、砂埋、地层吐砂等现象；易发生卡钻、磨穿套管或无进尺等问题；连续油管因其柔韧性导致工具深度误差大，钻磨时在水平井段加压困难，需要施工前采用专业软件进行模拟，要求施工指挥具有丰富的施工操作经验。

　　涪陵A井是一口页岩气开发井，该井深4546m、垂深2683m、井底井斜89.60°，采用套管完井，下入φ139.7mm生产套管至4566.99m并实施固井作业，该井分17段加砂压裂，共下入16支可钻式复合桥塞。压裂结束后，使用连续油管钻磨桥塞，用2in连续油管带井下动力钻具钻除井内所有桥塞，为后期投产提供畅通的生产通道。管柱自下而上依次为φ108mm×0.37m五翼磨鞋+φ73mm×4.20m螺杆马达+φ73mm×0.34m液压丢手+φ73mm×2.15m震击器+φ73mm×0.515m双活瓣单流阀+φ73mm×0.17m铆钉式接头+2in连续油管本体，从探到第1支桥塞开始依次钻除所有桥塞。A井共下入16支桥塞，连续油管钻塞作业共入井3趟。历时7d共计164.5h，累计钻磨桥塞16支，累计纯钻磨时间为840min，单支桥塞平均用时52.5min。钻塞效果分析见表5-3。

表 5-3 A 井钻塞效果分析

复合桥塞 （16 支）	金属卡瓦，kg	金属卡瓦 返出率，%	复合材料，kg	复合材料 返出率，%	桥塞总重，kg	桥塞碎屑 返出率，%
第一趟强磁清理	6	46.9	—	—	6.0	4.9
第二趟强磁清理	2.5	19.5	—	—	2.5	2.0
捕屑器返出	—	—	34.2	34.2	34.2	27.9
清理 / 返出总重	8.5	66.4	34.2	34.2	42.7	34.8

注：井下复合桥塞共计 16 支；金属卡瓦总质量 12.8kg；复合材料 109.6kg；桥塞总重 122.4kg。

二、桥塞钻磨工具

钻磨工具串主要由连接器、马达头总成、震击器、水力振荡器、磨鞋、螺杆钻具、单流阀、震击器和丢手等组成。其中，螺杆钻具为磨鞋提供扭矩，实现桥塞钻除；单流阀起到防止螺杆钻具反转的作用；震击器可在卡钻时提供震击力，实现解卡，无法解卡时通过丢手工具丢手后，再进行弥补措施。工具串可通过油管或连续油管下入指定位置，但大多选择连续油管带工具串进行钻磨。其中，螺杆钻具和钻头是其中的关键部分，直接影响了工具的使用寿命和钻磨桥塞的效率。

1. 卡瓦接头

用于连续油管钻磨作业的连接头为扭矩式外卡瓦连接接头。用于与连续油管连接，承受螺杆马达高的扭矩，也可承受抗拉力。适用于连续油管钻磨时对扭矩的需要，不可用不抗扭矩的卡瓦式接头和焊接头。

常用的扭矩式外卡瓦连续油管接头性能评价参数及指标见表 5-4。

表 5-4 扭矩式外卡瓦连续油管接头性能评价参数及指标

工具尺寸，in	$1\frac{3}{4}$	$2\frac{1}{8}$	$2\frac{1}{4}$	$2\frac{7}{8}$	$2\frac{7}{8}$	$3\frac{1}{8}$	$3\frac{1}{8}$
工作环境	标准	标准	标准	标准	标准	标准	硫化氢
连油尺寸，in	$1\frac{1}{4}$	$1\frac{1}{2}$	$1\frac{3}{4}$	$1\frac{3}{4}$	2	$2\frac{7}{8}$	$2\frac{7}{8}$
端部螺纹类型	$1\frac{1}{4}$AMMT	$1\frac{1}{2}$AMMT	$1\frac{1}{2}$AMMT	$2\frac{3}{8}$PAC	$2\frac{3}{8}$PAC	$2\frac{3}{8}$PAC	$2\frac{3}{8}$PAC
张力屈服 *，lbf	42000	62300	53800	150100	110800	136700	99600
扭力屈服 *，lbf·ft	1370	2300	2400	4400	4400	7900	5750
外径，in	$1\frac{3}{4}$	$2\frac{1}{8}$	$2\frac{1}{4}$	$2\frac{7}{8}$	$2\frac{7}{8}$	$3\frac{1}{8}$	$3\frac{1}{8}$
内径，in	0.75	1.00	1.00	1.375	1.375	1.375	1.375
长度，in	7.38	8.00	10.13	8.63	8.63	12.06	12.06
耐压，psi	10000	10000	10000	10000	10000	10000	10000

* 代表接头的最弱点。

2. 马达头总成

马达头总成由双作用回压阀、液压丢手接头和双向循环阀三部分组成，如图 5-12 所示。马达头具备这三种工具的功能，能够阻止在管柱下入或回收时的井底压力上窜，以达到保护井口设备的目的；能够实现不动管柱而将管柱安全丢手和回收；在需要时可以使连续油管和油管之间形成通路，建立循环通道。

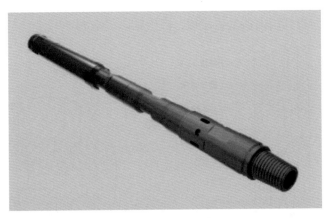

图 5-12 马达总成

常用的马达头总成性能评价参数及指标见表 5-5。

表 5-5 马达头总成性能评价参数及指标

工具尺寸	$2^1/_8$	$2^7/_8$
螺纹类型	$1^1/_2$AMMT	$2^3/_8$PAC
材料	AISI4140（18–22RC）	AISI4140（18–22RC）
张力屈服，lbf	62000	120300
扭力屈服，lbf·ft	13000	3100
外径，in	2.125	2.875
内径，in	0.563	0.688
长度，in	22.84	28.00
回收断面	标准 2in 内 GS	标准 3in 内 GS
落球尺寸	脱离装置—3/4in 循环短节—5/8in	脱离装置—7/8in 循环短节—3/4in
额定压力，psi	10000	10000

3. 震击器

震击器可分为：机械式震击器、机械液压式震击器和液压式震击器。磨铣碎屑卡在震击器以下工具串和管壁之间时，震击器可产生上、下两个方向的附加震击力，有助于解卡。尤其是在长水平段井中，受连续油管限制，施工排量往往不高，导致水平段碎屑上返困难，在起下油管时卡阻现象明显，震击器的使用有助于油管的正常起下。

1）机械式震击器

机械式震击器在井下一般是锁紧状态，卡瓦齿条嵌入其心轴槽内，如图5-13所示。工作时，心轴带动卡瓦移动，压缩弹性套储存能量，继续加大轴力，当达到标定释放力时，卡瓦张开，卡瓦心轴与卡瓦分离，如图5-13所示，储存的弹性能在这一刻转换成动能使心轴加速运动，直到震击偶发生碰撞，产生轴向震击力。

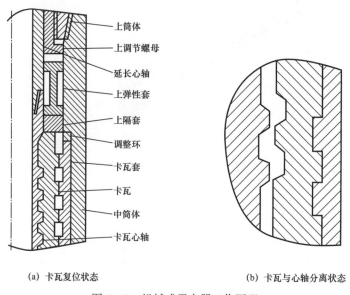

（a）卡瓦复位状态　　　　　（b）卡瓦与心轴分离状态

图5-13　机械式震击器工作原理

上筒体、上调节螺母、延长心轴、上弹性套、上隔套、调整环、卡瓦套、卡瓦、中筒体、卡瓦心轴

2）机械液压式震击器

常见的机械液压式震击器一般是上半部分安装上、下击阻尼阀，下半部分安装机械卡瓦机构。上、下震击作业时，释放力时，锁紧装置随即松开，先是机械卡瓦起锁紧作用，当拉力达到锁紧机构的标定之后进入液压延时阶段，阀体通过憋压区后产生震击力。

3）液压式震击器

液压式震击器是通过在阀体延时机构的憋压区以此产生憋压效果，如图5-14所示。继续施加轴向力，钻具产生弹性压缩或者拉伸现象，从而储存弹性势能，当阀体通过憋压区时，如图5-15所示，弹性势能转换为动能，心轴加速运动，直到震击偶发生碰撞，产生震击力。

机械式震击器的特点在于卡瓦机构起到的锁紧作用，所以不易产生误震，但是一旦下井后，震击力就无法调节；机械液压式震击器震击力可调，并且有机械卡瓦作为锁紧机构大大减少误震现象，其缺点在于震击器总长度会变长。液压式震击器可以通过控制轴向力的大小和施加轴向力的速度来控制震击力大小，但是在复位的时候偶尔会有误震的情况发生。液压式双向震击器的结构如图5-16所示。

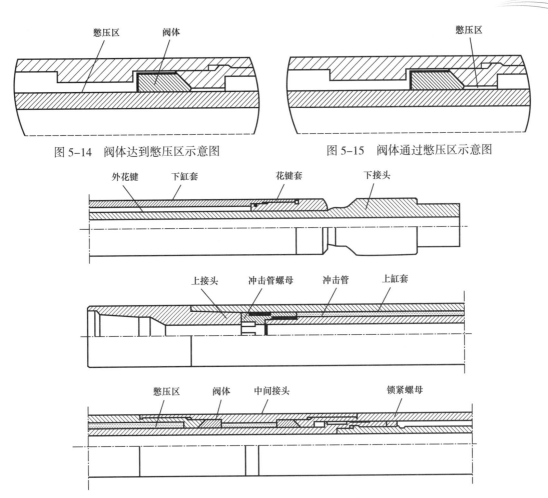

图 5-14 阀体达到憋压区示意图　　　　图 5-15 阀体通过憋压区示意图

图 5-16 液压式双向震击器结构示意图

下入震击器主要是为了在遇卡时通过震击让井下工具解卡。下入震击器也有一定的风险，震击器有一段裸露的活塞部分外径较小，桥塞复合材料容易聚集在此处，若桥塞碎屑聚集，震击器就只能震击一次，没有方法重新设置震击器再震击一次。如果下了液压震击器，工具长度会增加，投球的丢手工具的位置需要考虑。常规作业方法是把丢手工具置于震击器下方，但钻磨复合桥塞作业中，震击器活塞也是造成卡钻的原因之一。

4. 螺杆马达

容积式螺杆马达是一种基于莫锘原理的水力驱动马达，输出扭矩与马达压降成正比，转速与流量成正比。由于压降和流量可以在地面显示并控制，螺杆钻具易于操作。容积式螺杆马达是连续油管钻磨桥塞核心工具，用于提供连续油管钻磨动力，要求螺杆马达能承受和提供高扭矩。

目前，国内大部分页岩气井完井套管都是 ϕ139.7mm，所使用的马达外径通常都是 ϕ73mm。这种小尺寸马达均采用金属转子、橡胶定子。ϕ73mm 马达通常流量限制在 450L/min，最大作业扭矩大约是 540N·m。马达流量限制了循环最大排量，在没有严重影响油管疲劳寿命时会需要更高的循环排量来提高反屑率。通常可使用两种方法来提高最大循环排量，第一种方法是在转子中心打眼，第二种方法是在马达上方的井下工具的某个接头处钻眼。但是这样会把动力以上的系统变成开放系统，当马达停转时，扭距就不存在了，从而降低了马达从停转情况下的自我恢复能力。建议增大马达尺寸来增加最大循环排量。$\phi 85.7 \text{mm}$ 马达的流量通常限制在 600L/min，最大作业扭矩接近 950N·m，转速接近 350r/min。大马达，具有较高的最大流速，可保持大水眼的清洗，减少短起时间，减少卡钻风险。

螺杆马达虽然具有很好的过载性能和硬机械特性，但是在现场应用中经常遇到问题，造成钻塞失败。在钻磨作业中可能会造成以下问题：（1）泵注压力太高，出口不返；（2）钻塞无进尺；（3）壳体脱扣；（4）壳体折断；（5）传动轴折断；（6）钻塞过程中造成卡钻。

常用的螺杆马达性能评价参数及指标见表5-6。

表5-6 螺杆马达性能评价参数及指标

工具尺寸，in	$1^{11}/_{16}$	$1^{11}/_{16}$	$2^1/_8$	$2^1/_8$	$2^7/_8$	$2^7/_8$	$2^7/_8$
动力部分	UF114	XTRSS100	UF114	XTR SS 150	UF114	UF114	XTR SS 150
标准上短节螺纹类型	1inAMMT 内螺纹	$1^1/_2$inAMMT 内螺纹	$1^1/_2$inAMMT 内螺纹	$1^1/_2$inAMMT 内螺纹	$2^3/_8$inPAC 内螺纹	$2^3/_8$inPAC 内螺纹	$2^3/_8$inPAC 内螺纹
标准下短节螺纹类型	1inAMMT 内螺纹	1inAMMT 内螺纹	$1^1/_2$inAMMT 内螺纹	$1^1/_2$inAMMT 内螺纹	$2^3/_8$inPAC 内螺纹	$2^3/_8$inPAC 内螺纹	$2^3/_8$inPAC 内螺纹
马达质量，kg	20	20	34	35	76	91	80
级数	4	2.3	4	6	3.5	7	3.5
叶片比	5/6	5/6	5/6	5/6	7/8	5/6	5/6
马达长度，ft	7.9	7.8	9.37	11.12	11.34	14.41	12.84
排量，gal/min	20～40	20～40	20～40	20～50	20～120	20～80	60～120
钻头速度范围，r/min	320～680	200～410	230～455	260～680	80～480	115～460	200～400
最大压差，psi	620	560	680	1500	560	1220	875
失速扭矩，lbf·ft	103	168	165	412	350	600	625
输出功率，hp	12	13	12	53	29	46	48
压力降（无载），psi	115	TBC	65	TBC	144	70	TBC
最大推荐钻压，lbf	2800	2800	4500	4500	6500	6500	6500
最大超载提升，lbf	17000	26180	23800	23800	42700	42700	42700
最高温度，℉	260	200～400	260	200～400+	260	260	200～400+

5. 水力振荡器

水力振荡器是钻磨桥塞时最常见的可选择工具，它的核心原理是通过压力脉冲产生水击效果，如图 5-17 所示。压力脉冲是通过一瞬间内部活塞或马达截面开关几次产生的。当水力振荡器处于关闭位置时，马达截面上产生的流量暂时减少，引起压力上涨；而工具打开时，流量增大，压力很快降低，这种快速压力脉冲会沿着连续油管产生水击效果。

这种水击效果会沿着连续油管产生拉伸载荷，其主要作用有两个：第一，因为压缩载荷明显减少，连续油管能下入井筒更深位置；第二，黏着滑动的现象直到油管下入井筒更深处才会出现，钻磨深处桥塞的时间会减少。

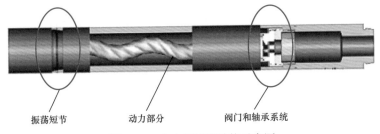

振荡短节　　　　动力部分　　　阀门和轴承系统

图 5-17　水力振荡器结构示意图

水力振荡器通过钻井泵将液压能转化为机械能，改变钻进过程中仅靠下部钻具的重力给钻头施加钻压的方式，使钻头或下部钻具与钻柱中的其他部分的连接变为柔性连接，从而达到提高滑动机械钻速的目的，其作用主要有以下几点：

（1）改善井下钻压传递效果。改变钻头的加压方式，单纯的机械式加压改为机械与液力相结合的加压方式，为钻头提供真实、有效的钻压。

（2）减少摩阻，防止托压。水力振荡器在钻进过程中准其上下钻具在井眼中产生纵向的往复运动，使钻具在井下的静摩擦变成动摩擦，大大降低了摩擦阻力，工具可以有效地减少因井眼轨迹而产生的钻具托压现象，保证有效的钻压。

（3）MWD/LWD 工具的兼容性。水力振荡器与 MWD LWD 配套使用不会破坏 MWD LWD 工具和干扰系统信号，增加了水力振荡器的实用性。

（4）与各种钻头均配合良好。可同牙轮钻头和 PDC 钻头一起使用，对钻头牙齿或轴承无冲击损坏，延长了 PDC 钻头使用寿命。

（5）加强定向钻进，提高机械钻速。防止钻具重量叠加在钻具的一点或者一段，从而更好地控制工具。配合 PDC 钻头提高定向能力，使 PDC 钻头滑动钻进更加容易，显著提高定向钻进和转盘钻进速度。

6. 磨鞋

磨鞋是连续油管钻磨桥塞工具管串中的核心工具，要求磨鞋外径尺寸应与套管规格及复合桥塞外径相匹配，一般控制漂移内径在 92%～95% 之间，例如套管内径为 3.875in，使用外径 3.603in 的磨鞋较为合适。当然，根据螺杆马达及复合桥塞情况，也可控制漂移内径在 94%～96% 之间。这有助于改进机械转速和环绕磨鞋流体的运动形式，从而改进钻塞作业期间的磨屑清除方式。这既可保证磨鞋周围的桥塞碎片能够循环出来，又提供了较大的桥塞钻磨表面积。磨鞋的选择还需要考虑复合桥塞的材料和结构、输送工具以及螺杆马达的性能参数，磨鞋切削面的几何形态、刃型、磨鞋水道和水眼也应根据不同情况予以考虑设计。

如果桥塞钻磨返出的金属磨鞋较大，采用全平底磨鞋，全平底磨鞋能减小金属钻屑的尺寸，防止卡钻，但是此类磨鞋钻磨胶皮速度较慢。如果返出的金属碎屑较小，采用五翼平底磨鞋，这样钻磨速度较快。

通常在钻塞时，桥塞的复合和金属部件在磨鞋下会滚成球状，导致载荷变化大，引起较大冲击力，导致磨鞋牙齿破碎失败。有两种常见磨鞋用于复合桥塞钻磨：一种是刀翼式平头磨鞋，另一种是平底磨鞋。刀翼式平头磨鞋比平底磨鞋更锋利，刀翼式平底磨鞋将会承受更多的点载荷，这些点容易作用在套管上，在水平井中则易沿井眼作用在井的较低处；而平底磨鞋的整个截面受力更均匀。因此水平井中平底磨鞋更适用。磨鞋也应该有个凹面确保桥塞碎屑位于磨鞋面下，从而碾磨成更小的碎屑块。磨鞋面偏离中心处应该略微上点碳化合金涂层，能确保桥塞碎屑在磨鞋下面滚动碾磨，不脱离磨鞋面中心。根据现场经验，磨鞋尺寸应该是通径尺寸的95%～98%。太大的磨鞋，太接近通径尺寸，可能无法顺利通过井筒；而太小的磨鞋将使较大碎屑上返，增加卡钻的可能性。

在相同的工况及施工参数下，磨鞋的选择是影响钻塞施工的主要因素之一。磨鞋选型的影响主要表现在切削能力和切削形成碎屑的大小上。切削能力不足，导致进尺缓慢，切削形成的碎屑大，导致返排困难，易造成卡钻等复杂情况，影响施工的正常进行。

另外，磨鞋水眼尺寸的选择与磨鞋及地层结构、钻磨进尺率等因素有关。水眼太大，马达轴承不能得到很好的润滑，同时还会使马达承受钻压的能力降低；水眼太小，泵压达到额定值时，流量相对较小，马达的最佳性能就无法发挥出来。若流量达到额定值，系统压力会偏高，马达推力轴承的寿命就会受到影响。在磨鞋外径的选择上过小，易形成较大碎屑或造成桥塞"扒皮现象"；过大，因受套管内径的限制，可能在过射孔炮眼位置遇阻。

7. 液力加压器

液力加压器是一种广泛应用于钻井作业的能量转换装置，利用泵压为动力将工作液液压能转换为钻压的新型工具。1995年，地质矿产部石油钻井研究所成功研制了水力加压工具。近年来，我国根据钻井施工的需要又开发了双行程水力加压器和带测位装置的水力加压器。美国BakerHughes公司研制开发了小尺寸的水力加压器，用于解决水平井或套管开窗侧钻井中施加钻压的问题。将液力加压器用于修井钻磨作业，其加压方式减轻了磨鞋在纵向上的振动，并且对扭转振动和横向振动有解耦作用，主要是因为它将管柱振动与磨鞋的振动分离开了，具有减振作用，对于改善钻具受力变形、减少钻具疲劳损坏以及提高机械钻速具有显著效果。液力加压器一般由上接头、活塞、缸体和心轴组成，结构如图5-18所示。液力加压器的上接头与单向循环阀连接，下连缸体。多级活塞包容在缸体内，主活塞与心轴为一体并连接钻头。扭矩通过缸体花键传递给心轴加压给钻头。

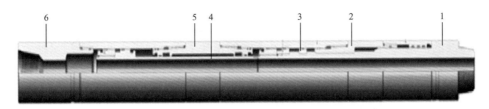

图 5-18 液力加压器结构示意图

1—心轴；2—花键体；3—半环；4—活塞杆；5—连接体；6—上接头

液力加压器主要技术参数如下：外径 95mm，下端连接螺纹 73.0mm，工作行程 300mm，水眼直径 32mm，活塞级数 2，活塞面积 48.3cm²，长度 3202mm。工艺原理：当磨鞋接近桥塞面时，开泵循环清洗井筒，循环液体经钻柱由液力加压器的上接头进入各级缸筒。当循环液体经磨鞋流出时，因磨鞋喷嘴的节流作用，导致在缸筒内产生了压力。液力加压器具有液力减振作用，利用液体弹性吸收的原理，结合钻井液柔性连接关系，可有效地保护钻具和钻头，而且在行程内能够实现自动送钻功能，当钻完 1 个行程后，指重表悬重上升，然后下放钻柱，进行第 2 个行程。

三、复合桥塞钻磨液体

1. 降阻剂

几乎所有的钻磨作业都使用降阻剂。和使用基液相比，在使用液体降阻剂后，通常连续油管摩阻下降 40%～60%，达到降低施工泵压的作用。在长期使用液体再循环的作业中，之前添加的降阻剂效果仍然存在，后期添加的降阻剂数量可以适当减少。

2. 线性胶

每次作业时，线性胶用于帮助携带桥塞碎屑和其他固体颗粒到地面。通常每钻一个桥塞后或短起时需要打胶液循环（通常是 8～16m³）胶液有很好的固体颗粒携带能力，但这种能力在斜井段和直井段才能完全发挥出来。高黏度胶液会阻止紊流的形成，而紊流又是携砂的理想流体。因此，胶液就水平段而言并不比水有优势。因此，最好的方法是限制胶液的数量，胶液量越大，对水平段的清洗效果可能反而越小。

3. 金属润滑剂

金属润滑剂在水平井钻磨作业中也应用较普遍。连续循环金属润滑剂可以降低油管与套管间的摩阻，稳定地将地面悬重传递到井下工具，延缓出现自锁现象，提高后面几个桥塞的钻磨效率。

四、复合桥塞钻磨效率影响因素

影响钻塞效率的因素众多，主要影响体现在以下几个方面：工作液、桥塞、施工参数、井况、设备、现场操作和配套。

1. 工作液的影响

工作液的清洁与否关系到螺杆马达是否能够正常工作，现场作业由于污水池太脏，含有一些大颗粒的机械杂质，但地面并未安装高精度过滤器，高压过滤器精度不够，液体中的砂或杂质在进入马达后，极有可能会在螺杆马达中沉淀，造成螺杆马达堵塞，出现压裂泵车压力过高，且出口液量小甚至无返出。

钻磨工作液主要以回收压裂液为主，若未进行现场黏度检测，采取增黏措施，工作液携岩能力很难达到要求。工作液良好的携岩性将大大减少螺杆马达重复磨铣，降低卡钻风险和频率。由于复合桥塞牙块容易断碎成大块，导致磨铣过程中产生的碎屑颗粒大小不一，对钻磨使用的工作液的携岩性提出了更高的要求，及时将磨铣的碎屑循环带出井筒，可大大减少重复磨铣，提高钻磨效率。

2. 桥塞的影响

桥塞中的复合材料是比较易磨的，而卡瓦、橡胶件等是桥塞中较难磨铣的部分。卡瓦是由铸铁制成，在磨铣过程中容易破碎（非粉末状），使磨铣平面造成跳钻、卡钻、夹在磨鞋过水槽。橡胶件也不易磨碎，若钻头偏小或钻头磨损缩径，加上操作时如未及时进行短距起下、划眼及变换磨铣位置，极可能出现撕裂、瓣碎橡胶件、牙块或穿过胶筒，形成较大粒径的碎屑，而不是磨成小碎屑返出，造成钻进进尺慢或无进尺、憋泵、上提遇卡、下放遇阻等问题。

3. 施工参数的影响

不同的桥塞、不同的井况会有不同的最佳施工参数，一般的卡瓦片比较坚硬致密，采用小钻压、大排量，而复合材料比较疏松，宜采用稍大一点的钻压，这与车削进刀是一个道理。要根据现场实际情况，选取不同的最优化磨铣参数。

（1）排量的影响。螺杆马达转速与排量成正比，若排量太小，马达会时转时停，导致非均匀冲击式倒转，增加工具的摇晃程度，加大马达转子和定子之间的磨损及轴承的损坏。并造成马达转速和工作压差达不到最佳状态，因为螺杆马达的输出扭矩与螺杆马达所消耗的工作液压降基本成正比，所以可通过压力表数据变化来反映井下螺杆马达的扭矩情况。

（2）钻压的影响。在桥塞类型、井况一定的情况下，钻压、转速（排量）与机械钻速之间呈曲线性关系，存在最佳结合点，施工过程中缺乏实时分析和最佳钻压参数优选，造成钻压过高或过低，不能及时调整，从而造成班与班之间机械钻速差别较大。

在一定程度上，大钻压可提高钻磨效率，但也可造成磨鞋合金研磨损坏，会产生较大的连续铁屑，引发循环携带问题。同时，在大钻压下，被磨铣部分不是被磨掉，而是被撕掉，由此产生大量大块铁屑。这些铁屑由于无法正常循环出井筒而聚集在磨鞋中心和周围，加剧磨鞋中心的磨损及卡钻风险，直至形成深坑或是将磨鞋中心掏空形成穿孔。大量铁屑参与重复磨铣，还使磨铣工况变得不稳定，出现憋跳钻现象，使合金受到的冲击变大，并被击碎脱落，磨鞋表面形成镜面。钻磨时应控制钻压，钻压太大，马达会因为憋泵而停止工作，并会对马达轴承的寿命产生较大影响。因此，钻磨时不能盲目加压，盲目加钻压不仅不能提高钻磨效率，反而会加速导致马达定子脱胶。

（3）钻速的影响。试验数据表明，转速增加，磨铣速度将同步增加，磨铣转速不影响循环效果，高转速有利于提高磨铣速度。即在同样磨铣速度下，提高转速，相应降低钻压，有助于保持良好的磨铣工况。钻时速度过快，有可能造成马达回转，发生事故。尤其靠近塞面，下钻速度应尽可小，否则塞面砂子会因为压力激动而被搅起，通过循环阀或磨鞋水眼进入马达内腔。在超压停泵或停泵处理解卡时，砂子沉积在马达上端，磨损定子和转子，甚至会堵塞使马达无法工作。

（4）工作压差的影响。工作压差反映螺杆马达的工作状态。上提离开桥塞，记录上提离塞泵压，加压钻进时，泵压升高，存在一定工作压差，施工过程中应根据工作压差调整钻压。钻压过大，虽然存在较大工作压差，但可能造成螺杆马达失速，造成无进尺，应根据失速临界钻压来调整钻压。无工作压差，说明螺杆马达已损坏，应起钻检查。工作压差较小，说明螺杆马达效率低下，应起钻更换。

（5）井口压力的影响。井口压力过高，泵注压力会随之升高，在马达憋钻引起超压停泵压力上升迅速，技术人员和操作手没有足够的反应时间采取上提措施，导致压裂泵车停泵，而重新起下钻、开泵建立循环，会大大增加整个钻塞周期。同时，会降低工作液上返速度，影响大钻屑的返排，尤其是桥塞金属卡瓦碎片无法有效快速排出，从而增加了钻塞工作量、卡钻风险、磨鞋损速率，由此需要额外的磨铣大碎片、处理卡钻和磨鞋更换时间，对整个钻塞作业而言，将大大降低工作效率。

井口压力过低，极有可能导致地层压裂砂返吐：① 刺坏井控装置，带来重大的井控风险事故；② 增加井控装置更换和事故处理时间，严重影响作业效率；③ 造成近井地带压裂支撑缝渗流通道的闭合，在很大程度上降低压裂改造效果；④ 由于大量压裂砂进入井筒，增加了砂卡、马达损坏风险和施工难度。

4. 井况的影响

井况制约着磨鞋的选择。套管变形状况时有发生，对井下套管变形情况难以掌握，部分井套管变形严重。套管变形井套管钢级一般较高、硬度大，磨铣困难，处理周期长、效果差。磨铣套管容易憋泵，对螺杆损伤大，同一点多次憋泵，反复起下，油管局部疲劳十分严重。铣锥使用后外径变小，使用寿命短，成本高。

井身轨迹对马达工作寿命也有一定影响。马达在直井中寿命明显高于在水平井中寿命，在井斜小、轨迹平滑的井段高于井斜大、轨迹复杂的使用井段。其原因是：大井斜、复杂轨迹井段钻磨，马达旋转摆动加强，瞬间载荷变化急剧，对马达、万向轴、传动轴及其马达壳体等形成冲击，导致马达工作寿命降低。井眼轨迹"上翘"严重井，在钻塞后期，管柱下行困难、加钻压困难，影响施工效率和成功率。主要原因是钻磨桥塞碎屑颗粒大，破碎胶筒、牙块等不能完全返出，在水平段堆积，在下趟钻塞施工过程中造成中途下行遇阻、上提遇卡、钻塞进尺缓慢，后期生产过程中堵塞采气井口、地面流程等。水平井连续油管锁定，也常导致在水平段前端桥塞钻磨过程中，施加钻压过小或无法下到桥塞深度的问题经常发生，严重影响了钻塞效率和成功率。

另外，由于页岩气、致密气钻塞作业井基本是气井，冬季由于气温较低，防喷器、防喷管内的流体流动较少，在压力和天然气、水的共同作用下，极易在防喷管和防喷器内形成天然气水合物堵塞，造成连续油管或工具管串被卡住，极大地增大了施工难度和工程风险，同时降低了施工效率。

5. 设备的影响

连续油管作业车、连续油管、工具是实施钻磨作业的关键设备，高效钻磨作业的前提是作业设备安全可靠。设备出了问题会导致较大的安全事故，需要在事故处理方面投入新的时间和经济成本，同时，大大延长了单井钻塞周期，增加了生产成本，严重影响了钻塞效率，是影响钻塞效率的关键和重要因素之一。

6. 现场操作的影响

在现场根据井况和工作压差及时调整钻压等施工参数的针对性和实时性方面的不同，使各班与班之间、白班与夜班之间钻井进尺差别较大。对马达工作状态及时正确的判断、起钻检查、更换钻具，根据返排情况及时调整参数和措施，以及清理井筒钻屑方面的技术管理措施，对钻塞效率也有一定影响。

五、复合桥塞钻磨参数优选

1. 钻压设计

连续油管钻磨桥塞过程中，可根据油管悬重和地面泵压来确定钻压的大小。总结现场作业情况，随着钻压的提高，虽然可短时间内提高钻磨速度，但是产生的磨屑尺寸较大，不易返排，易形成卡堵。较大钻压形成的另外一个问题是形成的大磨屑重量较大，容易聚集到磨鞋底部，造成反复钻磨，引起跳钻，导致磨鞋底部切削齿掉落，使磨鞋的切削能力减弱，从而撕扯复合桥塞的橡胶，产生更大的磨屑，如此反复，形成恶性循环。因此，采用"低钻压、高转速、小进尺"设计思路，尽可能将桥塞钻磨成细小的碎屑，便于钻磨液携带返出井口。结合现场实际工作经验，综合推荐钻压为 1.0～1.5tf。

2. 钻磨进尺优化

在钻磨过程中获得最佳钻磨进尺是靠经验和操作手的观察及作业后的分析：（1）监测钻磨复合桥塞的下钻速度；（2）持续监测连续油管悬重，保持稳定在最小值；（3）作业后对钻速数据进行分析，总结作业规律和经验。推荐连续油管进尺每次控制在 1～2cm。

3. 短起频率及速度

短起，通常都是钻磨掉 2～5 个桥塞后才进行。短起的目的有两方面：一方面是把碎屑带到垂直井段，易于返到地面；二是减少托压效果，提高钻塞效率。现场作业时，随着钻磨桥塞数量增加，钻磨更深处桥塞的钻磨进尺明显放缓，且连续油管和井下工具也时而会卡。建议通过丰富的经验观察和作业记录来确定短起前钻磨桥塞的最优化数量。

通常短起速度控制在 10～15m/min。井下工具引起的局部固体流态化效果会帮助固体碎屑的带出。在短起时，马达上没有载荷，应该增加泵排量，加快短起速度。

4. 钻速方程

桥塞的长度通常介于 0.5～1.0m 之间，钻磨单个桥塞的钻头磨损量较小，在单塞钻磨过程中切削齿被磨损的高度可视为一个定值。要优化钻塞效率，则应首先应考虑如何快速高效的钻磨掉单个桥塞。在现场钻磨桥塞施工过程中，钻速方程为：

$$v = kNh(F)\frac{60Q\eta}{q} \tag{5-1}$$

式中：v 为钻塞速度；k 为钻速方程修正系数，桥塞段的结构越复杂，其对应的系数值越小，通常取 0.15～0.45；N 为钻头翼数；$h(F)$ 为钻头压入桥塞的深度，是钻压（F）的函数，深度可由不同工况下的钻压求得；Q 为泵排量；η 为螺杆钻具容积效率；q 为螺杆钻具每转排量。

由式（5-1）可知，钻压越大，钻塞速度就越快。但是受连续油管力学特性影响，钻压如果超过一定值会导致连续油管螺旋屈曲，继续增大钻压并不会增加钻头切削桥塞的钻压；连续油管钻塞的转矩由螺杆钻具提供，而不同型号的螺杆钻具都有额定的输出转矩，当切削转矩小于额定转矩时，螺杆钻具正常工作；反之则会出现憋钻，影响螺杆钻具使用寿命和钻塞效率。

由钻速方程可知，钻速不仅取决于泵排量和钻压等参数，还取决于钻头、桥塞和螺杆钻具的结构参数。当桥塞、钻头和螺杆钻具选定后，可求解出最佳的排量和钻压，使钻塞速度达到最大。

在切削转矩小于额定转矩，并且施加钻压满足大于螺旋屈曲钻压，且小于输出额定转矩施加钻压的情况下，使钻速最大，此时的钻速即为最优钻速。

六、连续油管桥塞钻磨作业技术

连续油管钻磨桥塞工艺主要以连续油管为输送载体，螺杆钻具为动力驱动装置，磨鞋为切削工具进行钻磨作业。其基本施工工艺为：将连续油管钻磨工具串下至预定钻塞位置后，通过地面泵车提供的水力液压动力带动井下磨鞋高速旋转，将桥塞磨铣成细小碎屑，通过井筒循环返至地面。钻除第一个桥塞后重复上述过程，直至钻除所有剩余桥塞。其技术优点主要表现在，连续油管管柱同径且直径适中，可以在不接单根的情况下进行连续钻进，能很好地解决水平井钻磨桥塞时因接单根引起的卡钻问题。连续油管钻磨工具组配如图 5-19 所示。

1. 关键工具

标准的钻塞井底工具组合为：连续油管外卡瓦连接头 + 双回压阀 + 震击器 + 液压丢手 + 双循环接头（高压井中可不选用）+ 容积式马达 + 磨鞋。

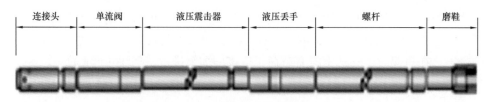

| 连接头 | 单流阀 | 液压震击器 | 液压丢手 | 螺杆 | 磨鞋 |

图 5-19 连续油管钻磨工具组配示意图

1）卡瓦接头

用于连续油管钻磨作业的连接头为扭矩式外卡瓦连接接头。用于与连续油管连接，承受螺杆马达高的扭矩，也可承受抗拉力。适用于连续油管钻磨时对扭矩的需要，不可用不抗扭矩的卡瓦式接头和焊接头。

常用的扭矩式外卡瓦连续油管接头性能评价参数及指标见表 5-7。

表 5-7 扭矩式外卡瓦连续油管接头性能评价参数及指标

工具尺寸，in	$1\frac{3}{4}$	$2\frac{1}{8}$	$2\frac{1}{4}$	$2\frac{7}{8}$	$2\frac{7}{8}$	$3\frac{1}{8}$	$3\frac{1}{8}$
工作环境	标准	标准	标准	标准	标准	标准	硫化氢
连油尺寸，in	$1\frac{1}{4}$	$1\frac{1}{2}$	$1\frac{3}{4}$	$1\frac{3}{4}$	2	$2\frac{7}{8}$	$2\frac{7}{8}$
端部螺纹类型	$1\frac{1}{4}$AMMT	$1\frac{1}{2}$AMMT	$1\frac{1}{2}$AMMT	$2\frac{3}{8}$PAC	$2\frac{3}{8}$PAC	$2\frac{3}{8}$PAC	$2\frac{3}{8}$PAC
张力屈服 *，lbf	42000	62300	53800	150100	110800	136700	99600
扭力屈服，lbf·ft	1370	2300	2400	4400	4400	7900	5750
外径，in	$1\frac{3}{8}$	$2\frac{1}{8}$	$2\frac{1}{4}$	$2\frac{7}{8}$	$2\frac{7}{8}$	$3\frac{1}{8}$	$3\frac{1}{8}$
内径，in	0.75	1.00	1.00	1.375	1.375	1.375	1.375
长度，in	7.38	8.00	10.13	8.63	8.63	12.06	12.06
耐压，psi	10000	10000	10000	10000	10000	10000	10000

* 代表接头的最弱点。

2）双作用回压阀（双活瓣单流阀）

双作用回压阀（单流阀）用来隔离压力和从井筒进入连续油管的油气。在大多数连续作业中，双活瓣单流阀是标准的止回阀。它应尽可能安装在连续油管工具串的上部，直接连接在接头的下面，在连续油管和井筒之间提供一个被动的井控屏障。

常用的双作用回压阀性能评价参数及指标见表 5-8。

3）液压丢手

用于连续油管钻井或钻磨作业提供一种在地面上能够释放连续油管下部工具串的途径。它是通过投球操作的带独特花键扭力柄设计的释放工具，应用于井下动力马达和需要传输扭矩的释放作业。

常用的液压丢手性能评价参数及指标见表 5-9。

表 5-8　双作用回压阀性能评价参数及指标

工具尺寸，in	$3\frac{1}{8}$
螺纹类型	$2\frac{3}{8}$PAC
材料	AISI4140（30-36RC）
张力屈服，lbf	99450
扭力屈服，lbf·ft	3700
外径，in	3.125
内径，in	1.375
长度（肩到肩），in	18.18
工作压力，psi	10000

表 5-9　液压丢手性能评价参数及指标

工具尺寸，in	$2\frac{1}{8}$	$2\frac{7}{8}$
螺纹类型	$1\frac{1}{2}$AMMT	$2\frac{3}{8}$PAC
材料	AISI4140（18-22RC）	AISI4140（18-22RC）
张力屈服，lbf	62000	120300
扭力屈服，lbf·ft	13000	3100
外径，in	2.125	2.875
内径，in	0.650	1.03
长度，in	19.22	21.78
回收断面	2in 内 GS	3in 内 GS
落球尺寸	3/4in 最大	1in 最大
工作压力，psi	10000	10000

4）马达头总成

马达头总成由双作用回压阀、液压丢手接头和双向循环阀三部分组成，马达头具备这三种工具的功能，能够阻止在管柱下入或回收时的井底压力上窜，以达到保护井口设备的目的；能够实现不动管柱而将管柱安全丢手和回收；在需要时可以使连续油管和油管之间形成通路，建立循环通道。

常用的马达头总成性能评价参数及指标见表 5-10。

表 5-10　马达头总成性能评价参数及指标

工具尺寸, in	$2\frac{1}{8}$	$2\frac{7}{8}$
螺纹类型, in	$1\frac{1}{2}$AMMT	$2\frac{3}{8}$PAC
材料	AISI4140（18-22RC）	AISI4140（18-22RC）
张力屈服, lbf	62000	120300
扭力屈服, lbf·ft	13000	3100
外径, in	2.125	2.875
内径, in	0.563	0.688
长度, in	22.84	28.00
回收断面	标准 2in 内 GS	标准 3in 内 GS
落球尺寸	脱离装置—3/4in 循环短节—5/8in	脱离装置—7/84in 循环短节—3/4in
额定压力, psi	10000	10000

5）螺杆马达

容积式螺杆马达是一种基于莫错原理的水力驱动马达，输出扭矩与马达压降成正比，转速与流量成正比。由于压降和流量可以在地面显示并控制，螺杆钻具易于操作。容积式螺杆马达是连续油管钻磨桥塞核心工具，用于提供连续油管钻磨动力，要求螺杆马达能承受和提供高扭矩。

常用的螺杆马达性能评价参数及指标见表 5-11。

6）磨鞋

磨鞋是连续油管钻磨桥塞工具管串中核心工具，要求磨鞋外径尺寸应与套管规格及复合桥塞外径相匹配，一般控制漂移内径在 92%～95% 之间，例如套管内径为 3.875in，使用外径 3.603in 的磨鞋较为合适。当然，根据螺杆马达及复合桥塞情况，也可控制漂移内径在 94%～96% 之间。这有助于改进机械转速和环绕磨鞋流体的运动形式，从而改进钻塞作业期间的磨屑清除方式。这既可保证磨鞋周围的桥塞碎片能够循环出来，又提供了较大的桥塞钻磨表面积。磨鞋的选择还需要考虑复合桥塞的材料和结构、输送工具以及螺杆马达的性能参数，磨鞋切削面的几何形态、刃型、磨鞋水道和水眼也应根据不同情况予以考虑设计。

如果桥塞钻磨返出的金属磨鞋较大，采用全平底磨鞋，全平底磨鞋能减小金属钻屑的尺寸，防止卡钻，但是此类磨鞋钻磨胶皮速度较慢。如果返出的金属碎屑较小，采用五翼平底磨鞋，这样钻磨速度较快。

表 5-11 螺杆马达性能评价参数及指标

工具尺寸, in	$1^{11}/_{16}$	$1^{11}/_{16}$	$2^1/_8$	$2^1/_8$	$2^7/_8$	$2^7/_8$	$2^7/_8$
动力部分	UF114	XTRSS100	UF114	XTR SS 150	UF114	UF114	XTR SS 150
标准上短节螺纹类型	1AMMT 内螺纹	$1^1/_2$AMMT 内螺纹	$1^1/_2$AMMT 内螺纹	$1^1/_2$AMMT 内螺纹	$2^3/_8$PAC 内螺纹	$2^3/_8$PAC 内螺纹	$2^3/_8$PAC 内螺纹
标准下短节螺纹类型	1AMMT 内螺纹	1AMMT 内螺纹	$1^1/_2$AMMT 内螺纹	$1^1/_2$AMMT 内螺纹	$2^3/_8$PAC 内螺纹	$2^3/_8$PAC 内螺纹	$2^3/_8$PAC 内螺纹
马达质量, kg	20	20	34	35	76	91	80
级数	4	2.3	4	6	3.5	7	3.5
叶片比	5/6	5/6	5/6	5/6	7/8	5/6	5/6
马达长度, ft	7.9	7.8	9.37	11.12	11.34	14.41	12.84
排量, gal/min	20~40	20~40	20~40	20~50	20~120	20~80	60~120
钻头速度范围, r/min	320~680	200~410	230~455	260~680	80~480	115~460	200~400
最大压差, psi	620	560	680	1500	560	1220	875
失速扭矩, lbf·ft	103	168	165	412	350	600	625
输出功率, hp	12	13	12	53	29	46	48
压力降（无载）, psi	115	TBC	65	TBC	144	70	TBC
最大推荐钻压, lbf	2800	2800	4500	4500	6500	6500	6500
最大超载提升, lbf	17000	26180	23800	23800	42700	42700	42700
最高温度, ℉	260	200~400	260	200~400+	260	260	200~400+

7）水平井钻磨桥塞工具组合

目前，国内外，使用复合桥塞分段压裂的套管尺寸以 5.5in 为主，为高效的钻磨复合桥塞，使用外径为 2.875in 的螺杆马达。马达泵注排量一般在 25~120gal/min（0.6~2.8bbl/min），带动马达转速达到 110~490r/min。钻磨桥塞时，马达通过扭矩施加重量在复合桥塞上。马达最大扭矩一般能达到 830lbf·ft，能够抗 4720lbf 钻压。

优化的螺杆马达要求：排量满足碎屑返排要求，建议排量大于 400L/min，扭矩适中，可靠性高，能长时间工作，马达适合施工井温度。

优化的平底磨鞋要求：切割平稳、扭矩较低、工作钻压适中、耐磨性强。磨鞋性能由磨鞋结构、切削部分材质、使用方法、匹配性决定；磨鞋选择的依据：套管内径、桥塞材质结构、桥塞数量、螺杆参数等。

优化的水平井钻塞工具评价数据表见表 5-12。

表 5-12　水平井钻塞工具优化数据表

套管外径 mm	套管内径 mm	桥塞		钻磨组合工具串各部分名称与尺寸						
		型号	外径 mm	复合卡瓦接头 Mm	双活瓣回压阀 mm	液压丢手 mm	机械丢手 mm	震击器 mm	螺杆马达 mm	磨鞋 mm
114.3	97.18	复合	87.4	73	73	73	73	73	73	92
127	108.61	复合	99.6	73	73	73	73	73	73	104
139.7	121.36	复合	109.2	73	73	73	73	73	73	117
177.8	157.1	复合	146.1	73	73	73	73	89	121	152

2. 钻磨液体

连续油管钻塞磨屑的清除问题必须始终予以考虑。磨屑清除的效果直接受到所用流体的类型、所保持的环空流速以及磨铣材料类型的影响。大多数情况下，对于直井，具有环空流速大于 30.48m/min 的稠化瓜尔胶液就可以清除井筒内磨屑，达不到这个速度，就必需加氮形成泡沫液来提高环空流速，泡沫液必须具有携带磨屑的能力。对于水平井，所需的环空速度比直井所需的环空速度大几个数量级。由此可见，钻磨工作液对稠化瓜尔胶黏度有较高要求，循环使用回收液需要重新加入瓜尔胶调节黏度。

同时，由于钻完每个桥塞的时间具有相当的不确定性，时间短的只要 20～30min，时间长的 2～3h 不等，一般情况下，螺杆马达以 320～480L/min 排量工作，整个钻磨过程中需要的瓜尔胶液量较难确定，并且，螺杆马达在入井后最好是不停泵，必须循环泵注，以防止螺杆马达定子因为温度过高而烧坏，造成马达损坏和卡钻的事故，因此，整个施工作业过程中需要大量液体。对钻磨工作液的回收使用，既可以有效解决所需液体量不确定和需要大量钻磨工作液的难题，又可以降低瓜尔胶及运输成本、污水运输和处理费用。常用钻磨液和冲洗液主要性能参数见表 5-13 和表 5-14。

表 5-13　钻磨液主要性能参数

项目	性能参数
外观	淡黄色均匀半透明液体
机械杂质，%	<0.3
密度，g/cm^3	1.0～1.1
pH 值	9～10
表观黏度（170s^{-1}），mPa·s	30～40
降阻率，%	>30
耐温能力，℃	<150

表 5-14 冲洗液主要性能参数

项目	性能参数
外观	均匀透明液体
机械杂质，%	<0.3
密度，g/cm³	1.0~1.02
pH 值	6~8
表观黏度（170s⁻¹），mPa·s	2~6
降阻率，%	>65%
耐温能力，℃	<120℃

3. 钻磨工作参数

1）钻压设计

连续油管钻磨桥塞过程中，可根据油管悬重和地面泵压来确定钻压的大小。总结现场作业情况，随着钻压的提高，虽然可短时间内提高钻磨速度，但是产生的磨屑尺寸较大，不易返排，易形成卡堵。较大钻压形成的另外一个问题是形成的大磨屑重量较大，容易聚集到磨鞋底部，造成反复钻磨，引起跳钻，导致磨鞋底部切削齿掉落，使磨鞋的切削能力减弱，从而撕扯复合桥塞的橡胶，产生更大的磨屑，如此反复，形成恶性循环。因此，采用"低钻压、高转速、小进尺"设计思路，尽可能将桥塞钻磨成细小的碎屑，便于钻磨液携带返出井口。结合现场实际工作经验，综合推荐钻压为 1.0~1.5tf。

2）钻磨进尺优化

在钻磨过程中获得最佳钻磨进尺是靠经验、操作手的观察和作业后的分析：（1）监测钻磨复合桥塞的下钻速度；（2）持续监测连续油管悬重，保持稳定在最小值；（3）根据大量作业经验总结，连续油管进尺每次控制在 1~2cm 最佳。

3）排量设计

排量是连续管钻磨复合桥塞作业过程中最重要的参数，不仅关系到螺杆钻的工作性能，而且关系到钻磨效率和携屑效果。观察沉砂罐放喷口滤网发现，钻磨过程中最先上返至地面的是复合材料屑和小尺寸橡胶，随后金属碎屑和陶粒返出，说明磨屑的返出规律与其密度大小成反比。由此可知，确保压裂陶粒返出的环空液流返速也能保证其余磨屑上返至地面，采用牛顿—雷廷格计算法分别计算直井段砂粒沉降速度、斜井段环空止动返速和水平段砂粒的瞬时启动流速，获得砂粒的瞬时启动流速后，计算直井段、斜井段和水平段不同阶段的排量。

（1）直井段。牛顿—雷廷格计算公式为：

$$v_1 = \left[\frac{8}{3} d_s \frac{(\rho_s - \rho_1)}{\rho_1} g \right]^{1/2} \tag{5-2}$$

式中：v_1 为砂粒在工作液中的沉降速度，m/s；d_s 为球形砂粒直径，m；ρ_s 为砂粒的密度，kg/m³；ρ_1 为工作液密度，kg/m³。在直井段，获得砂粒沉降速度后，可计算出钻磨作业所需最小排量：

$$Q_{\min 1} = 2\pi (R_2 - r_2) v_1 \qquad (5-3)$$

式中：R_2 为套管内径，m；r_2 为油管内径，m。

（2）斜井段。环空止动返速是阻止岩屑沿圆弧形井壁向下滑动的环空液流返速。环空止动返速与斜井段地层岩性参数和井液流变性能有关，公式为：

$$v_2 = \frac{\delta}{2r_1 - r_2}\left(\frac{\tau_0}{K}\right)\frac{n}{n+1}\left[(r_1 - r_2)\left(\frac{r_1 - r_2}{\delta} - 1\right)^{\frac{n+1}{n}} - \frac{\delta n}{2r_1 - r_2}\left(\frac{r_1 - r_2}{\delta}\right) - 1^{\frac{2n+1}{n}}\right] \qquad (5-4)$$

式中：v_2 为环空止动返速，m/s；δ 为环空流核宽度，m；r_1 和 r_2 为环空外径、内径，m；τ_0 为工作液静切应力，Pa；K 为工作液稠度系数，Pa·sⁿ；n 为流性指数。在斜井段，获得环空止动返速后，可计算出钻磨作业所需最小排量：

$$Q_{\min 2} = \pi (R_2 - r_2) v_2 \qquad (5-5)$$

（3）水平段。根据泥砂瞬时起动流速，考虑到压裂用陶粒的粒径分布、球度与圆度、抗破碎能力等区别于一般泥砂的特点，简化公式如下：

$$v_3 = 0.41\left(\ln\frac{h}{\Delta}\right)\left(\frac{d'}{10}\right)^{1/6}\sqrt{3.6\frac{\rho_s - \rho}{\rho}gd + \frac{\xi_0 + gh\delta(\delta/d)^{1/2}}{d}} \qquad (5-6)$$

式中：v_3 为水平井筒堆积的砂粒启动时的环空流速，m/s；ρ_s 为砂粒的密度，kg/m³；ρ 为工作液密度，kg/m³；ξ_0 为综合黏结力参数，其值与颗粒的物理化学性质有关，对于一般泥砂取值为 1.75×10^{-6} m³/s²；δ 为薄膜水厚度参数，取值为 2.31×10^{-7} m；d 为砂粒粒径，m；当 $d \leq 0.5 \times 10^{-3}$ m 时，d' 取值为 0.5×10^{-3} m，当 0.5×10^{-3} m $< d < 1 \times 10^{-2}$ m 时，$d'=d$；$\Delta=2d$；h 为水平段套管内径，m；g 为重力加速度，取值为 9.80 m/s²。

在水平段，获得砂粒启动时的瞬时启动流速后，可计算出钻磨作业所需最小排量：

$$Q_{\min 3} = \pi (R_2 - r_2) v_3 \qquad (5-7)$$

因此，钻磨桥塞所需最小理论排量取 $Q_{\min 1}$、$Q_{\min 2}$ 和 $Q_{\min 3}$ 的最大值。在满足上返携屑最小流速的前提下尽可能采取大排量，排量大则返速增大，容易带出碎屑，不易卡钻。

4. 钻磨作业主要设备选型

1）连续油管设备选型要求

国内页岩气水平井桥塞钻磨主要针对 5in 和 5.5in 套管内作业。在连续油管设备的优化选择过程中，需要考虑施工作业区域交通道路及井场公路情况。在根据作业井深、井底压力选择连续油管外径、壁厚、长度、强度、安全承载能力、允许工作压力的同时，需考虑与连续油管设备配套的滚筒装载能力、注入头工作能力、防喷器及防喷盒安全工作压力。

连续油管作业车需带实时数据采集系统，能实时采集、监控压裂车泵注压力和排量以及连续管下入深度、悬重、井口压力等参数。

2）泵注设备选型

双机压裂泵橇泵注设备。工作泵注排量 80～600L/min，钻磨作业排量 360～600L/min，能进行超压设定，能连续工作 4h 以上。

3）地面配套设备优化

选择合适的地面设备很重要。作业前，必须了解每组地面设备的类型。地面设备包括：一套装有多层阻流器的节流管汇、一个附加的碎屑捕集器（或相应的井下工具组合）。碎屑捕集器（图 5-20）起运行桥塞碎片和安全装置的作用，即在磨屑到达节流管汇前，消除回流中的磨屑，限制开启节流针阀和油嘴的暴露时间。

该装置主要用于捕捉、过滤钻磨后的桥塞碎屑，防止桥塞碎屑堵塞井口和地面流程，同时，利于钻磨返排液回收循环使用。

4）典型的连续油管作业设备选型总体方案

表 5-15 展示了四川页岩气水平井钻磨连续油管设备选型优化总体情况，当前主流的设备选型方案提高了注入头的推力，滚筒的装载能力增大，可以装载更大尺寸的连续油管，作业更深的井。连续油管钢级优化后达到 QT900 钢级，井控设备承压能力提高到 15000psi，泵注设备由两台单机改为双机泵橇，缩小了锁定输出排量，更利于操作控制，过滤器增加了低压过滤器。

图 5-20 碎屑捕集器

表 5-15 连续油管设备及配套装置优化对比

序号	优化对象	技术指标	优化后
1	连续油管作业设备	注入头型号及作业能力	HR680，上提力 36.3tf，下推力 18.2tf
		滚筒装载能力	1.75in-6300m 2in-5000m
2	连续油管	油管尺寸	2in
		钢级	QT900
3	井控设备	压力等级	15000psi
4	泵注设备	设备类型	双机泵橇
		锁定输出排量	89～952L/min
5	地面配套设备	桥塞碎片捕集器	压力等级 70MPa，单次安装拆卸清理时间 15min
6	其他配套设备	过滤器	高压过滤器 + 低压过滤器
		旋塞阀数量	8 只
		油嘴及油嘴套数量	2 套

第三节　页岩气水平井大通径桥塞打捞技术

一般情况下，采用大通径桥塞和可溶性桥塞分段压裂技术的页岩气水平井，在压裂结束后，无需对桥塞进行处理，大通径桥塞的压裂球以及可溶性桥塞本体会在井筒溶液中自行发生化学溶解，使井筒疏通，保证后续测试及生产工作顺利开展。

然而在施工或生产过程中，大通径桥塞可能存在坐封不牢，发生井下位移现象；同时，桥塞卡瓦牙可能发生损坏，与在其附近堆积的岩屑共同作用，造成井筒堵塞，导致上提管柱遇卡；在受损的大通径桥塞残余物及岩屑综合作用下，还可能会堵塞油管，导致流道减小；部分大通径桥塞压裂球溶解性较差，不能完全溶解，将与损坏的桥塞碎块一起堵塞桥塞内通道，使通径减小，导致气产量降低；更严重的情况是大通径桥塞发生解体，产生大量碎屑，导致后续工作无法开展。遇到以上情况均需要通过修井，采用打捞或钻掉井内桥塞等方式，使井内畅通，解放气层。

一、大通径桥塞及其残留物打捞流程

（1）获取页岩气水平井井身结构、井斜角等钻井参数，以及大通径桥塞参数、压裂施工参数、桥塞数量及桥塞坐封位置等数据，为桥塞打捞方案制订提供参考。

（2）用通井规通井，寻找卡阻位置，对井筒卡阻进行初步疏通，并结合通井作业测试数据，分析井下卡阻原因。

（3）尝试用连续油管通、洗井作业，解除井筒堵塞。

①采用井口憋压、放喷对方式，沟通井内压力，减小井口控压不当造成的作业风险。

②用连续油管带冲洗头进行通井、洗井，以解除井筒内堵塞，恢复产能，同时探查桥塞位置。

③用连续油管带破球工具对可能未溶解的可溶性球进行破球作业，创造桥塞打捞条件。

④再次用连续油管冲洗头通井、洗井，冲洗出沉沙、可溶性球碎屑，解除井筒内堵塞。

⑤用连续油管带不同直径冲洗头通井，确定遇阻桥塞在井筒内位置。

（4）用连续油管带强磁打捞工具＋文丘里打捞工具对损坏桥塞碎屑进行打捞。

（5）采用修井机综合使用各种打捞、钻磨工具对桥塞进行多次打捞或钻磨。

①用钢丝捞筒或文丘里打捞工具对损坏桥塞和大尺寸碎屑进行打捞。

②用可退式磨铣打捞一体化工具对已坐封、未位移、完好的桥塞进行打捞。

③用可退式卡瓦打捞筒针对已发生位移、结构损坏、具备外通道的桥塞进行打捞。

④用可退式卡瓦打捞矛针对已发生位移、结构损坏、具备内通道的桥塞进行打捞。

⑤用领眼磨鞋针对桥塞通道堵塞情况，对桥塞内径进行钻磨，为桥塞内打捞创造条件。

⑥用套铣筒对桥塞外径进行钻磨，为桥塞外打捞创造条件。

二、桥塞及碎屑打捞工具

1. 文丘里打捞篮

文丘里打捞篮用于打捞井内碎屑。泵注流体时，流体从打捞篮喷嘴流出时，在工具的文丘里腔内形成真空，从工具底部吸入携带碎屑的流体。携带碎屑的流体经过工具内部滤网，经过过滤的液体被吸入文丘里腔再次循环，碎屑留在工具内的承屑筒内，随工具被携带到地面。

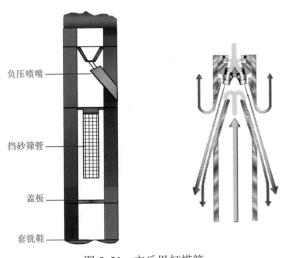

负压喷嘴

挡砂筛管

盖板

套铣鞋

图 5-21　文丘里打捞篮

2. 强磁打捞筒

强磁打捞筒是用来打捞在钻井、修井作业中掉入井里的钻头巴掌、牙轮、轴、卡瓦牙、钳牙、手锤及油、套管碎片等小件铁磁性落物的工具。对于能进行正反循环的磁力打捞器，尚可打捞小件非磁性落物。

局部反循环型强磁打捞器结构由上接头、钢球、压盖、壳体、打捞杯、磁钢、隔磁套、芯铁和引鞋等组成，结构如图 5-22 所示。

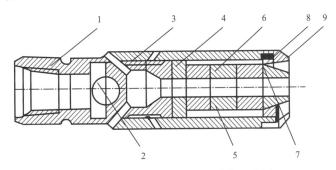

图 5-22　反循环磁力打捞器结构示意图

1—上接头；2—钢球；3—打捞杯；4—压盖；5—壳体；6—磁钢；7—芯铁；8—隔磁套；9—引鞋

其工作原理是：以一定形状和体积的磁钢（永磁、电磁）制成磁力打捞器，其引鞋下端经磁场作用会产生很大的磁场强度。由于磁钢的磁通路是同心的，因此磁力线呈辐射状并集中在靠近打捞器下端面的中心处，可以把小块铁磁性落物磁化吸附在磁极中心，实现打捞。

3. 可退式卡瓦打捞筒

可退式卡瓦打捞筒用于钻井、修井工程中从外部打捞钻铤、钻杆、油管以及其他柱状落鱼的专用打捞工具。它是根据钻铤、钻杆、油管、接头、接箍和其他井用管子的外径尺寸而设计的。当抓住落鱼而不能捞出时，捞筒可退出落鱼，提回地面。

此外、卡瓦打捞筒抓住落鱼后能进行高压钻井液循环。还带有铣鞋能有效地修理鱼顶，便于落鱼顺利进入捞筒。

其结构主要由上接头、筒体和引鞋组成。内部装有抓捞卡瓦、密封件和铣鞋或控制环，如图 5-23 所示。

图 5-23　可退式卡瓦打捞筒

4. 可退式打捞矛

可退式打捞矛是能够从鱼腔内孔打捞的工具。可抓捞自由状态和遇卡管柱，还可与安全接头、上击器等组合使用。其结构主要由心轴、圆卡瓦、释放环、引鞋等组成。

其工作原理为：在自由状态下，圆卡瓦外径略大于落物内径。入鱼后，圆卡瓦被压缩，产生一定的外胀力，使卡瓦贴紧落物内壁。随心轴上行和提拉力的逐渐增加，心轴和卡瓦上的锯齿形螺纹互相吻合，卡瓦产生径向力，咬住落鱼实现打捞。

对心轴施加下击力，使圆卡瓦与心轴的内外锯齿形螺纹脱开，正转 2～3 圈，圆卡瓦沿心轴锯齿形螺纹向下运动，至紧贴释放环上端面，上提退出。

图 5-24　可退式卡瓦打捞矛

三、大通径桥塞及其残留物打捞实例——NH24-1井

1.NH24-1井井况及压裂施工情况

NH24-1井完钻井深4100m，完钻层位龙马溪组，采用φ139.7mm套管完井，水平段长1500m。全井最大井斜井深2624.81m，井斜105.10°，方位9.78°，闭合距598.82m，闭合方位66.31°。

该井采用桥塞分段压裂技术完成压裂20段。分段工具采用Tryton大通径桥塞，共计下入19支。桥塞参数见表5-16。桥塞在井筒中坐封位置见表517。

表5-16 大通径桥塞参数表

名称	长度 mm	外径 mm	内径 mm	工作温度 ℃	工作压差 MPa	桥塞材质	实施方式	球外径 mm	球材质
Tryton大通径桥塞	380	99.21	69.85	120	70	铸铁	投球	76	高分子材料

表5-17 大通径桥塞坐封位置

编号	1	2	3	4	5	6	7	8	9	10
位置，m	3957.2	3902.1	3827.4	3756.5	3681.6	3605.6	3551.6	3481.7	3681.6	3423
编号	11	12	13	14	15	16	17	18	19	
位置，m	3360.5	3298.2	3220	3149.3	3000.6	2921.4	2844.3	2777.3	2717.1	

2.NH24-1井井筒阻卡情况

NH24-1井在排液测试阶段，采用φ56mm通井规通井至2180m处遇阻，上提遇卡，经反复震击后解卡。通井后，井口压力从5.5MPa上涨到10MPa，稳定一段时间后迅速将至1.5MPa，后缓慢将至0MPa。继续采用φ56mm通井规通井在202m处遇阻。初步判断阻卡原因为大通径桥塞损坏，因此，提出打捞大通径桥塞方案。

3.NH24-1井大通径桥塞打捞过程

（1）通过连续油管通井、洗井作业，解除井筒堵塞。

① 在不确定堵塞点以下压力情况下，采用憋压、放喷方式尝试沟通井内压力，减小井口控压不当造成的作业风险。经过三次憋压，建立了100~200L/min的排量，井筒有一定沟通，但沟通不畅。

② 采用连续油管+φ73mm复合接头+φ73mm单流阀+φ73mm冲洗头，进行通井、洗井。

③ 采用φ73mm复合接头+φ73mm单流阀+φ73mm震击器+φ73mm液压丢+φ73mm螺杆马达+φ79mm变扣接头+φ105.8mm破球工具（图5-25），对可能未完全溶解的可溶

性球进行破球作业，创造桥塞打捞条件。开泵后在井深 2314m，2359m，2365m 和 2370m 处均出现遇阻，憋泵，最大下深 2370m。出口大量返砂，开泵后未发现球碎屑。

图 5-25　破球工具图

④ 采用 ϕ73mm 复合接头 +ϕ73mm 单流阀 +ϕ73mm 冲洗头，对井筒进行通井、洗井。开泵冲至 2550m 时，流程堵塞。经检查，ϕ8mm 油嘴被胶皮堵死，ϕ7mm 油嘴处有大量砂堆积，以及一颗未完全溶解的可溶球，最大直径 38mm。整改流程后，恢复冲洗井，下至 2664.5m 遇阻，判断此为第一个桥塞位置。

⑤ 采用 ϕ54mm 焊接接头 +ϕ54mm 单流阀 +ϕ54mm 冲洗头进行三次通井。由于井斜情况不理想，连续油管靠边严重，ϕ54mm 冲洗头工具通井时，在 2664.5m，2745m，2800m 和 2986m 几个位置处有时无法通过，判断可能为实际桥塞位置。

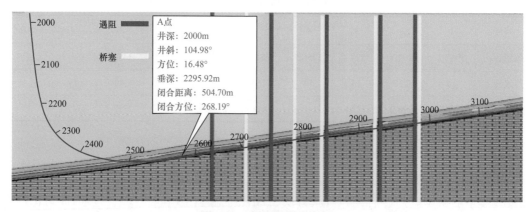

图 5-26　桥塞遇阻位置图

（2）通过连续油管清洁及打捞桥塞碎屑。

采用 ϕ73mm 复合接头 +ϕ73mm 单流阀 +ϕ73mm 液压丢手 + 强磁打捞工具 + 文丘里打捞工具打捞桥塞碎屑。施工中，连续油管累计下入作业 11 趟次；其中采用文丘里工具施工 6 趟次；桥塞打捞工具 2 趟次；强磁打捞工具 3 趟次。打捞过程中工具分别在 2927m，2943m，2953m，2952m，2950m，2957m 和 2970m 遇阻，最深下至 2907m。累计捞获碎屑 5.2kg；捞获 1 个桥塞的 69%，如图 5-27 和图 5-28 所示。

用连续油管清洁及打捞桥塞碎屑中存在以下问题：① 文丘里工具通径只能通过外径 50mm 的碎屑，大尺寸碎屑无法捞获；② 连续油管无法旋转且易疲劳损坏，打捞作业能力局限性突出。因此，提出以下解决方案：① 采用修井机并结合改进后的井筒清洁工具继续打捞桥塞碎屑；② 改进现有文丘里打捞工具的合门结构及尺寸；③ 针对大通径桥塞中心管打捞，加工钢丝捞筒；④ 采用 VACS 清洁工具和钻磨工具。各种工具如图 5-29 至图 5-33 所示。

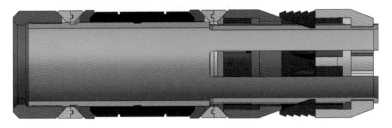

图 5-27　桥塞结构示意图

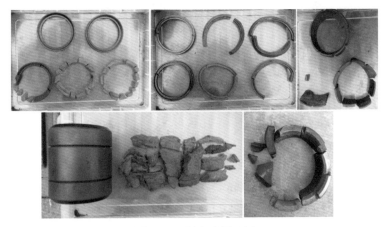

图 5-28　桥塞碎屑还原

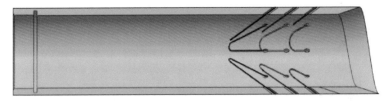

图 5-29　钢丝捞筒

图 5-30　文丘里合门结构

图 5-31　磨鞋

图 5-32 套铣筒

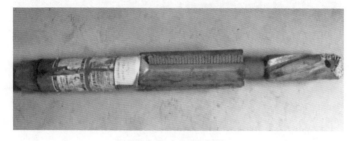

图 5-33 领眼磨鞋

（3）采用修井机打捞桥塞碎屑及桥塞中心管。

① 采用 ϕ73mm+ϕ60.3mm 斜坡钻杆 +ϕ108mm×1.20m 通井规通井，至 2972.72m 遇阻。

② 采用 ϕ73mm+ϕ60.3mm 斜坡钻杆 +ϕ79mm 文丘里打捞工具 +ϕ102mm 加长筒 + ϕ102mm 钢丝捞筒，下至井深 2972.42m 遇阻，反复上提下放，打捞桥塞碎块。捞获胶皮 2/5，上接头全套，胶皮垫环 1.5 只及部分散件。

③ 采用 ϕ73mm+ϕ60.3mm 斜坡钻杆 +ϕ106mm 卡瓦捞筒，下放至井深 2983.84m 遇阻，提拉解卡，捞获 1 只桥塞中心管（图 5-34）。

图 5-34 螺旋卡瓦捞获桥塞中心管

④ 采用 ϕ60.3mm 斜坡钻杆 +ϕ79mm 文丘里 +ϕ102mm 加长筒 +ϕ102mm 钢丝捞筒，下至 2984m 遇阻，提拉解卡，打捞出桥塞中心管 1 支及部分碎块（图 5-35）。

图 5-35　钢丝捞筒捞获中心管碎屑

⑤ 采用斜坡钻杆组合 +ϕ95.0mm 可退式捞矛，下至 2985m 遇阻，活动解卡，捞获锥体 1 只及大通径桥塞 1 只，包括大部分胶皮和小部分挡环、挡圈未连同桥塞本体一起捞获。

⑥ 多次下入钢丝捞筒或卡瓦捞矛，共捞获 5 支桥塞（图 5-36 和图 5-37）。

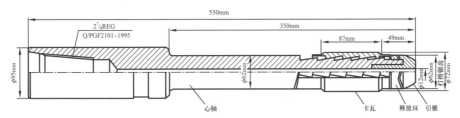

图 5-36　卡瓦捞矛

图 5-37　捞获桥塞中心管

⑦ 多次下入文丘里工具及强磁柱，打捞出各类尺寸碎屑（图 5-38）。

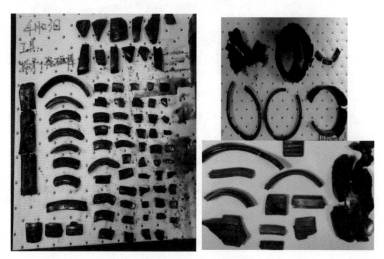

图 5-38　捞获桥塞碎屑

⑧ 采用以上修井机 + 斜坡钻杆组合 + 各类打捞工具对桥塞及其碎屑进行打捞的类似方法，分别下入捞矛、公锥、钢丝捞筒、强磁柱多次，共计下入 15 趟钻，其中，井筒清洁 5 趟钻、桥塞打捞 9 趟钻，再次捞获桥塞 4 支，捞获率 50%。

在对 NH24-1 井大通径桥塞打捞作业中形成了以下认识：

① 大通径桥塞失效主要原因是温度差造成可溶球没有完全溶解，在闷井时间不够的情况下即开井排液，在可溶球堵塞和压差作用下使桥塞产生移动；移动过程中射孔毛刺及磨损损坏胶筒、桥塞相互撞击和连油钻磨等损坏桥塞附件，造成桥塞解体。

② 采用连续油管对大通径桥塞进行作业存在一定局限，需要综合应用修井机进行打捞工作，尤其是针对桥塞中心管的打捞。

③ 针对完好大通径桥塞采用磨铣打捞一体化工具；针对受到破坏桥塞采用负压清洁 + 多形式打捞。

④ 采用公锥及母锥进行打捞大通径桥塞时，需进行造扣作业，容易导致大通径桥塞解体或部分损坏，应慎重使用。

⑤ 坚持进行清洁 1 次、打捞 1 次原则，保证管柱的作业安全及打捞成功率。

⑥ 开展不同直径大通径桥塞在长宁区块的适应性研究评价工作；开展压裂后合理闷井时间研究工作，防止或减少大通径桥塞损坏解体。

第四节　页岩气水平井可溶性桥塞清洁技术

可溶性桥塞本体在压裂结束后，能够自动溶解于返排液中，返排出井筒。但可溶性桥塞中存在不可溶解的金属销钉以及卡瓦粒（图 5-39 和图 5-40）。为了配合连续油管动态监测施工，需要对可溶性桥塞溶解后残留井内的少量销钉及卡瓦粒进行打捞清理，确保井筒满足监测条件。

MVP 可溶性桥塞在 NH13-1 井开展了现场先导性试验，全井压裂累计使用可溶性桥塞 20 只，试验过程中桥塞泵送平稳，坐封丢手正常，压裂施工顺利。压裂施工后开始闷井，闷井结束后将开展连续油管动态监测施工，获取该井产气产液数据，分析各射孔段产气与产液贡献，评价各级压裂效果，为后续井的作业提供指导。

MVP 可溶性桥塞由桥塞基体、锚定机构及密封件组成。桥塞基体部分的下锥体、卡瓦载体、上挡环为可溶性镁铝合金材料，其溶解速率与环境温度和浸泡流体含盐浓度有关。密封件为可溶性胶筒，是一种不可逆材料，溶解后经液体冲击呈碎粒状，易返排。锚定机构为可溶载体镶嵌卡瓦粒，载体溶解后卡瓦粒可以采用强磁工具或文丘里工具等捞出。

图 5-39 可溶性桥塞溶解碎粒

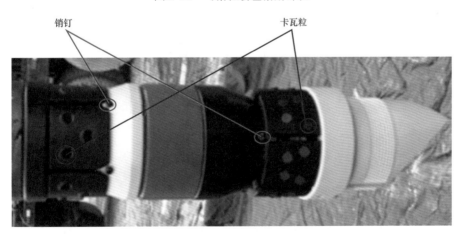

图 5-40 可溶性桥塞中的不溶销钉及卡瓦粒

一、NH13-1 井井况及 MVP 可溶性桥塞参数

NH13-1 井井况及 MVP 可溶性桥塞参数见表 5-18 和表 5-19。

表5-18　NH13-1井井况

完钻井深，m	4956	完钻层位	龙马溪组
人工井底，m	4906	完井方法	套管射孔完成
最大井斜，(°)	101.19	最大井斜处井深，m	4650
油层套管清水控制压力，MPa	103	压裂井口，MPa	105
A点垂深，m	2785	施工地层温度，℃	94
B点垂深，m	2602	施工井段，m	3430～4906
爬坡高度，m	183		

表5-19　MVP可溶性桥塞参数

桥塞外径，mm	104.8	镶嵌卡瓦粒尺寸及数量	上卡瓦粒φ9.7mm×5.1mm，15颗
桥塞内径，mm	22.4		下卡瓦粒φ9.7mm×5.1mm，24颗
桥塞长度，mm	436.9		共计39颗
配套可溶球直径，mm	54	销钉尺寸及数量	φ6mm×9.5mm销钉，2颗
工作压差，MPa	68.9		φ6mm×16mm销钉，11颗
工作温度，℃	90～100	93℃条件下桥塞全溶时长，h	约176.6
可溶率，%	>97（15d）	93℃条件下球全溶时长，h	约368.8
可钻性	快钻		

二、可溶性桥塞残留物打捞清洁施工程序

由于NH13-1井为上翘井眼，闷井结束后，采用小直径油嘴放喷排液携砂携屑效果差，存在桥塞溶解产物及支撑剂返至A点附近堆积堵塞井筒的风险。因此，闷井结束后不返排，直接进行井筒清洁。

1. φ106mm磨鞋通井作业

采用连续油管带φ106mm磨鞋入井，通井至人工井底附近无阻卡为合格，若通井过程中遇阻，则开泵钻磨向下通井。

通井工具串：复合接头φ73mm×0.35m+单流阀φ73mm×0.39m+液压丢手φ73mm×0.53m+震击器φ73mm×1.90m+水力振荡器φ73mm×0.51m+螺杆马达φ73mm×3.92m+磨鞋φ106mm×0.26m。

顺利通过第1只桥塞坐封位置：连油下至井深3500m，下放速度10m/min，悬重1.5～2.0tf，无遇阻显示，正常通过。

开泵钻磨下探通过第2～第12只桥塞坐封位置：连油下至井深3548m，遇阻1tf，采用

ϕ7mm 油嘴控制放喷，泵压 55MPa，排量 420L/min，下至井深 4300m 停车。其中，第 9 个桥塞至第 12 个桥塞之间，连油下放速度 0～5m/min，悬重 −7.0～0tf，波动较大，下探缓慢。

检查捕屑器情况：捕获溶解后的可溶胶筒及本体若干，胶筒最大外径约 30mm，揉捏易散；本体最大外径约 25mm，揉捏易散。

图 5-41　钻头磨损　　　　　图 5-42　捕屑器捕获物（一）

2. 文丘里打捞篮 + 强磁打捞器打捞作业

文丘里打捞工具结构如图 5-43 所示，其参数见表 5-20。

图 5-43　文丘里打捞篮结构示意图

表 5-20　文丘里打捞篮参数

外径，mm	总长，mm	工作压力，psi	温度等级，℉	拉伸强度，lbf	连接螺纹类型
79.4	1.06	5000	350	109600	$2\frac{3}{8}$PAC

强磁打捞器结构如图 5-44 所示，其参数见表 5-21。

打捞工具串：复合接头 ϕ73mm×0.35m+ 单流阀 ϕ73mm×0.39m+ 液压丢手 ϕ73mm×0.53m+ 强磁 ϕ73mm×2.00m+ 水力振荡器 ϕ73mm×0.51m+ 双内螺纹接头 ϕ73mm×0.27m+ 文丘里打捞篮 ϕ79.4mm×4.29m。

图 5-44　强磁打捞器实物图

表 5–21　强磁打捞器参数

外径，mm	88.9	抗拉极限，kN	400
内径，mm	16	承压，MPa	70
长度，mm	1000	抗扭极限，N·m	1000
螺纹类型	$2\frac{3}{8}$PAC	磁铁吸力，N	2000

连油自锁：采用 ϕ7mm 油嘴控制放喷，压裂车排量 420L/min，泵压 62MPa，连油下至井深 4067m，自锁，最大下压 5.0tf 并多次尝试无进尺，停泵，起出连油。

检查打捞情况：文丘里活门未关闭，文丘里打捞篮未捞获溶解残留物，强磁打捞器捞获卡瓦粒 64 颗、销钉 43 颗（图 5–45）。

检查捕屑器情况：捕获疑似可溶球 1 颗，最大直径约 20mm；可溶本体（乳白色）10 余块，最大长度约 50mm，揉捏不散；可溶胶筒（绿色）10 余块，最大长度约 75mm，揉捏不散，具有弹性（图 5–46）。

图 5–45　强磁打捞器捞获物（一）

图 5–46　捕屑器捕获物（二）

3. ϕ94mm 磨鞋通井作业

通井工具串：复合接头 ϕ73mm×0.35m+ 单流阀 ϕ73mm×0.39m+ 液压丢手 ϕ73mm×0.53m+ 震击器 ϕ73mm×1.90m+ 水力振荡器 ϕ73mm×0.51m+ 螺杆马达 ϕ73mm×3.92m+ 磨鞋 ϕ94mm×0.26m。

连油自锁：下至井深 4008m，连油自锁，无法继续下放，采用 ϕ7mm 油嘴控制放喷，顶替金属降阻剂 24m³，下至井深 4438m（第 14 只桥塞位置 4430m），连油自锁，最大下压 5.0tf 无进尺，上起连油。

检查捕屑器情况：捕获疑似可溶球 2 颗，最大直径约 24mm；捕获卡瓦粒 18 颗、销钉 16 颗（图 5–47）。

4. 第一次强磁打捞作业

打捞工具串：复合接头 ϕ73mm×0.35m+ 单流阀 ϕ73mm×0.39m+ 液压丢手 ϕ73mm×0.53m+Hawks 水力振荡器 ϕ73mm×4.16m+ 强磁打捞器 ϕ73mm×4.00m+ 冲洗头 ϕ73mm×0.2m。

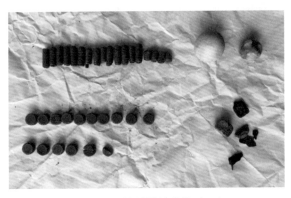

图 5-47　捕屑器捕获物（三）

连油自锁：连油下至井深 4490m，连油自锁，继续下放困难，上提未遇卡，期间泵注金属降阻剂 15m³，排量 200～400L/min，泵压 40～54MPa，上起连油至井深 2500m（进入直井段）后关井，将注入的金属降阻剂留在水平段。

检查打捞情况：捞获卡瓦粒 246 颗、销钉 53 颗（图 5-48）。

检查捕屑器情况：捕获卡瓦粒 2 颗、销钉 1 颗（图 5-49）。

图 5-48　强磁打捞器捞获物（二）

图 5-49　捕屑器捕
获物（四）

5. 第二次强磁打捞作业

打捞工具串：复合接头 ϕ73mm×0.35m+ 单流阀 ϕ73mm×0.39m+ 液压丢手 ϕ73mm×0.53m+ 四机赛瓦水力振荡器 ϕ73mm×0.51m+ 强磁 ϕ73mm×4.00m+ 冲洗头 ϕ73mm×0.20m。

连油自锁：连油下至井深 4727m（第 18 只桥塞座封位置 4704m），最大下压 5tf，多次尝试无进尺，上提未遇卡，期间泵注滑溜水 10m³，排量 350～400L/min，泵压 48～49MPa，上起连油。

检查打捞情况：捞获卡瓦粒 138 颗、销钉 53 颗（图 5-50）。

检查捕屑器情况：捕获卡瓦粒 1 颗（图 5-51）。

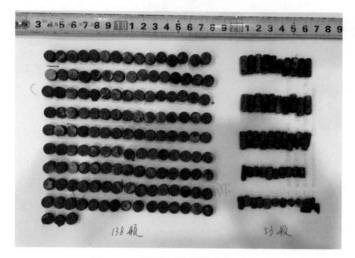

图 5-50 强磁打捞器捞获物（三）　　　　图 5-51 捕屑器捕获物（五）

6. 文丘里 + 强磁打捞作业

打捞工具串：铆钉接头 $\phi73mm \times 0.20m$+ 单流阀 $\phi73mm \times 0.39m$+ 液压丢手 $\phi73mm \times 0.53m$+ 强磁 $\phi73mm \times 3.00m$+ 双内螺纹接头 $\phi73mm \times 0.20m$+ 文丘里打捞篮 $\phi79.4mm \times 1.00m$。

连油自锁：连油下至井深 4199m，连油锁定，最大下压 5tf，多次尝试无进尺，上起连油。

检查打捞情况：文丘里打捞篮捞获卡瓦粒 18 颗、销钉 2 颗、鹅卵石 2 块（图 5-52）；强磁打捞器捞获卡瓦粒 10 颗、销钉 3 颗（图 5-53）。

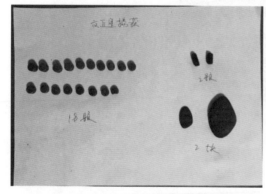
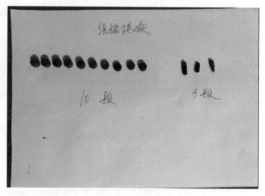

图 5-52 文丘里打捞篮捞获情况　　　　图 5-53 强磁打捞器捞获物（四）

7. 强磁打捞 + 冲洗通井作业

打捞工具串：铆钉接头 $\phi73mm \times 0.20m$+ 单流阀 $\phi73mm \times 0.39m$+ 液压丢手 $\phi73mm \times 0.53m$+ 水力振荡器 $\phi73mm \times 1.32m$+ 强磁 $\phi73mm \times 3.00m$+ 冲洗头 $\phi73mm \times 0.10m$。

连油通井到位：连油下至井深 4898.3m，已通过本井第一簇射孔位置 4894.5～4896m，期间泵注金属降阻剂 30m³，排量 350～400L/min，泵压 16～20MPa，上起连油。

检查打捞情况：强磁捞获卡瓦粒 73 颗、销钉 22 颗（图 5-54）。

检查捕屑器情况：捕屑器捕获卡瓦粒 1 颗。

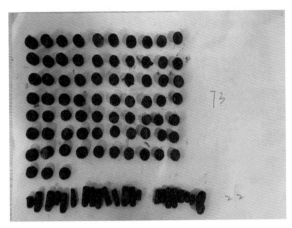

图 5-54　强磁打捞器捞获物（五）

参 考 文 献

卫秀芬，唐洁，2014. 水平井分段压裂工艺技术现状及发展方向[J]. 大庆石油地质与开发，33（6）：104-111.

付玉坤，喻成刚，尹强，等，2017. 国内外页岩气水平井分段压裂工具发展现状与趋势[J]. 石油钻采工艺，39（4）：514-520.

路保平，2013. 中国石化页岩气工程技术进步及展望[J]. 石油钻探技术，41（5）：1-8.

赵喜民，张林，陈建刚，等，2008. 可捞式桥塞在水平井分段隔离压裂上的应用[J]. 石油机械（2）：56-58.

汪于博，陈远林，李明，等，2013. 可钻式复合桥塞多层段压裂技术的现场应用[J]. 钻采工艺，36（3）：45-48.

范锡彦，2019. 易钻式复合桥塞的研制与应用[J]. 钻采工艺，42（3）：84-87.

陈海力，邓素芬，王琳，等，2016. 免钻磨大通径桥塞技术在页岩气水平井分段改造中的应用[J]. 钻采工艺，39（2）：123-125.

喻成刚，刘辉，李明，等，2019. 页岩气压裂用可溶性桥塞研制及性能评价[J]. 钻采工艺，42（1）：74-76.

陈颖，2016 水平井分层压裂可钻桥塞技术研究[D]. 成都：西南石油大学.

王涛，2016. 水平井非金属材料可钻桥塞设计与研究[D]. 西安：西安石油大学.

李鹏飞，2017. 压裂用大通径桥塞的设计与研究[D]. 荆州：长江大学.

孟繁彬，2017. 压裂用可降解桥塞的研制[D]. 青岛：中国石油大学（华东）.

白田增，吴德，康如坤，等，2014. 泵送式复合桥塞钻磨工艺研究与应用[J]. 石油钻采工艺，36（1）：123-125.

侯春雨，2017. 连续油管钻磨桥塞工艺仿真及钻磨参数优化研究[D]. 大庆：东北石油大学.

郭伯华，2000. 井下打捞技术与打捞工具[M]. 北京：石油工业出版社：160.

第六章 页岩气水平井套损套变处理技术

页岩气储层物性差，孔隙度低，渗透率极低；页岩气井在开发过程中必须采用大型水力压裂改造来增加页岩气层的连通性和流动性，才能提高页岩气产量，获得工业产能。为了进一步提高改造效果，扩大页岩储层改造体积和形成复杂裂缝，多采用大液量、大排量、分簇射孔分段压裂工艺。但由此而导致的套损问题尤为突出，主要表现为套管变形。套管变形使井下工具下入困难，多级压裂施工成本和难度增加、分段压裂段数减少，造成单井产量低、生命周期短等问题，影响页岩气开发整体经济效益。

本章对长宁—威远区块页岩气水平井套管失效特征进行了统计分析；介绍了套损套变常见检测技术及修复技术；提供了套损套变多臂井径成像检测以及磨铣修套套管修复技术的作业实例。

第一节 页岩气水平井套管失效特征

自 2009 年到 2015 年底，四川盆地长宁—威远区块页岩气藏共压裂改造 90 口水平井，其中 32 口井在压裂期间出现了不同程度的套管变形，套管变形点 47 个，套损率约高达 30%。页岩气水平井套损失效是由于压裂改造所引起的多方面原因导致的综合结果，以长宁—威远区块为例进行统计分析，页岩气水平井在压裂改造施工中套损具有以下特征。

一、套损地质特征

对长宁—威远区块 21 口套损井套管变形点所处的地质特征进行统计。所统计的地质特征包括三种类型：由地震解释获取的断层或大裂缝带、由测井解释识别的井筒近井地带地层各向异性、由地质导向过程显示井眼轨迹在不同地层穿越的区域。结果表明，21 口套损井共有 33 个套管变形点，这些变形点均处于断层、大裂缝带、各向异性地层或不同地层穿越区，并且大部分套管变形点处在两种或三种异常地质区的重叠处。所统计的套损井中，断层区域共 37 处，发生失效 21 处，套管失效率为 56.7%；各向异性地层共 57 处，发生失效 21 处，套管失效率为 36.8%；不同地层穿越区共 32 处，发生失效 15 处，套管失效率为 46.8%，见表 6-1。

表 6-1 单个地质特征处套管失效率

地质特征	数量	发生失效	失效率，%
断层	37	21	56.7
各向异性	57	21	36.8
层位间穿越	32	15	46.8

由此可见，存在至少一项异常地质特征的井段套管失效风险较高；其中，断层区域发生套管失效率最高，存在层间穿越的区域套管失效率次之，存在各向异性地层的区域套管失效发生率相对较低，并且，多项异常地质重叠会加剧套管失效概率。

二、套损位置特征

对长宁—威远页岩气井中 32 个发生套管失效井段距 A 点和 B 点的位置进行统计。结果如图 6-1 所示，其中位于 B 点附近（±200m）的失效井段仅有 1 处，失效概率很低为 3.1%；位于 A 点和 B 点之间的共 13 处，失效概率为 40.6%；靠近 A 点附近（±200m）的失效井段数量为 18 处，失效概率为 56.3%。因此，套管失效一般发生在压裂井段的中后段，中后段套管失效占到失效总数的 96.9%，尤其越靠近 A 点，风险越大。

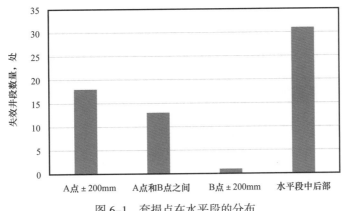

图 6-1 套损点在水平段的分布

对长宁—威远页岩气井中 29 个发生套管失效井段距射孔段顶界的位置进行统计。结果如图 6-2 所示，其中套管变形点距射孔段顶界距离小于 50m 的共有 7 处，所占比例为 24.1%；其中，套管变形点距射孔段顶界距离在 50～200m 的有 9 处，所占比例为 31.1%；套管变形点距射孔段顶界距离大于 200m 的共有 13 处，所占比例为 44.8%；套管变形点距射孔段顶界最小距离为 6m、最大距离达 1473m。由此可见，套管失效点在靠近及远离射孔段的区域均有出现，且分布并不集中，因此，射孔本身不是导致套管失效的直接原因。

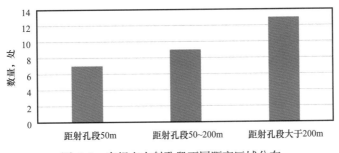

图 6-2 套损点在射孔段不同距离区域分布

三、套损与井斜角 / 狗腿度的关系

对长宁—威远页岩气井中 29 个套损点的井斜角 / 狗腿度进行统计发现，套损点最小井斜角为 70.7°，最小狗腿度为 0.16°/25m；最大井斜角为 103°，最大狗腿度为 9.52°/25m。井斜角在 80°~95° 范围内的套损点比例为 65.6%；狗腿度小于 5°/25m 的套损点比例为 79.3%。由此可见，套损点处绝大部分狗腿度比较小，对套管产生的弯曲效应较小，套损与狗腿度相关性不大。例如，NH3 平台套管变形处狗腿度为（1.83°~4.86°）/25m，而该井最大狗腿度为（5.4°~15.16°）/25m 的井段却并没有出现套损，说明套损点并非一定位于狗腿度最大处。

四、套损与固井质量的关系

对长宁—威远页岩气井中 29 个套损点处的固井质量进行统计发现，固井质量等级差 1 处、合格 1 处、中等 2 处、优 25 处，合格率为 96.6%。因此，固井质量对套管是否发生失效没有显著的相关性。

五、套损与压裂施工的关系

对长宁—威远页岩气井中 30 个失效套管井的压裂改造情况进行统计发现，所有的套损井均采用了大型水力体积压裂工艺：利用电缆带分簇射孔工具 + 桥塞，按照从"趾端"到"跟端"的顺序进行多段改造。

压裂施工前，通井顺利，没有发现套管有变形的情况，压裂之后，出现套管变形，导致桥塞无法按照设计下入预定位置，被迫提前坐封，导致设计的压裂段无法开展增产作业；或者压裂结束后钻磨桥塞过程频繁发生阻卡，造成井筒无法实现全通径。因此，套损均发生在大型水力压裂后。

页岩气水平井压裂改造段数在 3~22 段，其中改造段数在 10 段以上的占 80%。压裂单井入井液量在 2×10^4~$4 \times 10^4 m^3$，施工排量 10~15 m^3/min，最高施工泵压 60~90MPa，压裂施工时套管内压力介于 75~110MPa，改造规模相对于传统常规压裂规模大幅增加，施工的排量较大。根据井底压力，结合地层应力，计算出作用在套管的内压力仅为套管抗内压强度值的 25%~70%，不足以使套管发生损坏。并且发现各井排量和施工泵压差别较大，某些井在低施工压力条件下，套管依然发生了失效。因此，压裂排量和施工泵压不是造成套损的直接原因。统计发现，套管失效区域并不直接发生在压裂段，说明套管失效并不是一段压裂导致的，但套管失效是在多段压裂之后出现，说明可能是多段压裂对地层和套管造成损伤累积的效果。

六、套损与套管参数的关系

对长宁—威远页岩气发生套损的 19 口井的套管规格进行统计，采用 ϕ139.7mm × TP95S × 9.17mm 套管的 1 口；采用 ϕ139.7mm × TP110 × 10.54mm 套管的 3 口；采用 ϕ139.7mm ×

P110×9.17mm 套管的 1 口；采用 ϕ127mm×TP110×12.14mm 套管的 4 口；采用 ϕ139.7mm× BG125V×12.7mm 套管的 14 口；采用 ϕ127mm×Q125×12.14mm 套管的 7 口；采用 ϕ139.7mm×Q125×12.7mm 的 2 口。统计发现，不论采用低钢级小壁厚的套管还是采用高钢级大壁厚的套管，页岩气水平井均会出现套损情况，而且虽然提高套管的壁厚和钢级可以显著降低套管失效率，但不能避免套管失效的产生。

第二节　套损套变检测技术

套管检测的主要内容是检测套管内径和壁厚的变化、穿孔、破裂、套管椭圆度等。通过套管检测准确判断套管损害情况是处理套损、套变的关键。套管检测按工作原理可分为以下几大类：机械井径仪检测、超声波检测、电磁波检测、光学检测，印模检测等，见表6-2。本节将主要介绍几种具有代表性的方法：超声波成像测井、机械井径仪检测、电磁套损检测、可见光井下电视测井、印模法检测。

表 6-2　套管检测方法及功能特点

套管检测方法		功能特点
井径系列	X–Y 井径仪	在套管同一截面内，记录互相垂直的两个套管内径值，确定套管截面的椭圆程度
	8 臂井径仪	测量相互成 45° 的 4 个方向井径
	12 臂井径仪	测量套管井径最小值
	16 臂井径仪	测量套管最大、最小及平均井径同时给出套管内壁结构状况立体图（可旋转）
	20 臂井径仪	测量套管最大、最小及平均井径，同时给出套管内壁结构状况立体图
	36 臂井径仪	测量三个 120° 扇区的最大、最小、平均井径
	40 臂井径成像仪（MIT）	测量套管最大、最小及平均井径，同时给出套管内壁结构状况立体图（可旋转）。检查套管变形、错断、内壁腐蚀及射孔质量
声波系列	井壁超声成像测井仪	对套管破损部位采用不同角度、不同形式的图形加以描绘，其中包括立体图、纵横截面图和井径曲线图，检查套管变形、错断、内壁腐蚀及射孔质量
	小直径超声成像测井仪	
	井周环形声波扫描仪（CAST-V）	测量套管内径、壁厚，利用立体图、纵横截面图描述套管破损部位。检查套管变形、错断、内壁腐蚀、射孔质量
	声波水泥胶结测井仪	评价油水井固井质量
	扇区水泥胶结测井仪（SBT）	评价油水井固井质量，检测水泥环周向局部窜槽
	水泥环密度—套管壁厚测井仪 AMK-2000	检测水泥密度和套管壁厚及套管偏心
	自然噪声测井仪	与井温测井组合判断管漏和窜槽

续表

套管检测方法		功能特点
电磁系列	磁性定位器	检测柱接箍和井下工具深度
	管子分析仪（PAT）	检测套管的电磁特征，探测套管壁的腐蚀损伤，并鉴别损坏发生在内壁还是外壁
	套管检测仪（PIT）	
	电磁探伤测井仪	在油管内检测油管和套管的裂缝（纵缝、横缝）、腐蚀、射孔、内外管壁的厚度
	电位剖面测井仪	检测套管的电化学腐蚀状态，评价牺牲阳极保护效果
	射孔孔眼检查仪	检测套管射孔质量
光学	光纤井下电视测井仪	测量连续的、清晰的井下图像，直观了解井下套管状况

这些检测方法各有特点。机械井径仪检测技术是油井和水井井身状况常规的检测手段，可提供套管内径的变化情况。超声波检测技术主要包括三个方面：井壁超声成像测井可提供直观、全面的套损状况；声波的固井质量测井用于评价套管外水泥胶结状态；噪声测井用于判断已经形成的管漏和窜槽。电磁波检测技术检查套管裂缝、错断以及内外壁腐蚀及射孔质量。可见光井下电视测井系列通过井下摄像机直接对井筒和套管进行成像。

这些检测技术从不同侧面反映了套管技术状况，为油田调整注采方案、预防损坏和修复损坏提供了翔实可靠的资料，为套管严重损坏井报废作业提供证据，并有助于分析套损机理、制订套损预防方案和对油田开发起着重要的作用。

一、超声波成像测井

1. 超声波检测原理

超声波检测技术主要是利用超声波反射原理进行检测，如图6-3所示：作为探头的电、声能量转换器发射超声波束进入待测物体内部，当遇到缺陷时，由于声波的声阻抗变化，其透射率、反射率亦随之变化，当波形到达探伤仪之后，缺陷处表现出的波形图也就与正常部位有所不同。波形中，回波反射的各种自身形态及回波的分布范围、底波状况是判断缺陷的位置、大小和性质的原始数据，这些数据经放大后回传到计算机，并处理成像。

在套管检测中，超声波成像测井技术利用井下仪器中的电动机绕井轴旋转，附着在电动机转动轴上的超声探头在向四周发射超声波脉冲的同时接收其反射回波，利用回波的相关信息进行成像，从而获取井壁或周围套管的有关信息，如图6-4所示。

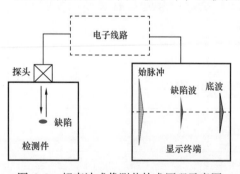

图6-3 超声波成像测井技术原理示意图

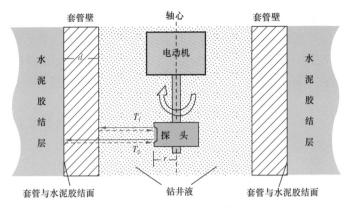

图 6-4 套管超声波成像测井示意图

井内周边介质的声阻抗值越大，反射的能量就会越大，就可得到较大的回波幅度值；回波时间可相应地反映出井的具体形态，由超声电视图像可清晰、直观地判断套管和井壁的情况。通过检测套管内壁、外壁与水泥胶结面反射回波的幅度 A 和时间 T 来确定套管与水泥间的胶结情况和套管的内径 R 与壁厚 d，进而分析套管损伤的情况，计算方法为：

$$R = \frac{T_1 c_{\text{井液}}}{2} + r \qquad (6-1)$$

$$d = \frac{(T_2 - T_1) c_{\text{套管}}}{2} \qquad (6-2)$$

式中：R 为套管内径；T_1 表示接收到第一回波的时间；$c_{\text{井液}}$ 为声波在钻井液中的传播速度；r 为探头旋转半径；d 为套管剩余壁厚；T_2 表示接收到第二回波的时间；$c_{\text{套管}}$ 为声波在套管中的传播速度。

2. 超声波成像测井系统组成

超声波成像测井系统由声系、信号采集、信号传输和地面处理与显示 4 部分组成，也可分为井下仪器和地面系统。井下仪器一般是由扶正器、电子线路、声系等组成的，其结构如图 6-5 所示。

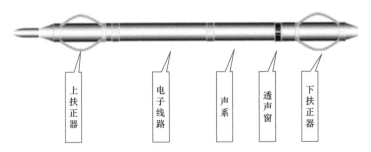

图 6-5 井下仪器结构示意图

上下扶正器主要是为了保证井下仪器在测量过程中保持垂直状态，便于得到精确的测量数据，另外还在一定程度上避免仪器的外壳在下井或上提过程中与套管的碰撞磨损。

井下电子线路主要通过电缆连接到地面仪器，包括井下电源模块、存储模块、超声波发射和接收电路、信号调理电路、滤波放大电路、A/D 转换电路、信号存储电路等。

声系装置里面安装有旋转式超声换能器，它以一定的速度环绕井壁 360° 旋转，向四周发射超声波束，在不同界面上反射回来的声波，又被换能器接收，声系装置的结构如图 6-6 所示。

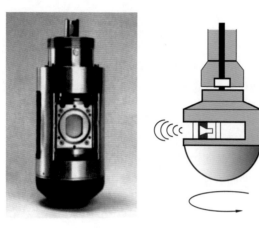

图 6-6　声系装置结构简图

超声波成像测井系统的超声换能器每秒发射 1500～3000 次、频率为 1～2MHz 的超声脉冲。测井时它由一个马达驱动，以固定速率（3～6 周 /s）带动换能器和磁力仪绕仪器轴旋转，对井眼的整个井壁的扫描测量，每转到磁北方向产生一个磁北信号，就以电脉冲形式将换能器方位信息发送到地面。仪器旋转时，探头发射的超声波脉冲经钻井液传播到达井壁，有一部分能量被反射回换能器并接收，经信号处理后，得到井壁回波的幅度图像，可以分析井壁岩性及表面特征（包括裂缝、孔洞和冲蚀带），也可用来观察套管内壁的变化。

由于在测井过程中仪器也以一定速率往上提，深度是由传动装置控制深度电位器产生深度信号，这样仪器在井中测量时，随着深度变化，换能器向井壁作螺旋状连续超声波扫描。

超声波检测能检测套管的内腐蚀、变形和错断，提供直观图像；不足之处在于声波反射间接成像，受井壁上结垢、结蜡等的影响大。

3. 常见超声波成像测井系统

超声波成像测井系统主要有 CAST-V，USI，UCI，URS 和 UTT 等。

CAST-V（Circumferential Acoustic Scanning Tool）由哈里伯顿公司开发，其结构如图 6-7（a）所示。CAST-V 采用旋转式声波换能器既作为发射器发出超声脉冲，又作为接收器接收套管反射波及谐振波对井周进行扫描，旋转 10 周 /s，发射和接收超声波 200 次 /周，利用壁厚和直径成像，进行套管探伤，利用阻抗成像对第一界面的水泥胶结情况进行评价。这种先进的测井设备可以在多种井下条件下操作，CAST-V 采用旋转式声波换能器 360° 扫描井壁状况，传感器既是发射探头又是接收探头。当传感器作为发射探头时，它发射超声波脉冲，脉冲经过井眼流体到达井壁，经过井壁的反射，大部分能量返回到传感器探头，传感器这时作为接收探头记录回波的时间和幅度。快速圆周声波扫描仪对套管检测和水泥评价的速度与准确度都很高，可以在井场编程，可以对 $\phi508.0mm$ 以上套管提供 100% 的检测覆盖。

USI（Ultra Sonic Imaging）用于水泥评价、套管内外壁腐蚀的测量或监测、套管壁厚分析。单换能器安装在仪器底部的旋转短节上发射 200～700kHz 的超声脉冲，同时，接收套管内外壁界面反射回的超声波，波的衰减率反映了水泥与套管界面的水泥胶结质量，套管的共振频率检查套管壁厚。仪器输出声阻抗、套管厚度、套管内径及第 1 界面水泥胶结，仪器垂向分辨率 6in、精度 ±0.5MPa·s/m、探测深度为套管与水泥胶结的第 1 界面。

UCI（Ultrasonic Casing Imager）由斯伦贝谢公司开发，是对 USI 的改进，能够测量套管内外腐蚀及损坏位置与程度，输出幅度、套管厚度及套管内径成像和流体速度剖面。其结构如图 6-7（b）所示。该仪器的测井速度为 914m/h，长度 6.01m，可承受 177℃高温和 138MPa 的高压，可以检测内径 114.3～339.7mm 的套管内外表面缺陷，可以测量直径小至 7.6mm 的腐蚀缺陷，内径测量精度在 ±1mm，可得到高分辨率的套管图像。UCI 专门设计为多方位高分辨率的成像。旋转的传感器可以旋转 180° 高度集中的测量，换能器频率达到了 2MHz，提高了回波检测质量，通过分析反射信号可得到套管厚度和表面状况图像，甚至在套管内部和外部的小缺陷也被量化。

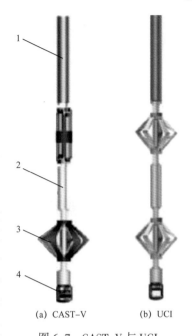

(a) CAST-V   (b) UCI

图 6-7　CAST-V 与 UCI
结构示意图

1—电子短节；2—测量短节；
3—扶正器；4—互换旋转短节

URS（Ultrasonic Radial Scanner）用于评价水泥、套管腐蚀及井眼成像。360° 覆盖 1in 分辨率水泥成像，由两个超声传感器组成，位于高速旋转扫描探头的主测量传感器同时也是发射传感器发射高频声脉冲，同时接收套管壁反射声信号的传播时间及幅度判断水泥的存在或测量从井壁反射声信号的传播时间及幅度识别裂缝及地层成像，次传感器连续监测流体的声阻抗及声速，流体特性，在精确计算套管壁厚、水泥声阻抗或井眼成像可实时校正。URS 测量套管谐振频率确定套管的厚度，判断套管内壁还是外壁腐蚀，仪器适用套管厚度范围 0.2～0.6in、环向分辨率 1.8° 及垂向分辨率 0.83in。

UTT（Ultrasonic Thickness Tool）采用 6 个极板上的超声探头贴井壁测量，通过测量套管外壁反射回来的超声波脉冲幅度得到套管厚度。

二、机械井径仪检测

1. 机械井径仪检测原理

机械井径仪检测是修井施工中常用的套管技术状况检测方法之一，主要用于通过检测套管内径变化，反映套管纵向和径向变形。如果同其他测径资料综合解释，还能判断套管损坏类型。井径仪测量法的检测速度快，检测结论也较准确。

机械井径仪检测属于接触式测量技术，原理是使机械井径仪探测臂与套管内壁充分接触，套管内径的微小变化转化为探测臂的径向位移，然后通过井径仪的内部机械转换装置，使径向位移转为推杆的垂直位移，如图 6-8 所示。若套管内径发生异常，就会导致推杆滑键在可变电阻上移动，使电位信号发生变化，即利用机械与电位之间的关系表征出套管管径的损伤情况，电位信号经放大后传输给地面设备，地面仪器将其转化为相应的井径值和曲线。利用曲线变化的形态确定变形截面的平均内径或最大直径、最小直径、任意方向直径值，根据多条井径曲线判断套管变形类型。

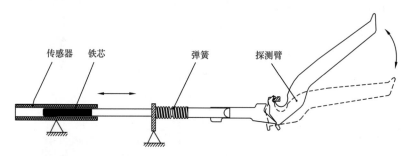

图 6-8　井径仪机械部分的工作原理示意图

2. 机械井径仪的种类

机械井径检测仪器种类较多，有微井径仪、双道井径仪、X-Y井径仪、8臂井径仪、过油管井径仪、12臂井径仪、24臂井径仪、36臂井径仪、40臂井径仪、60臂井径仪、磁井径仪、四弓形片井径仪、18臂井径成像测井组合仪，72臂的也有出现，总之此类仪器也被称为多臂井径仪（MFC），如图6-9所示。

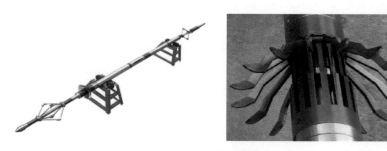

图 6-9　多臂井径仪

微井径仪可利用4支臂测量井径两条互相垂直的直径，然后求平均值，以此确定接箍深度、变形部位和射孔质量，分辨率能达到1mm，测量精度可控制在±1mm内。

X-Y井径仪只能利用4支臂对井内两条互相垂直的曲线进行定性分析，无法对套管内的腐蚀问题进行测量，测量误差在±2mm。

8臂井径仪测量4条井径曲线，但测量缩径在26mm以内的套管时，会遇到阻碍，且很容易出现漏测。

40臂井径仪能对套管内壁腐蚀、破裂和变形情况进行准确测量，但同样面临变形套管阻碍问题，降低测量的成功率。

36臂和60臂井径仪能对最小井径值和最大井径值进行记录，可绘制6条曲线，能对套管的内壁腐蚀、剩余壁厚、断裂以及变形问题进检测。

井径系列仪器主要技术指标和技术特点见表6-3和表6-4。从表中可以看出，多臂井径仪的精度或分辨率明显比其他井径仪要高，特别是 40 臂成像测井仪精度更高，在测井原图中包括 40 条单臂原始井径曲线，1 条最大内径曲线、1 条最小内径曲线以及 1 条平均内径曲线。根据 40 条曲线的变化情况，通过解释软件可绘出套管测量段彩色三维视图，通过颜色深浅差异和网格变化显示套管内径变化，并给出任意深度的套管横截面图，进而识别套管横截面形状，推断变形、弯曲、错断、射孔状况及裂隙等。因此，40 臂成像测井仪测量的结果更能真实反映套管变化情况。

表 6-3 各系列井径仪主要技术指标

仪器名称	测量范围 mm	分辨率 mm	耐温 ℃	耐压 MPa	仪器外径 mm	仪器长度 mm
微井径仪	（100～180）±1	1	125	58.8	80	1300
X-Y 井径仪	（90～180）±2	<2	120	39.2	80	1300
8 臂井径仪	（100～180）±2	<2	60	19.6	80	2140
小直径 2 臂井径仪	（76.0～178）±1	<1	80	19.6	44	3535
10 臂井径仪	（76.0～178）±1	<1	70	19.6	50	3607
12 臂井径仪	（75～180）±1	<1	155	60	50	2220
16 臂井径仪	（75～180）±1	<1	155	60	50	2220
36 臂井径仪	114～178	0.254	175	137	89	6380
MSC-36 多臂井径测井仪	74～185	0.46	150	80	70	2130
40 臂井径仪	92.1～179.3	0.254	149	66.7	92	1441
40 传感器 40 独立臂井径仪	92.1～179.3	0.25	175	137.9	92	2359
40 臂（MIT）成像测井仪	76～190	0.178	175	103	70	1680

表 6-4 各系列井径仪主要技术特点

仪器名称	应用现状和技术特点
过油管 2 臂井径仪	单传感器，记录 1 条井径值曲线以直径为测量对象
10 臂最小井径仪	单传感器，记录 1 条最小井径值曲线 a 以直径为测量对象
微井径仪	4 个传感器，记录 1 条平均井径值，以直径为测量对象
8 臂井径仪	4 传感器，同时记录互 45° 的 4 条井径值曲线，以直径为测量对象
X-Y 井径仪	4 臂双传感器，同时记录 2 条互相垂直的井径曲线。以直径为测量对象
12（16）臂最小井径仪	12（16）条测量臂，单传感器，只记录 1 条最小井径值曲线。它们与 10 臂最小井径仪相比，只是在仪器结构（测量臂、收放系统等）有所改善。以直径为测量对象
36（60）臂井径仪	有 36（60）条测量臂，可测量套管同一截面中成 120° 的 3 个扇面的最小和最大内径值，共计 6 条曲线。该仪器以半径为测量对象。可用来检查套管内径变化，初步确定套管变形、剩余壁厚、错断、弯曲、内壁腐蚀以及射孔深度等

续表

仪器名称	应用现状和技术特点
MSC-36多臂井径测井仪	36臂26传感器，可同时测得36条单臂井径曲线。仪器每个臂的直接测量值为套管半径值。可用来确定套管变形、剩余壁厚、错断、弯曲、内壁腐蚀以及射孔深度等
40臂井径仪	40臂双传感器，可同时测量套管截面中最小和最大2条直径曲线。以直径为测量对象
40传感器40独立臂井径仪	40臂40传感器，它能同时测得40条单臂井径曲线。仪器每个臂的直接测量值为套管半径值。可用来确定套管变形、剩余壁厚、错断、弯曲、内壁腐蚀以及射孔深度等
40臂（MIT）成像测井仪	40臂40传感器，它能同时测得40条单臂井径曲线和斜度曲线。仪器每个臂的直接测量值为套管半径值。可用来确定套管变形、剩余壁厚、错断、弯曲、内壁腐蚀以及射孔深度等

3. 多臂井径仪套管检测系统组成

多臂井径仪套管检测系统由4部分组成：井下系统、井下与井上遥传部分、井上地面系统、上位机软件部分。多臂井径仪的井下系统包括：探头、电路和井径仪机械部分。探头即是位移传感器，将位移信号转换为电信号。电路主要模块有：井径发射电路、接收电路、井温电路、电动机控制电路、AD采集控制电路等。多臂井径仪机械部分结构如图6-10所示。主要工作原理是：电动机拖动测量臂、扶正器的打开与收拢，使井径仪在居中情况下进行测量。仪器的测量臂由弹簧支撑，沿套管内壁运动，测量臂随套管内臂变化而变化。

图6-10 多臂井径仪机械部分结构示意图

图6-11为多臂井径仪实测过程演示。图6-11（a）为井径仪在井下工作过程，当遇到如图6-11（b）所示的腐蚀错断的套管时，测量臂返回的所测数据会在软件上显示，如图6-11（c）所示，即套管损伤成像。每支测量臂都对应一支位移传感器，每个测量臂的位移变化直接反映到相应的传感器上。井下信号经编码发向地面，地面解码后经上位机软件处理，从而得到套管内径的展开成像解释图，清晰反应井下套管的受损情况。

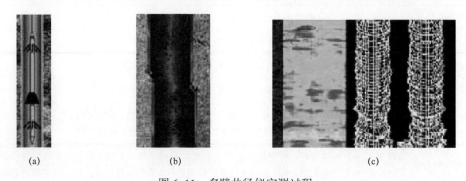

(a) (b) (c)

图6-11 多臂井径仪实测过程

4. 多臂井径仪套管检测结果分析

1）正常套管

图 6-12 为正常套管测量后处理得到的图像，可以看出井径曲线平滑、幅度变化较小，各条曲线几乎平行，而且，处理后得到展开图的颜色分布均匀。

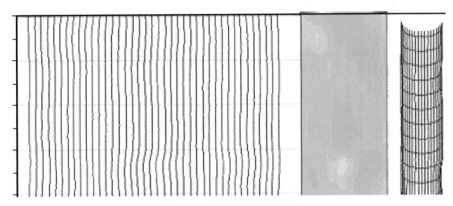

图 6-12 正常套管测井图像

2）弯曲变形

由图 6-13 可以看出，测井曲线有弯曲、幅度变化较明显，显示出较圆滑的变形曲线，经成像处理后的图像颜色不均匀，在曲线明显弯曲处颜色变化异常，由此可以判定该套管存在弯曲变形，结合方位测井即可判断出套管变形部位。

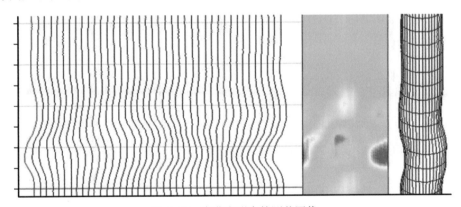

图 6-13 弯曲变形套管测井图像

3）缩径

从图 6-14 看出，测井曲线中有较长区域存在明显减小，井径有明显缩小，经成像处理后的图像和正常套管的图像相比较，明显异常，出现大面积红色区域，说明井径缩小。由此可以判定该套管存在缩径，结合方位测井即可判断出缩径部位。

4）扩径

从图 6-15 可以看出，测井曲线中存在明显异常部位，套管局部内径有幅度变化，经成像处理后的图像和正常套管的图像相比较，明显异常，出现红色区域，结合井径曲线可知套管向地层突出。由此可以判定该套管存在扩径。

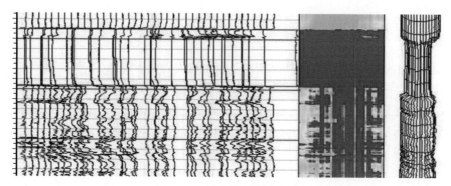

图 6-14　缩径套管测井图像

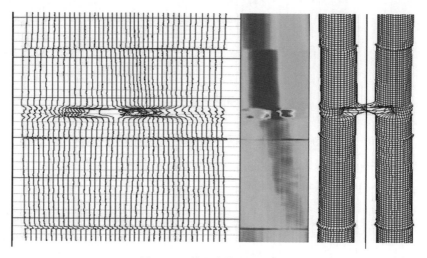

图 6-15　扩径套管测井图像

5）断裂

断裂是一种严重的扩径现象，当扩径达到一定程度就会造成断裂。由图 6-16 可以看出，所有井径曲线都是一些不连续的环状曲线。从处理后得到的图像看出，由于内径超出了仪器测量臂的测量范围，出现一段蓝色区域，由此可判断此为套管断裂。

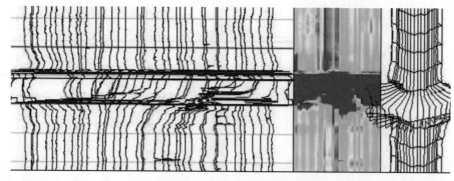

图 6-16　断裂套管测井图像

三、电磁套损检测

1. 电磁检测原理

检测套管壁厚的变化情况是磁测井的主要目的,这一系列的测井方法对检测有损坏套管的内壁腐蚀、裂缝及孔洞情况特别有效。该方法主要是在套管内产生连续流通的磁通量,用对磁场变化敏感的检测线圈、霍耳元件或磁敏二极管元件等用作电磁检测探头探测套管磁通的变化:没有损坏部分的磁通量是和套管壁平行的,不平行部分就可以相应分析出损坏状况。

国内外电磁检测仪中,除哈里伯顿公司的套管检测仪 PIT 用霍耳探测器和检测线圈作为探头外,其余的是检测线圈,依据法拉第电磁感应定律,激励线圈供电在线圈周围及套管内激励形成电磁场,测量线圈产生随时间变化的感应电动势,感应电动势是管柱厚度的函数。电磁套损检测方法可分为漏磁检测法、常规涡流检测法和远场涡流检测法。

2. 漏磁检测

利用强磁场将套管进行磁化,若套管存在损伤就会改变管道中的磁场分布,导致内部磁力线逸出,从而形成漏磁场;而套管磁通密度大小和变化情况可利用霍尔效应进行测量,并据此对套管的腐蚀情况进行判断。

漏磁检测法是利用强磁场将管道磁化,当管壁存在缺陷时,磁通分布会发生变化如图 6-17 所示,再利用霍尔效应测量管壁的磁密度大小及变化来检测管道的腐蚀和缺陷。漏磁检测器更适合检测管道内部腐蚀和缺陷,不利于检测大面积腐蚀和多层管道,几乎不能识别缓慢连续的变薄。

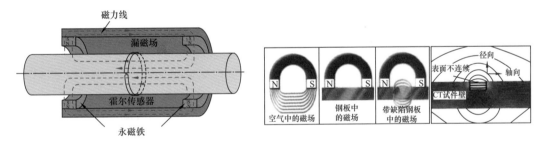

图 6-17 漏磁检测原理示意图

3. 常规涡流检测

根据电磁感应原理,利用发射线圈产生交变电磁场,然后在套管臂上形成环状涡流;若套管存在缺陷,就会影响感应电流的流经途径,同时,线圈的阻值也会发生变化,根据载流线圈的抗阻变化就能对套管缺陷状况进行判断。常规涡流检测技术能对套管大规模腐蚀、垂直裂缝、孔及其他缺陷进行检测,但无法检测管道外表面缺陷,若与漏磁检测法联合使用,可有效减少检测盲区。

常规涡流法依据电磁感应原理,利用发射线圈产生交变的电磁场,在管壁上产生环状涡流,当管道存在缺陷时,感生电流因受缺陷的阻隔流经途径发生变化,线圈的等效阻抗

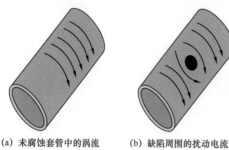

(a) 未腐蚀套管中的涡流　　(b) 缺陷周围的扰动电流

图 6-18　涡流检测示意图

也随之变化，测出载流线圈阻抗变化即可得知管道缺陷情况。该方法可检测大规模腐蚀、垂直裂缝、孔和多层管道，但是受趋肤效应的影响，常规涡流检测技术难以检测出管道外表面的缺陷。如图 6-18 所示。

漏磁检测法对与磁通矢量无正交的缺陷不敏感，而涡流法对与涡流矢量无正交的缺陷不敏感。两种检测方法的不敏感区正交，联合使用可保证检测没有盲区。

4. 远场涡流检测

远场涡流检测是在距离激励线圈 2 倍管内径以外的远场区进行检测的一种方法（图 6-19），原理是：场强随着两线圈间距的增大而不断衰减，但衰减的趋势越来越缓慢，存在第二种能量传递方式。能量传递途径中若存在缺陷，就能导致线圈中信号幅值和相位发生变化，对检测线圈中的二次感应电动势的大小及相移进行检测，就能获取套管腐蚀或缺陷的相关信息。该法检测范围受限，只能对深度大于 1mm、宽度多于 0.1mm 的裂纹进行测量。

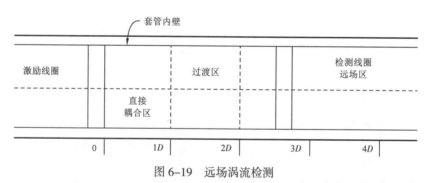

图 6-19　远场涡流检测

与常规涡流法不同，远场涡流法的检测线圈不是紧靠着激励线圈，而是在距离激励线圈 2 倍管内径以外的远场区。在此远场区中，随着两线圈间距的增大，场强衰减速度变缓，出现第二种能量传递方式。在远场能量传递路径上的内外缺陷都能在检测线圈中引起信号幅值和相位的变化，通过测量远场检测线圈中的二次感应电动势的大小及相移来检测管道的腐蚀和缺陷。远场涡流检测技术不受探头提离、趋肤效应、电导率和磁导率不均的影响，能够以同样灵敏度检测套管内外缺陷，但该方法不能检测深度小于 1mm 或宽度小于 0.1mm 的裂纹。

5. 瞬变法油套管损伤诊断技术

瞬变法油套管损伤诊断探测仪采用磁偶极子探测套管损伤情况，设计理论基础是法拉第电磁感应定律。发射线圈发射激励信号后，接收线圈会产生因套损状况变化的感应电动势，通过分析和计算可以进行套损判断（图 6-20）。

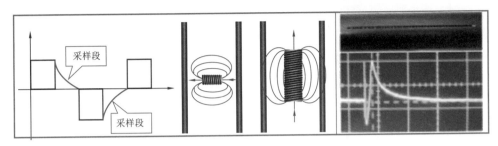

图 6-20 瞬变法油套管损伤诊断技术原理

仪器由马笼头、上下扶正器、自然伽马探头、1 个纵向电磁探头、2 个相互垂直的横向电磁探头、温度探头与硬件电路组成（图 6-21），采用无磁外壳与骨架封装。

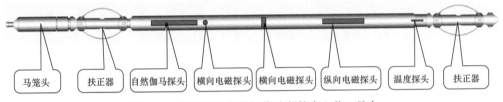

| 马笼头 | 扶正器 | 自然伽马探头 | 横向电磁探头 | 横向电磁探头 | 纵向电磁探头 | 温度探头 | 扶正器 |

图 6-21 瞬变法油套管损伤诊断技术入井工具串

通过单芯铠装电缆接收井下仪器传输到地面的测量信号并进行转换，同时为井下仪器供电（图 6-22）。

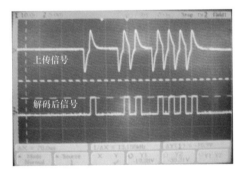

图 6-22 瞬变法油套管损伤诊断技术地面系统

四、可见光井下电视测井

可见光井下电视测井是一种新型的套管监测方法，是现代测井技术的研究热点和发展方向。该方法通过摄像头在井中摄像，在地面直接成像，所见即所得，能直观地了解井下套管状况、落物的位置、套管和油管的漏失点、锈斑及射孔质量、层位等，但受钻井液的可见度限制较大。

井下电视系统包括电缆传输井下视像系统和光纤井下视像系统，后者的使用效果及分辨率较高，能较清晰地反映套管内壁的情况。井下视像系统由地面设备和井下仪器组成，地面设备主要包括录像、打印、制作设备，图像解压缩处理仪及监视器等；井下仪器包括照明装置、扶正器、摄像机、图像压缩处理面板等部分。工作原理就是利用摄像机在井下进行摄像，然后经过压缩处理，通过电缆将信号传至地面。在接收设备中进行信号处理，然后在监视器上还原为电视图像，对得到的信息进行随时的打印和录制，通过监视器可以比较直观地了解到套管内壁的变化情况。

哈里伯顿公司的井下视像系统（Downhole Video Camera Services）采用了镜头技术和光纤电缆的最新进展，在套管井中的应用包括管柱检查、观察井中落物或其他问题，并可估算射孔孔眼中油、气和水的产出情况。该系统利用光纤电缆将井下摄像机下入井内，核心是 EyeDeal™ 摄像系统，它可以通过一系列的诊断测试排除故障操作，以及提供高分辨率的图像来消除检测者的怀疑。EyeDeal™ 摄像系统可以应用于套管检测和穿孔检查，检测时还可以清楚地看到井下落物的鱼顶及有无石油或天然气产出。

光纤传输井下视像测井技术是目前世界上最先进的井下视像检测技术，它利用连续的视频图像和逼真的画面重现了井下的真实状况，不仅满足了大数据量高效测井的需求，而且使几乎所有的专业与非专业人员都能够轻易看懂资料，了解井下状况。不仅对修井工作中套管漏失，脱扣，错断，变形，弯曲，内壁结垢，腐蚀及井筒落鱼，鱼顶、鱼腔形状的检测提供了有效手段，而且结合先进的模拟真实生产状况的测试管柱，更能对生产井分层产液状况进行科学的分析。利用光纤视像测井系统深入研究井筒及地层产出状况，对于单井方案的制订意义重大。

1. 井下光纤电视测井系统组成

光纤电视测井系统由 7 个部分组成：

（1）井下光源及摄像系统。由摄像头、后置光源、扶正器、光电转换电路、马笼头和加重杆等组成。提供光源和摄像，并将摄取的图像信号转换成光信号通过光缆传输到地面。摄像机的镜头焦距可调，灯光的强度也可以调整。

（2）测井光纤。采用双层钢丝铠装光缆，直径 6.35mm，总长 5500m。

（3）液压绞车及马丁戴克。起下光缆并记录深度，该部分有深度校准装置，依据套管接箍校准深度。

（4）地面信号转换及处理部分。通过光缆传输上来的光信号，还原成视频图像信号，并送至显示记录仪器。

（5）监视及记录系统。通过两个监视器可以直观地观测到井下摄像机拍摄的图像。该图像还可以记录到录像机和 DVD 刻录机上，并可以随时选择合适的图像打印出来。

（6）配套工具。专用测试天地滑轮和光缆井口密封装置，以及涂抹镜头所用的活性剂。

（7）专用车辆。除井下仪器部分外，所有的仪器设备整体装载在 National7400 底盘车上。

图 6-23 所示为井下视像测井仪井下部分结构。

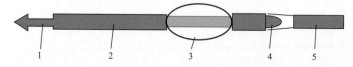

图 6-23　井下视像测井仪井下部分结构

1—电缆头；2—电子线路；3—扶正器；4—强光灯；5—摄像机

2. 光纤井下电视测井现场施工

洗井效果是影响井下摄像质量的关键因素，因此应采用合理有效的洗井方法，提高井筒内介质的透明程度（液体或气体），使摄像机在此种介质中能够清楚地观测 0.3～0.5m 范围内的情况。

采用循环洗井的方法在过去的施工井中取得了较好的效果，还可以针对不同的井况采用清水挤注等方法，下井前要给镜头、灯头仔细涂抹上专用的表面活性剂，防止油遮住光源或摄像机。

仪器下井前先取水样观测，证明井中水质清晰才可以开始作业。

下井速度最高为 0.5m/s，在接近观测点时应放慢为 0.5～0.633m/s。

距离观测点 0.3m，拍摄图片最清楚。

现场检测工艺：

（1）循环检测工艺。该工艺通常在测试前，通过前期作业已经知道套损点和鱼顶的大概位置，只需将洗井管柱尾部下至目标区上部 0.5～1.0m 位置，管柱上部安装洗井三通，通过正注清水循环，达到清洁鱼顶、套损点检测区域的目的，最后实施检测。

适用井况：

① 鱼顶的检测；

② 遇卡、遇阻、漏失位置的检测；

③ 侧钻井眼的检测。

（2）挤注检测工艺。该工艺通常在测试前，不明确问题井段的具体位置，只知道大概范围，需要将挤注管柱尾部下至目标区上部位置，管柱上部安装悬挂器、洗井三通，通过加压正注清水，将井内不透明流体压回地层，达到清洁检测区域的目的，最后实施检测。

适用井况：

① 较长井段的检测；

② 低压、高渗透地层井眼的检测；

③ 产气量较大井眼的检测。

（3）组合检测工艺。该工艺适用于地层渗透率较低或漏层漏失量较小的井眼，通常在测试前，将挤注管柱尾部下至目标区上部位置，管柱上部安装悬挂器、洗井三通，首先打开套管阀门正注清水循环，将管柱上部彻底清洗干净后，再加压正注清水，将管柱下部井内不透明流体压回地层，达到清洁检测区域的目的，最后实施检测。

五、印模法检测

印模法检测是利用专用管柱或钢丝绳下接印模类打印工具，对套管损坏程度、几何形状等进行打印，然后对打印出的印痕进行描绘、分析和判断，最后提出套损点的几何形状、尺寸和深度位置，为修井措施和修井施工设计提供必不可少的有效依据。印模法检测可适用于套管变形、错断或破裂等套损程度与深度位置的验证，井下落物鱼顶几何形状、尺寸和深度位置的核定，以及在作业、修井施工过程中临时需要查明套管技术状况等其他情况。印模法检测不受环境条件和井况的限制，随时可在修井施工过程中进行，对作业队和修井队来说相对方便、快速，而且印证结论可及时在现场得到。因此，印模法检测是目前得到广泛应用的套管损坏检测技术之一。

印模打印检测井下套管技术一般分为端部打印和侧面打印两种。端部打印检测套管变形、错断的最小径向变化、套管损坏程度。端部打印分管柱硬打印法和绳缆软打印法。目前较常用的是硬打印，硬打印有不压井和压井两种作业方式。软打印法虽然施工时间短、速度快，但其危险性大，易造成绳缆堆积卡阻，因而，其使用受到严格限制，通常只有在井下井况不十分复杂、井况比较清楚的情况下使用，并且在使用时要采取预防事故的措施。

侧面打印是利用管柱将侧面打印胶模下至设计深度，然后开泵憋压至 0.5～1MPa，使胶模在液压的作用下扩张，紧紧贴在套管内壁上，将孔筒、破裂等套管破损状况印在胶模上。管柱泄压后，起出打印管柱，卸下胶模并清洗干净后，将胶膜连接到地面泵上，憋压使其扩张到在井下时的工作尺寸，即可将套管损坏的几何形状和尺寸清晰地反映出来。这种方法简单易行，获取的数据资料真实可信。

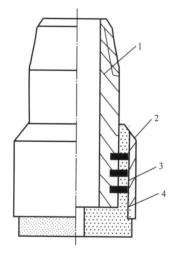

图 6-24　带护罩式平底带水眼铅模

1—接头；2—骨架；3—铅体；4—护罩

用印模打印虽然迅速、方便和直观，但印模直径大小的选择比较难。印模过大，印模打印不在变形最明显处，印模不清晰不可靠；直径过小，打印不出印痕或印痕不明显，因而无法准确确定某一变形位置的状态。

印模的种类较多，按制造材料可分为铅模、胶模、蜡模和泥模，按印模结构可分为平底印模、锥形印模、环形印模、凹形印模和筒形印模。目前使用较为广泛的是铅模和胶模。

铅模中使用较广泛的是平底带水眼式普通型和带护罩型两种。铅模由接头、骨架、铅体及护罩等组成，如图 6-24 所示。中心有直通水眼，可以冲洗鱼顶。护罩对铅模具有保护作用，可减少对铅模铅面的磕碰。如果井下情况不明或较为复杂，可考虑用带护罩铅模，排除干扰因素，使检测结果更准确。

1. 铅模打印操作

（1）将冲砂笔尖连接在下井的第一根油管底部，下油管至鱼顶以上 5m 左右，接好水泥车管线，大排量冲洗干净鱼顶上面的砂子及脏物。待返出井口水质干净后停泵，起出油管，卸掉冲砂笔尖。

（2）将检查测量合格的铅模，连接在下井的第一根油管底部，下油管 5 根后装上自封封井器。

（3）铅模下至鱼顶以上 5m 左右时，开泵大排量冲洗，排量不小于 500L/min，边冲洗边慢下油管，下放速度不超过 2m/min。

（4）当铅模下至距鱼顶 0.5m 时，以 0.5～1.0m/min 的速度边冲洗边下放，一次加压打印。一般加压 30kN，特殊情况可适当增减，但增加钻压不能超过 50kN。

（5）起出全部油管，卸下铅模，清洗干净。

（6）铅模描述：

①用照相机拍照铅模，以保留铅模原始印痕。

②用1：1的比例绘制草图，详细描述铅模变形情况并存档，以备检查。

2. 印模法技术要求

（1）铅模下井前必须认真检查连接螺纹、接头及壳体镶装程度。

（2）下铅模前必须将鱼顶冲洗干净，严禁带铅模冲砂。

（3）冲砂打印时，洗井液要干净无固体颗粒，经过滤后方可泵入井内。

（4）一个铅模在井内只能加压打印一次，禁止来回两次以上或转动管柱打印。

（5）起下铅模管柱时，要平稳操作，拉力表要灵活好用，并随时观察拉力表的变化情况。

（6）起带铅模管柱遇卡时，要平稳活动或边洗边活动，严禁猛提猛放。

（7）在修井液里打铅印，当铅模下入井内后，如果因故停工，应装好井口，将井内修井液替净或将铅模起出，防止修井液沉淀卡钻。

（8）若铅模遇阻时，应立即起出检查，找出原因，切勿硬顿硬砸。

（9）当套管缩径、破裂、变形时，下铅模打印加压不超过30kN，以防止铅模卡在井内。

（10）铅模在搬运过程中必须轻拿轻放，严禁摔碰。存放及车运时，应底部向上或横向放置，并用软材料垫平。

（11）铅模水眼小，容易堵塞，钻具应清洁无氧化铁屑。为防止堵塞，可下钻300～400m后洗井一次。

第三节 套损套变检测实例

一、NH19-4井套损套变检测

1. NH19-4井基本情况

（1）井身结构。

NH19-4井为一口开发水平井，完钻井深垂深/斜深为2610.97m/4630.00m，采用φ139.7mm套管完井，钻头、套管程序见表6-5，井身结构如图6-25所示。

表6-5 NH19-4井基本数据表

钻头程序（外径×深度），mm×m	套管程序（外径×深度），mm×m	水泥返高，m
762.0×19.50	720.0×19.5	地面
406.0×392.00	339.7×390.83	地面
311.2×1394.00	244.5×1393.19	346.50
215.9×4630.00	139.7×4625.59	128.00

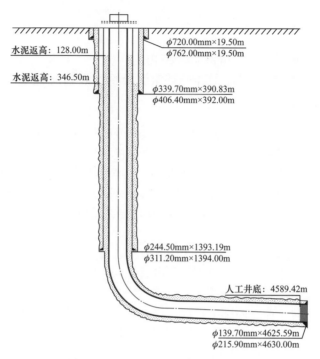

水泥返高：128.00m

水泥返高：346.50m

φ720.00mm×19.50m
φ762.00mm×19.50m

φ339.70mm×390.83m
φ406.40mm×392.00m

φ244.50mm×1393.19m
φ311.20mm×1394.00m

人工井底：4589.42m

φ139.70mm×4625.59m
φ215.90mm×4630.00m

图 6-25　NH19-4 井井身结构示意图

（2）技术和油层套管数据表。

φ244.5mm 技术套管数据和 φ139.7mm 油层套管数据见表 6-6 和表 6-7。

表 6-6　φ244.5mm 技术套管数据

套管外径，mm	壁厚，mm	钢级	螺纹类型	下入顶深，m	下入底深，m
244.5	11.99	N-80	BC	0	1393.19

表 6-7　φ139.7mm 油层套管数据

套管外径，mm	壁厚，mm	钢级	螺纹类型	下入顶深，m	下入底深，m
139.7	12.70	BG125V	BGT2	0	4625.59

2. NH19-4 井测井基本情况

（1）测井目的。

本次测井目的：下入适用于 φ139.7mm 套管腐蚀检测工具评价油层套管腐蚀变形情况。根据测井解释结果调整后续桥塞坐放位置，以进行试油工程的下步作业。

（2）下井仪器组合。

测量项目：存储式多臂井径（MIT24）。

仪器组合：24 臂井径仪 + 扶正器。

测量井段：3150～4155m。

（3）24多臂井径成像仪测量原理。

24臂井径成像测井仪MIT（Multi-Finger Image Tool）由电子线路、电动马达、24臂井径测量探头等组成（图6-26）。与其他同类型仪器相比，该仪器配备的测量臂为耐酸蚀的铍铜合金，在测量臂的端部进行了炭化钨处理，从而增加其耐磨性，保证测量精度。仪器通过马达供电开腿。在测量中，一旦管柱内径发生变化，测量臂通过铰链将内径变化量传递到激励臂上，激励臂的移动，切割外面的线圈，从而产生随管柱内径变化的感生电动势（测量时，仪器还配置有温度传感器，实时实现感生电动势受温度的影响）。通过刻度，将测量到感生电动势转化为测量半径，从而实现井径的测量。同时，仪器还记录井斜及仪器高端的方位等曲线。MIT多臂井径成像仪测井原理如图6-27所示。

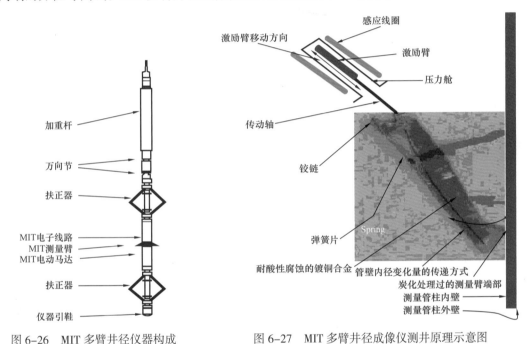

图6-26 MIT多臂井径仪器构成　　　　图6-27 MIT多臂井径成像仪测井原理示意图

MIT测得24条沿套管内壁均匀分布的半径曲线FING01～FING24，可直接反映套管内壁变化情况，故可用于套管内壁检测和进行腐蚀判断。将测得的24个不同的井径值标定为不同的颜色，创建3D成像图，可以直观地显示出套管内壁情况。

3. NH19-4井油套管损伤检测解释与分析结果

（1）MIT多臂井径成像测井资料解释与分析标准。

新型的多臂井径仪MIT24由于测量精度高，测得24条沿油管内壁均匀分布的半径曲线FING01～FING24，可直接反映油套管内壁变化情况，故可用于油套管内壁检测和进行腐蚀判断。为了克服MIT24多臂井径仪因井眼覆盖率相对较低而导致的漏失部分管柱损伤特征（如小的孔洞），对重点井段，可采用多次重复测量，可最大限度降低因井眼覆盖率低引起的管柱损伤特征的漏失，达到真实反映井下管柱损伤状况的目的。

参照Sondex的MIT解释标准，结合现场测井解释评价经验和工程技术上的实际需求按照表6-8所示方式进行评级。

表 6-8 油套管检测损伤（结垢、变形）评级表

损伤级别	腐蚀结垢评价	变形损伤评价	
	损伤程度，%	变形程度，%	变形长度，m
一级损伤/结垢	1～10	1～5	不考虑变形长度
		5～10	≤10
二级损伤/结垢	10～20	5～10	>10
		10～20	≤10
三级损伤/结垢	20～40	10～20	>10
		20～40	≤10m
四级损伤/结垢	40～85	20～40	>10m
		40～85	≤10m
五级损伤/结垢	>85	40～60	>10m
		>60	不再考虑变形长度

注：点状坑蚀损伤程度>85%时判断为穿孔；

损伤程度 = 损伤大小/标准壁厚 ×100%；

损伤大小 = 最大测量值 – 正常段测量值（同一条测量臂）。

结垢程度 = 结垢厚度/标准内半径值 ×100%；

结垢厚度 = 正常段测量值 – 最小测量值（同一条测量臂）。

变形程度 = 最大变形量/标准内径值 ×100%；

最大变形量：通过居中校正后的测量内径数据计算。

该评级标准尚未形成企业标准，评级结论仅做参考。

（2）NH19-4 井 MIT24 数字处理及测井综合解释。

该井测井资料根据套管数据进行校深，MIT24 臂井径测井资料进行了温度校正处理，居中校正处理；计算了最大、最小和平均直径。

在所测量的井段（3150～4155m）内，MIT24 多臂井径测井资料表明：

NH19-4 井 ϕ139.7mm 套管在测量井段内经检测，4135～4136.5m，4112～4113.5m 和 4089.5～4090.5m 为射孔段，如图 6-28 和图 6-29 所示。套管结垢情况见表 6-9。

表 6-9 NH19-4 井 ϕ139.7mm 套管结垢井段统计表

极值深度，m	结垢厚度，mm	结垢程度，%	结垢级别
4140.58	3.5	6.12	一级结垢

ϕ139.7mm 套管在测量井段内发现多段套管变形，其中最大变形出现在 3864.72m 处，该处最小内径值为 86.64mm，变形程度为 24.20%，如图 6-30 所示。

ϕ139.7mm 套管在 4140.58m 存在结垢现象，结垢程度 6.12%，结垢级别为一级结垢。

ϕ139.7mm 套管在测量井段内的其他井段未发现明显变形、结垢和损伤，如图 6-31 所示。

深度 m	-50 LSPD, m/min 50	45 FING01,mm 120	80 最大直径,mm 130
	0 GR,GAPI 250	42.5 FING02,mm 117.5	80 最小直径,mm 130
	17000 CCL 18450	-12.5 FING24,mm 62.5	80 平均直径,mm 130

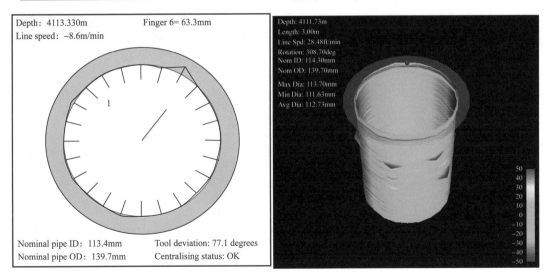

图 6-28 4112m 处套管 MIT 测井曲线、截面和三维模型图

深度 m	-50 LSPD，m/min 50	45	FING01，mm	120	80 最大直径，mm 130
	0 GR，GAPI 250	42.5	FING02，mm	117.5	80 最小直径，mm 130
	17000 CCL 18450	-12.5	FING24，mm	62.5	80 平均直径，mm 130

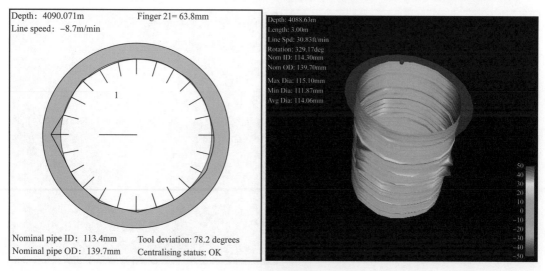

Depth：4090.071m	Finger 21＝ 63.8mm
Line speed：-8.7m/min	

Nominal pipe ID：113.4mm	Tool deviation：78.2 degrees
Nominal pipe OD：139.7mm	Centralising status：OK

Depth: 4088.63m
Length: 3.00m
Line Spd: 30.83ft/min
Rotation: 329.17deg
Nom ID: 114.30mm
Nom OD: 139.70mm

Max Dia: 115.10mm
Min Dia: 111.87mm
Avg Dia: 114.06mm

图 6-29　4090m 处套管 MIT 测井曲线、截面和三维模型图

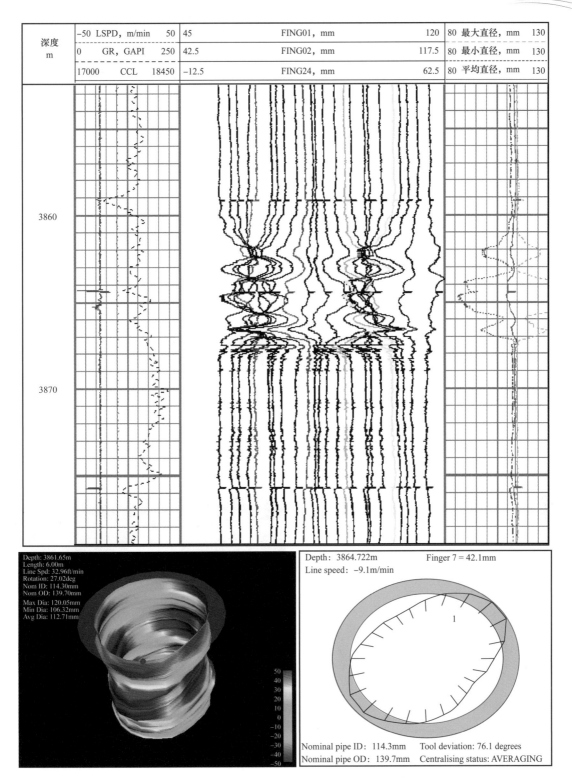

图 6-30 3864m处套管 MIT 测井曲线、截面和三维模型图

深度 m	−50 LSPD，m/min 50	45 FING01，mm 120	80 最大直径，mm 130
	0 GR，GAPI 250	42.5 FING02，mm 117.5	80 最小直径，mm 130
	17000 CCL 18450	−12.5 FING24，mm 62.5	80 平均直径，mm 130

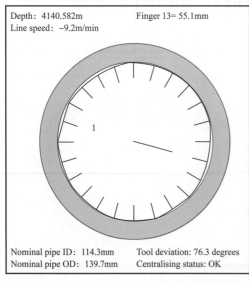

Depth：4140.582m   Finger 13= 55.1mm
Line speed：−9.2m/min

Nominal pipe ID：114.3mm   Tool deviation: 76.3 degrees
Nominal pipe OD：139.7mm   Centralising status: OK

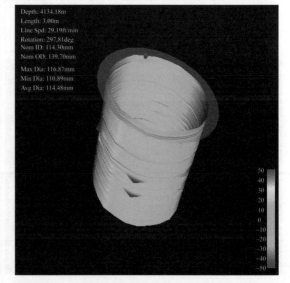

Depth: 4134.18m
Length: 3.00m
Line Spd: 29.19ft/min
Rotation: 297.81deg
Nom ID: 114.30mm
Nom OD: 139.70mm
Max Dia: 116.87mm
Min Dia: 110.89mm
Avg Dia: 114.48mm

图 6-31　4140m 处套管 MIT 测井曲线、截面和三维模型图

NH19-4 井套管在各井段的变形情况见表 6-10。

表 6-10　NH19-4 井 139.7mm 套管变形井段统计表

变形井段，m		变形长度，m	极值深度，m	最小内径值，mm	变形量，%	变形程度，%	变形级别
4016.6	4027	10.40	4022.52	103.47	10.83	9.48	一级变形
3860.1	3867.3	7.20	3864.72	86.64	27.66	24.20	三级变形
3821.4	3846.3	24.90	3839.96	90.04	24.26	21.22	四级变形
3774.3	3783.9	9.60	3778.57	108.20	6.10	5.33	一级变形

（3）综合解释结论与建议。

NH19-4 井在所测量的井段（3150～4155m）内，MIT24 多臂井径测井资料表明：

① NH19-4 井 ϕ139.7mm 油层套管在测量井段内存在 3 个射孔段，分别是 4135～4136.5m，4112～4113.5m 和 4089.5～4090.5m；存在 4 处变形段，其中最大变形出现在 3864.72m 处，该处最小内径值为 86.64mm，变形程度为 24.20%；存在一处轻微结垢现象，结垢程度 6.12%，属于一级结垢；

② 在 ϕ139.7mm 油层套管的其他井段未发现明显变形，结垢和损伤。

二、NH19-5 井套损套变检测

1. NH19-5 井基本情况

NH19-5 井是一口开发水平井，完钻井深 2592.65m/4300.00m（垂深/斜深），A 点井深 2464.48m/2800.00m（垂深/斜深），B 点井深 2592.65m/4300.00m（垂深/斜深），水平段长 1500.00m，采用 ϕ139.7mm 套管完井。井身结构如图 6-32 所示，钻头、套管程序见表 6-11，ϕ139.7mm 油层套管基本数据表见表 6-12。

表 6-11　NH19-5 井油套管检测钻头和套管数据表

钻头程序（外径 × 深度），mm×m	套管程序（外径 × 深度），mm×m	水泥返高，m	试压情况，MPa
660.4 × 23.00	508.0 × 23.00	地面	无
406.0 × 411.00	339.7 × 409.29	地面	17.72$\frac{30min}{}$17.45
311.2 × 1396.00	244.5 × 1382.93	地面	25.02$\frac{30min}{}$25.02
215.9 × 4300.00	139.7 × 4295.89	88.00	35.24$\frac{30min}{}$35.14

表 6-12　ϕ139.7mm 油层套管基本数据表

套管外径，mm	壁厚，mm	钢级	螺纹类型	下入顶深，m	下入底深，m	备注
139.7	12.70	BG125V	BGT2	0	4295.89	宝钢

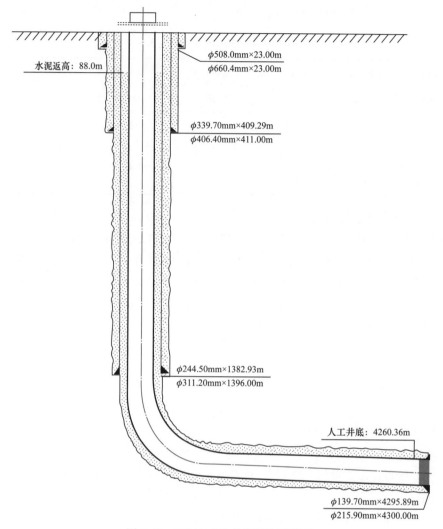

水泥返高：88.0m

φ508.0mm×23.00m
φ660.4mm×23.00m

φ339.70mm×409.29m
φ406.40mm×411.00m

φ244.50mm×1382.93m
φ311.20mm×1396.00m

人工井底：4260.36m

φ139.70mm×4295.89m
φ215.90mm×4300.00m

图 6-32　NH19-5 井井身结构示意图

2. NH19-5 井测井基本情况

（1）测井目的。

通过连续油管下入自然伽马、磁性定位、24臂井径等仪器进行测量，用以判断 φ139.7mm 油层套管变形损伤情况，为下一步施工提供依据。

（2）测井条件。

采用连续油管存储式 24 臂井径测井，为保证测井施工能够顺利进行，在施工作业前对该井进行通井作业。

（3）通井。

在测井之前，先用连续油管进行通井，确保井下安全可靠，通井井段：2300～3505m（通井至 3505m 左右遇阻）。

（4）工程测井下井仪器组合。

测量项目：多臂井径（MIT24）。

仪器组合：防转接头＋电池短节＋存储短节＋压力磁定位＋自然伽马＋扶正器＋24臂井径仪＋扶正器＋回路堵头。

测量井段：2300～3505m。

3. NH19-5 井油套管损伤检测解释与分析结果

（1）NH19-5 井 MIT24 多臂井径测井资料根据测量井段上部 5.26m 定位短节底部深度 2313.37m 进行校深，并对深度作了拉伸和压缩处理，也做了温度校正和居中校正处理。计算了最大、最小和平均直径，进行了三维和截面图处理，并做了居中处理和不居中处理对比分析，如图 6-33 所示，可以看到，居中后将弱化对扭曲变形的显示。

（2）利用 MIT24 多臂井径测井资料分析，NH19-5 井在本次测量井段内（2300～3505m）：

①φ139.7mm 油层套管发现明显变形现象，见表 6-13。

表 6-13　φ139.7mm 油层套管变形统计表

序号	井段 m		最大变形点深度 m	标准内径 mm	最小内径 mm	最大内径 mm	最大变形量 mm	变形程度 %	变形等级
1	3459.1	3460.6	3459.7	114.3	101.89	122.68	12.41	10.86%	二级
2	3495.4	3496.1	3495.78	114.3	112.12	116.7	2.4	2.10%	一级
3	3498.5	3501.7	3500.87	114.3	63.87	140.06	50.43	44.12%	四级

φ139.7mm 套管在井段 3498.5～3501.7m 存在明显扭曲变形，在深度 3500.8m 处存在最小内径 63.87mm，最大内径 140.06mm，标准内径为 114.3mm，最大变形量 50.43mm，变形程度为 44.12%，变形长度小于 10m，从变形级别来讲，属于四级变形。从测井曲线特征分析，该处变形严重，通过能力将会受到较大影响；局部有明显的"刺状"特征，且正好位于 3499.67m 油层套管接箍处，可能存在套管破损或脱扣的风险，如图 6-34 所示。

φ139.7mm 套管在井段 3459.1～3460.6m 存在明显扭曲变形，在深度 3459.7m 处存在最小内径 101.89mm，最大内径 122.68mm，标准内径为 114.3mm，最大变形量 12.41mm，变形程度为 10.86%，从变形级别来讲，属于二级变形，如图 6-35 所示；另外，从测井曲线特征看，无节箍在该变形井段内。

②φ139.7mm 套管在测量井段未发现其他腐蚀损伤现象。

③φ139.7mm 套管在测量井段发现结垢现象。在井段 3466.1～3466.9m 存在明显结垢，在深度 3466.22m 处存在最大结垢厚度 2mm，标准内半径为 57.15mm，结垢程度为 3.5%，从结垢级别来讲，属于一级结垢，如图 6-36 所示。

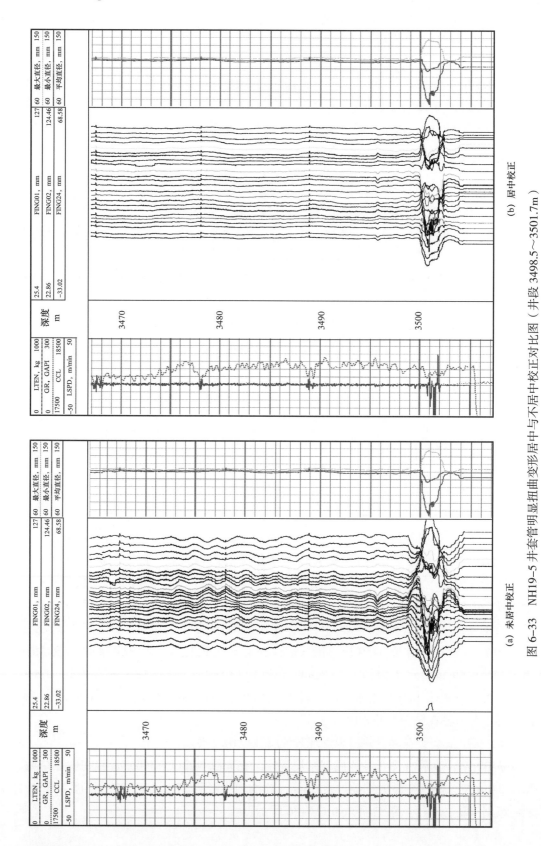

(b) 居中校正

(a) 未居中校正

图 6-33　NH19-5 井套管明显扭曲变形居中与不居中校正对比图（井段 3498.5～3501.7m）

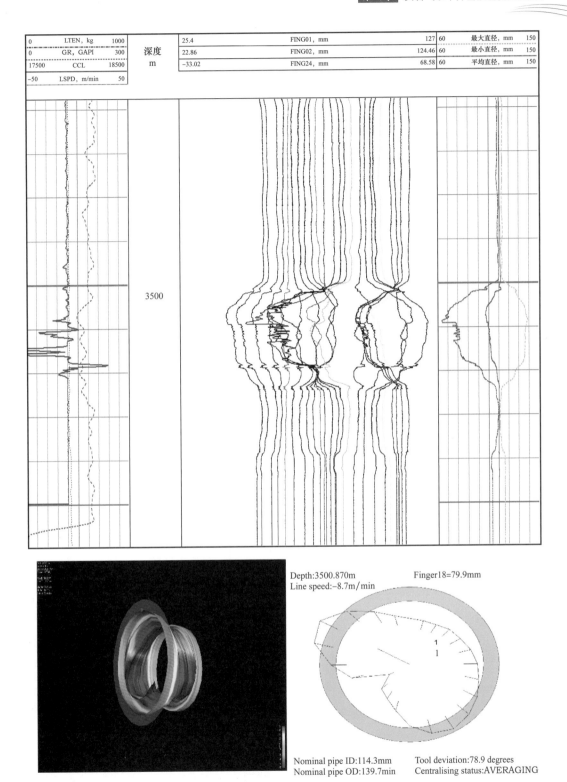

图 6-34 NH19-5 井油层套管在深度 3500m 处存在最大扭曲变形

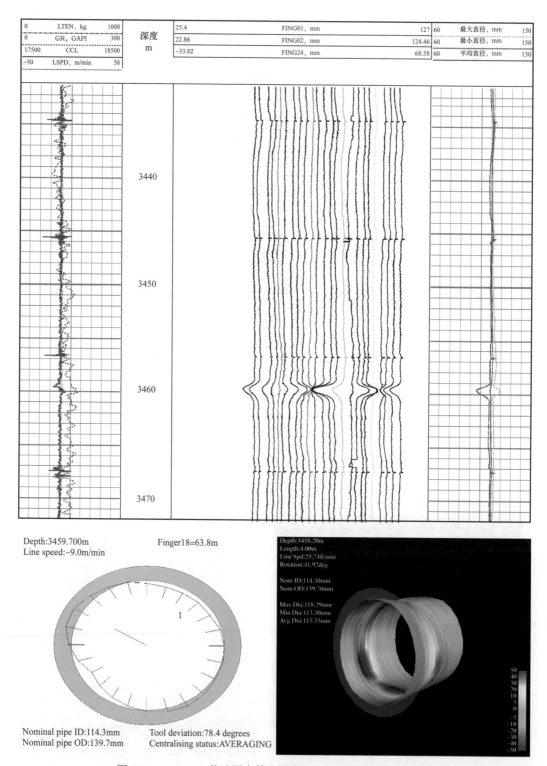

图 6-35　NH19-5 井油层套管在深度 3459.7m 处存在扭曲变形

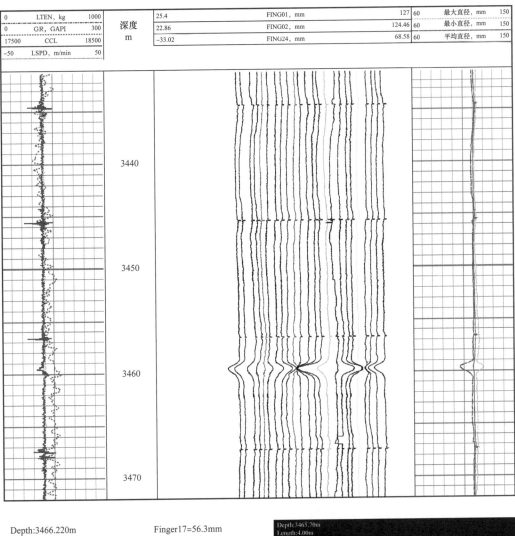

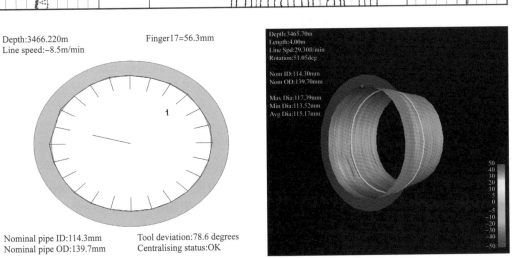

图 6-36　NH19-5 井油层套管在深度 3466.22m 处存在轻微结垢

第四节 套损套变修复工艺技术

一、水平井套管补贴技术

套管补贴技术是针对套管漏失、变形、错断、误射等情况，通过下衬管并密封衬管两端而形成完整通道的工艺技术，它既适用于中浅层套管损坏，又适用于中深层套管损坏，周期相对较短，投入成本相对较少。

1. 金属波纹管补贴技术

金属波纹管补贴技术主要用于修复套管局部穿孔、腐蚀、螺纹漏失、误射孔等，其原理是在按顺序连接补贴工具、组装补贴波纹管、涂抹黏接剂，用油管将管柱下到补贴预定位置，用液体作为传动媒介，通过泵车在地面加压，用油管将压力传到专用补贴工具内部的液缸，推动活塞并带动拉杆和与拉杆连接的刚性膨胀锥、弹性膨胀锥一起运动，将涂有黏接剂的特制薄壁纵向波纹钢管补贴在待补贴套管内壁上，从而恢复油水井的正常生产。

波纹管的补贴工具有液缸式和水力锚式。液缸式的工作过程为，用液缸上提胀头胀开波纹管下端，然后上提管柱，使胀头强行通过波纹管。此时整个波纹管先胀开的那一段与套管之间紧密配合固定在套管上。

水力锚式是先用水力锚将波纹管限定在补贴部位，然后上提胀头胀开波纹管下端，再将水力锚卸压，胀开的波纹管与套管之间紧密联结；上提管柱，胀开整个波纹管。

当然，也可以将水力锚和液缸复合使用，这时水力锚位于液缸之上，水力锚固定在套管上承受液缸拖动胀头时的轴向拉力，以减轻油管负荷。

波纹管补贴的施工工艺主要包括以下几个：电测井径、扩眼、下波纹管柱、憋压膨胀、投球丢手、磨铣波纹管柱上端口、修整胀管、磨铣下底阀。

波纹管可以下过直径小的井段，对井眼的打通道要求不严格，而且可以先补上部井段再补下部井段；补贴管薄，补贴管与套管之间没有间隙，所以，补后内径大，可使井下工具容易通过。缺点是承受压力低，补贴力小，要求补贴段套管内壁条件较为苛刻，否则会造成补贴管和套管简单挤压在一起，难达到密封技术指标，特别是出现井下套管内径变化的多样性（如内径大小及不均匀性、椭圆性等）。该技术只能用于补贴孔眼小一些的套破孔洞，套管螺纹漏失等，对错断井就不能进行补贴，因为补贴的原理决定了其不能抗剪切及承受高压。

2. 软金属膨胀套管补贴技术

将补贴管两端焊接软金属胀套，挤胀后与套管内壁接触产生密封效果。补贴工具是水力机械压缩液缸下端连接胀体，中心拉杆穿过补贴管在末端也同样连接一个胀体，将补贴管固定在中心连接杆上。补贴工具下入补贴井段后，水力机械中心连接杆两端胀体相对压缩挤胀，使软金属胀套胀径与套管内壁接触产生密封效果，此时工具动作完毕，达到补贴目的。

3. 套管爆炸补贴技术

套管爆炸补贴如图 6-37 所示，它的补贴原理是：利用排液发动机中固体推进剂燃烧时所产生的高能气体射向补贴管与套管之间的环形空间，在局部形成高压，驱替环形空间中的液体介质。也就是说在发动机工作点火之后，喷出高温高压的气体，该气体推动补贴管与套管中环空液体介质向上运动，并冲刷清洗补贴管表面，来排出液体，清理补贴管与套管的接触面，使局部环空面上可以实施焊接，其他部位紧贴在一起。

在装药结构上，采用局部加强装药，使爆炸后补贴管与套管紧贴，并形成环状凸起，这样既能起到密封作用，又满足了井下作业的通径尺寸要求。这一过程就称之为爆炸补贴技术。这种方法的缺点是对炸药的选择及用量的计算提出了很高的要求，一旦炸药选择及用量错误，就可能导致补贴管没有紧贴在套管上，或者会导致套管的二次破坏。所以爆炸法补贴的密封性、可靠性、最大通径和一次补贴长度等方面存在许多缺陷或受到某些条件的限制。

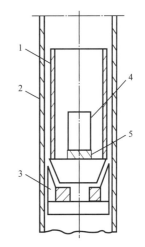

图 6-37 套管爆炸补贴示意图
1—补贴管；2—套管；3—发动机；
4—炸药；5—启动器

4. 复合材料套管补贴技术

1998 年至 1999 年国外研制一种复合材料套筒，利用合成橡胶纤维和热固树脂制成。将此复合材料装在工具上下入井内套管破损处挤压在套管内壁上，然后加热使树脂聚合，撤回工具，在原地留下一个耐压的内衬。采用这种办法后套管只有很小的缩径，现场实验成功，目前已经开始进行工业操作。

5. 两端加固补贴技术

为了适应新的技术参数，补贴管采用有一定厚度和很高强度的圆钢管，然后只要将两端牢牢"焊接"在套管上。

按补贴的动力可将两端加固补贴技术分为燃气动力两端加固补贴和液压式两端加固补贴。这两种补贴的原理是相同的，都是在破损井段下入补贴加固管，启动动力坐封工具，产生强大的机械力，迫使加固衬管两端的特殊金属锚定器胀大，过盈配合挤在被预定加固部位的套管上，从而达到修复套管的目的，满足其使用寿命、密封性及悬挂力等技术指标。

6. 高强度自锁卡瓦式套管补贴技术

该项工艺技术主要采用动力坐封工具，在补贴管两端装有密封卡瓦座、密封金属环。密封金属环靠挤压缩金属膨胀产生多极密封效果。补贴管采用密封螺纹连接，可以不受井架高度限制加长补贴。

7. 套管错断井补接技术

套管错断井的补接和套破井的补贴技术在原理上属于两端加固补贴，但在指标上两者有本质的差别，主要是补接的两端加固材料、补接管材和补接的动力工具都在技术上有很大的改进，必须满足以下条件：

（1）补接管强度高，屈服值完全等同或高于套管强度，补接后可承受较大的剪切力。

（2）补接管两端为可靠的"冷焊接"。

（3）补接后内径大，$5\frac{1}{2}$in 套管补接后内径可达 110mm，可以通过修井的 $2\frac{7}{8}$in 钻杆（接箍 105mm）；7in 套管补接后内通径也达到了 146mm。

（4）补接段可承受 600kN 的悬挂和拉力，抗内压 30MPa。

（5）补接段耐高温 500℃，可满足稠油井的蒸汽吞吐。

套管补贴只是解决套管的漏、破的封堵问题，且补贴后的技术指标也很难得到保证；而补接不仅实现了远非补贴所能实现的可靠的高质量的封堵，还可以使完全错断的报废油水井死而复生。

8. 套管补贴堵漏技术

针对页岩气水平井套管漏点影响后续压裂施工的套损问题，对现场成熟的几种套管补贴堵漏技术特点进行对比，结果见表 6–14。

表 6–14　几种套管补贴堵漏技术特点

序号	名称	需要配合的设备	技术特点	总结对比
1	斯伦贝谢公司套管补贴技术	油管或者连续油管	需要修井机、压井，膨胀管补贴段套管内径≥110mm（ϕ110mm 通井规能通过），如果膨胀管补贴段套管内径<110mm，需要对补贴段套管通道进行机械或液压掌管或磨铣处理	补贴段内通径 105mm，可以过外径 99.2mm 大通径桥塞，抗内压 100MPa，抗外挤 24 MPa
2	亿万奇公司套管补贴技术	油管或者连续油管	需要修井机、压井，膨胀管补贴段套管内径≥114.3mm（ϕ113mm 通井规能通过），如果膨胀管补贴段套管内径<113mm，需要对补贴段套管通道进行机械或液压掌管或磨铣处理	补贴段内通径 101.6mm，可以过外径 99.2mm 大通径桥塞，抗内压 70MPa，抗外挤 56 MPa
3	华鼎公司套管补贴技术	油管或者连续油管	需要修井机/连续油管、压井，膨胀管补贴段套管内径≥110mm（ϕ110mm 通井规能通过），如果膨胀管补贴段套管内径<110mm，需要对补贴段套管通道进行机械或液压掌管或磨铣处理	补贴段内通径 93mm，补贴后无法下入桥塞，抗内压 70MPa，抗外挤 50MPa

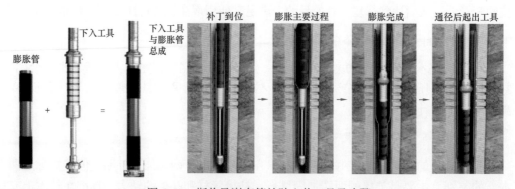

图 6–38　斯伦贝谢套管补贴入井工具及步骤

表中斯伦贝谢公司套管补贴堵漏技术施工步骤如下：

需要修井机、压井，膨胀管补贴段套管内径≥110mm（φ110mm 通井规能通过），如果膨胀管补贴段套管内径<110mm，需要对补贴段套管通道进行机械或液压掌管或磨铣处理。补贴段内通径 105mm，可以过外径 99.2mm 大通径桥塞，抗内压 100MPa，抗外挤 24MPa。通井，下入膨胀管管柱，打压可膨胀封隔器，膨胀完成起出下入工具。

二、水平井套管整形技术

通过机械整形工具或爆炸等手段将在塑性极限内的套管缩径恢复到接近套管原始内通径的工艺技术，称为套管整形技术，该技术只适用于套管的轻微变形，其周期较短，可应用小修作业设备进行修复。其中，机械式整形只限于 $\Delta\psi\leq5mm$ 的整形，爆炸整形变形量 $5mm\leq\Delta\psi\leq25mm$，在已有爆炸整形工艺基础拓宽了的爆炸整形工艺，可在套管接箍、套管外无水泥环处以及射孔井段进行爆炸整形。

1. 爆炸整形修井工艺技术

爆炸整形修井工艺技术的原理：爆炸整形是根据爆炸瞬间产生的巨大能量，通过液体介质（压井液）的传递，将化学能变为机械能来克服套管和岩石的变形应力和挤压力，使套管向外扩张产生膨胀，迫使地应力在局部范围内重新分布，达到整形的目的。

2. 套管水力整形技术

套管水力整形技术由下列工具组成：分瓣式胀管器、液缸和防顶扶正装置等。在工作时，依次将分瓣式胀管器、液缸和防顶扶正装置连接好，用油管将其下到套管的变形井段顶部，通过地面泵车向油管内打压，液缸的反向推力由防顶扶正装置和油管承担。在向油管内打压的同时，液体压力也同时驱动防顶扶正装置的锥体将卡瓦撑开并锚定在套管上，压力越高、锚定力越大。连接在分瓣式胀管器上的液缸将动力液的压力转换成轴向机械推力推动分瓣式胀管器挤胀套管的变形部位（作用原理与梨形胀管器相同），使其复原。当液缸走完一个行程，则变形部位被修复一个行程的长度。如果变形部位较长，则需要在修复一个行程的长度之后，重新提放管柱，将其放到没被修好的部位重新打压挤胀，直到胀管器能够顺利通过变形部位为止。

3. 碾压整形扩径工艺技术

碾压整形扩径工艺技术是套损井修复过程中对水泥环影响较小的打通道技术，主要用于修复套管损坏较轻、尚未错断的油井。通过钻杆连接把恒压控制器、扶正器和滚珠整形器下放到套损位置，地面转盘带动滚珠整形器转动，对损坏套管扩径整形。拟通过对油井套管、水泥环和地层的力学分析，建立套损井碾压整形的力学模型，根据应变协调的原则判断水泥环及第一、第二胶结面的损坏判据，综合评价碾压整形方法，以保证修井质量。碾压整形主要是依靠滚珠在套管变形位置反复滚压施加外力，促使套管产生塑性变形完成整形，如图 6-39 所示。

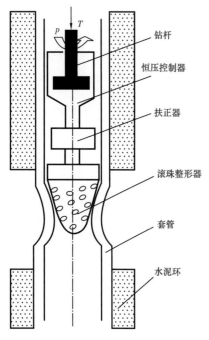

图 6-39　碾压整形扩径工艺技术示意图

4. 冲击整形技术

冲击整形技术是根据撞击原理设计的冲击机械针对套管变形井、轻微错断井建立起来的一种套管修复技术。也是目前机械整形中常见的一种方法。

冲击整形的组合工具主要由钻杆、配重器和梨形胀管器组成。梨形胀管器的上部是一个圆柱体，下部是一个圆锥体，圆锥体的表面为胀管器的工作面，其锥体的锥角一般大于 60°。若锥角过小，胀管器锥体和套管接触部位容易产生挤压自锁而发生卡钻事故；若锥角过大，则每一次的整形效果不明显，结构如图 6-40 所示。冲击整形时的工作过程：梨形胀管器通过钻杆的连接，下放到离套损点 9～18m 处停止，然后依靠钻杆及其整形工具的自重在井液中自由下放，临近套损位置上部的某一瞬时，司钻瞬时进行刹车（对整形的冲击行为进行人为干预），在这种条件下胀管器进行整形。在冲击整形中主要依靠钻杆向下运动的惯性施加给胀管器一定的作用力，使胀管器锥体工作面与套损接触部位瞬时产生径向分力，冲胀变形部位。冲击整形组合工具扩径原理如图 6-41 所示。

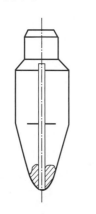

图 6-40　梨形胀管器示意图

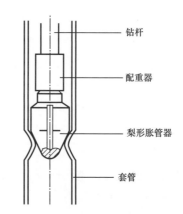

图 6-41　冲击整形组合工具扩径原理示意图

使用梨形胀管器时，将胀管器上提到距离变形位置 9～18m 处，反复下放钻具，依靠钻柱的惯性力迫使工具的锥形头部楔入变形部位，进行挤胀，这种方法可使内径增加 1.5～2mm。作业时，应控制好冲击力的大小，冲击力过小，达不到整形的目的；冲击力过大，胀管器可强行通过，但当套管发生的弹性变形恢复后，容易引起卡钻事故。由于梨形胀管器最大工作面积受环空间隙和一次最大整形量所限，往往需要更换几次甚至几十次不同工作面尺寸的胀管器才能完成变形井、错断井的修复工作，所以整形时起下钻和更换工具的时间较为频繁，工作量较大。

5. 液压胀管整形技术

液压胀管整形技术主要考虑从以下几个方面着手克服现有整形技术的不足：（1）采用液压提供动力，以改变原有整形技术的动力方式；（2）工具具有连续工作的能力，一个工作行程完成后能够通过一定的动作可靠地转入下一个工作行程；（3）分瓣胀管器具有自行解卡的功能，单次整形量为 6mm。

1）工具结构

液压胀管整形工具主要由液压胀管器和分瓣胀管器两部分构成。二者通过钻杆螺纹连接，这种结构的优点是液压胀管器的可重复利用率高，节约了加工成本，又实现分瓣胀管器的系列化。

（1）液压胀管器结构。

液压胀管器的具体结构如图 6-42 所示。该工具主要由三大部分组成：上部为泄压部分，在液缸移动一个工作行程后能自动泄压而停止工作；中间为液缸，其作用是产生向下的轴向推力，图 6-42 中所示的为一级液缸的结构示意图，实际工具可以依据需要增加液缸的数量；第三部分为球座，主要起密封作用，正常下井时可以带着球下入，也可以下到位后再投球。

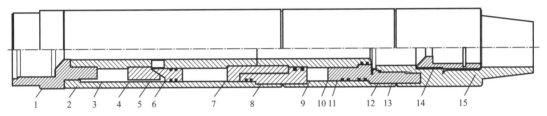

图 6-42 液压胀管器结构示意图

1—上接头；2—上油缸；3—上中心管；4—密封环座；5—密封圈；
6—活塞；7—中心管接头；8—柱塞；9—内中心管；10—下油缸；
11—下挡头；12—连接套；13—下中心管；14—球座；15—下接头

（2）分瓣胀管器结构。

分瓣胀管器的具体结构如图 6-43 所示。其中，内锥体和外锥体配合，在轴向推力的作用下完成变形套管的整形，内外锥体的设计解决了整体式胀管器容易遇卡的问题。分瓣锥体外锥面形状依据理论计算结果和室内试验进行优化，在保证工具强度的前提下，能够达到最佳的整形效果。工具前端的探针可以保证工具顺利引进变形井段。

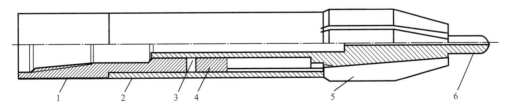

图 6-43 分瓣式胀管器结构简图

1—上接头；2—外套；3—中心内锥体；4—外锥体接头；5—分瓣锥体；6—探针

2）工作原理

工作时，先将连接好的管柱下到油井内的预定位置，地面加压，液压缸组将地面水泥车的液压力转换成轴向机械推力作用于液压胀管器下接头，并通过它将推力传递到分瓣式胀管器的内外锥体上，锥体将轴向推力转化成径向扩张力，变形套管在分瓣锥体径向扩张力的作用下膨胀，复原。当液压胀管器达到额定工作行程后泄压，可以自由地上提或下放管柱。如果下放管柱仍然无法通过套管变形部位，可以继续从油管打压，重复上述过程。整形过程中如果整形工具遇卡，油管泄压，上提管柱，探针上移，分瓣锥体收缩解卡。

3）技术指标及工艺特点

液压机构总长：2657mm；胀管机构总长：682mm；液压胀管器刚体最大外径：105mm；分瓣胀管器外径规格：105～156mm系列；额定工作压力：20MPa；液缸额定轴向推力：466kN；柱塞额定行程：288mm；液压胀管器与分瓣胀管器连接螺纹：$2^7/_8$IF。

工艺特点：具有复位功能，可以实现长距离连续整形；泄压装置使施工过程显示明显，便于现场操作。

三、套管化学堵漏技术

采用无机胶凝材料堵漏和热固性树脂等材料对破损套管进行化学堵漏是解决套管破漏问题的重要手段。对两种常见化学堵漏技术介绍见表6-15。

表6-15 套管化学堵漏技术介绍

序号	名称	需要配合的设备	技术特点
1	LBP堵漏	连续油管	堵漏后，漏点位置承压能力满足后续压裂施工要求。漏点位置内径不会产生变化
2	压差化学堵漏	连续油管设备	堵漏后，漏点位置承压能力满足后续压裂施工要求。漏点位置内径不会产生变化

1. LBP堵漏技术简介

需要先通井，测井定位漏点位置，漏点下部能通过复合塞99.8mm，需要在漏点下部坐封复合塞承托液体桥塞堵漏剂，储层封堵后钻塞，可维持修井前套管原有通径，可承受80MPa以上压差。其特点为：

（1）采用非收缩发热反应树脂；

（2）适用井筒温度范围（13～150℃）；

（3）直角固化；

（4）永久封堵；

（5）适用于高渗漏率地层的封堵，如钻井液漏失、压裂过的地层、自然裂缝的地层；

（6）漏失处形成网格胶联封堵，时间可调；

（7）易于泵注，地面状态：黏度30mPa·s，井底状态：温度90℃，黏度2～3mPa·s，交联时间精确可控。

堵漏剂交联前后对比如图6-44所示。

(a) 交联前　　　　　　　　　　　　　　　　(b) 交联后

图 6-44　堵漏剂交联前与交联后对比

2. 压差化学堵漏技术

将液态的压差激活化学堵漏剂注入泄漏点，加压后在泄漏点及地层形成压差，实现压差激活（0~200psi 激活压差，可调），堵漏剂在泄漏点及地层发生化学反应并固结，在漏点及地层形成新的密封体，对漏点进行密封，达到堵漏目的。其特点为：

（1）在特定条件下激活，在没有压差的环境下，堵漏剂不发生反应并保持液态，输送时间、方式等因素不影响其固化。

（2）液态压差化学堵漏剂（黏度小于 10mPa·s）；

（3）压差激活，仅在泄漏点及地层凝固，多余堵漏剂仍保持液态，不会在油套管内形成胶塞；

（4）堵漏固化反应产物为柔韧的固体，有弹性，密封性能好；

（5）对环境友好，安全环保、无毒、无腐蚀性（中性）、无挥发性、无刺激性；

（6）堵漏固化后耐腐蚀：耐酸碱、耐油、耐 H_2S，满足长期密封需要。

压差化学堵漏原理和堵漏剂固化前后对比如图 6-45 和图 6-46 所示。

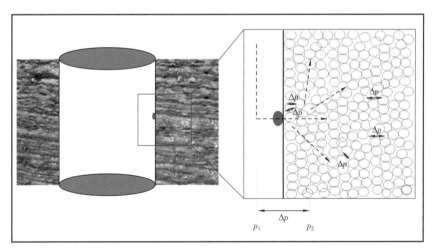

图 6-45　压差化学堵漏原理示意图

(a) 固化前　　　　　　　　　　　　　(b) 固化后

图 6-46　压差化学堵漏剂固化前后对比

第五节　YS108H1-2 井磨铣修套

一、基本情况

YS108H1-2 井，构造上位于四川台坳川南低陡褶皱带南缘，南与四川台坳相邻，处于昭通国家级示范区黄金坝 YS108 井区 $5 \times 10^8 m^3$ 页岩气产建区的核心区域（YS108H1 平台）。主要目的层位是下志留统龙马溪组。

YS108H1-2 井实施龙马溪组页岩气储层压裂作业：射孔 19 段，射孔段为 2980～4354m。该井固井质量合格率为 76.8%，双层套管段受影响，使声幅测井（CBL）幅值偏高，仅能定性解释。其中，裸眼段固井合格率为 94.81%。YS108H1-2 井井身结构如图 6-47 所示。

二、修井目的及要求

YS108H1-2 井前期压裂后发生套管变形，未完成钻塞影响了产气量，为恢复产量，进行大修。

先对井深 3007m 附近的套变点进行处理，若无法通过该点处理则不再处理；若能通过该点则继续修井作业，对第 8 个可钻桥塞进行钻磨（井深 3192～3673m），通井至井深 3673m 后替浆，下投产管柱完井。

三、磨铣修套作业过程

1. 搬迁及安装修井地面设备

安装井口护罩、钻井泵、循环罐、修井机液缸、储备罐、井架倒三角、振动筛、循环罐栏杆、液面报警仪、大门坡道、逃生跑道、立井架等修井底面设备。连接地面高压管汇，储备钻井液 100m³。

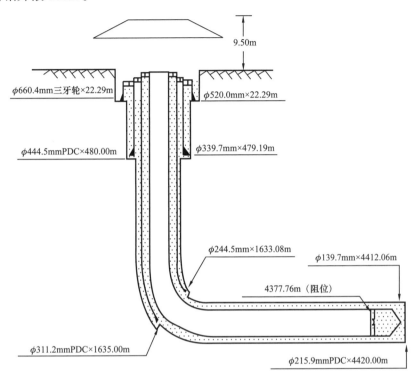

图 6-47　YS108H1-2 井井身结构示意图

2. 试压

用 1 台 500 型橇装泵依次对分离器清水试压 8MPa，10MPa 和 35MPa，经 10min 压降 0MPa，合格。

3. 泄压

开油经分离器放喷泄压，油管压力：由 21.1MPa 下降至 4.0MPa，套管压力：由 21.8MPa 下降至 8.0MPa，点火口点火燃，呈橘红色，焰高：6～8m。

4. 压井

（1）用 1 台 500 型橇装泵反循环清水 10m³，泵压：8.0MPa 下降至 0.0MPa，排量：500L/min，油管压力：由 4.0MPa 下降至 0.0MPa，点火口点火燃，呈橘红色，焰高：6～8 下降至 2～3m。

（2）用 1 台 F1300 钻井泵反循环钻井液：31m³，密度：2.05g/cm³，漏斗黏度：88s，泵压：由 0.0MPa 上升至 19.0MPa，排量：950～750L/min，油管压力：由 0.0MPa 上升至 3.0MPa 再下降至 0.0MPa，点火口点火燃，呈橘红色，焰高：由 2～3m 下降至自灭，排液口密度：由 1.02g/cm³ 上升至 2.05g/cm³，漏斗黏度：92s（其中：16：10 火焰自灭）。

5. 循环及观察

（1）用 1 台 F1300 钻井泵反循环井内钻井液，泵压：19.0～20.0MPa，排量：500L/min，进口密度：2.05g/cm^3，漏斗黏度：88s，出口密度：2.05g/cm^3，漏斗黏度：由 92s 下降至 88s。

（2）敞井观察，出口无显示。

6. 换装井口

拆采气树，换装 18-105*18-70 转换法兰、FS18-70 试压四通、2FZ18-70 防喷器、FH18-35/70 防喷器，连接防溢管、出口管，绷井口，接灌浆管线。

7. 试压

（1）用 1 台 500 型橇装泵对 FH18-35/70 防喷器清水试压 24.5MPa，经 30min 压降 0MPa，合格。

（2）用 1 台 500 型橇装泵对 2FZ18-70 防喷器 73mm 半封清水试压 35MPa，经 30min 压降 0MPa，合格。

（3）用 1 台 500 型橇装泵对 2FZ18-70 防喷器全封，18-105*18-70 转换法兰，FS18-70 试压四通清水试压 35MPa，经 30min 压降 0MPa，合格。

8. 起原井油管

开展防喷演习后，倒出原井油管 312 根。

9. 打印

下 ϕ95mm 铅印至井深 2899.95m，悬重由 460kN 下降至 430kN，稳压 3min，位置不变。

管柱结构：ϕ95mm 铅印 ×0.3m+231×210A×0.51+ϕ60.3mm 钻杆 60 根 ×579.14m + ϕ73mm 钻杆 240 根 ×2308.02m+ 补差 4.5m+ 方入 7.48m=2899.95m。

起钻检查铅印。印痕描述：铅印失圆，最小外径 91mm，最大外径 95mm。铅印外壁有竖条状擦伤，宽 100mm、长 110mm。铅印外圆正对竖条状擦伤处有条状压痕，长 30mm、宽 4mm，压痕内侧到竖条状擦伤处距离为 87.5mm。

10. 引子磨鞋下钻

（1）下 ϕ90mm 引子磨鞋至井深 2893.19m。

管柱结构：ϕ90mm 引子磨鞋 ×0.94m+D86mm 安全接头 ×211A×210A×0.59m + ϕ60.3mm 钻杆 60 根 ×579.14m + ϕ73mm 钻杆 240 根 ×2308.02m + 补差 4.5m = 2893.19m。

（2）接单根，下 ϕ90mm 引子磨鞋至井深 3003.38m，悬重由 320kN 下降至 300kN，反复 2 次，位置不变，探到套管变形处。

管柱结构：ϕ90mm 引子磨鞋 ×0.94m+ϕ86mm 安全接头 ×211A×210A×0.59m + ϕ60.3mm 钻杆 60 根 ×579.14m+73mm 钻杆 251 根 ×2308.02m+ 补差 4.5m + 方入 4.36m = 3003.38m。

11. 磨铣修套

用 1 台 F1300 钻井泵正循环井内钻井液，磨铣修套至井深 3010.83m，钻压 10～20kN，转盘转速 20r/min，泵压 21～22MPa，排量 300L/min，钻井液密度 2.05g/cm³，漏斗黏度 68s，出口返出大量石英砂、少量铁屑。

管柱结构：ϕ90mm 引子磨鞋 ×0.94m+ϕ86mm 安全接头 ×211A×210A×0.59m + ϕ60.3mm 钻杆 60 根 ×579.14m+ϕ73mm 钻杆 252 根 ×2423.45m+ 补差 4.5m + 方入 2.21m = 3010.83m。

12. 循环、起钻

（1）用 1 台 F1300 钻井泵正循环井内钻井液，密度 2.05g/cm³，漏斗黏度：76s，泵压 21～22MPa，排量 300L/min。

（2）起钻，检查引子磨鞋，未见明显磨损。

参 考 文 献

高德利，刘奎，2019. 页岩气井井筒完整性若干研究进展［J］. 石油与天然气地质，40（3）：602-615.

陈朝伟，宋毅，青春，等，2019. 四川长宁页岩气水平井压裂套管变形实例分析［J］. 地下空间与工程学报，15（2）：513-524.

刘合，2003. 油田套管损坏防治技术［M］. 北京：石油工业出版社：227.

刘开绪，2016. 油田套损磁测应力检测技术研究［D］. 大庆：东北石油大学.

吴亮，2015. 油水井套管探伤应用关键技术研究［D］. 西安：西安石油大学.

赵自民，2012. 基于超声成像技术的套损检测研究［D］. 成都：西南石油大学.

王丽忱，甄鉴，朱桂清，2014. 国外套管腐蚀检测技术研究进展［J］. 科技导报，32（18）：67-72.

杨旭，刘书海，李丰，等，2013. 套管检测技术研究进展［J］. 石油机械，41（8）：17-22.

陈洪海，孙志峰，王文梁，等，2012. 多功能超声波成像测井仪套损检测的实验研究［J］. 测井技术，36（4）：340-344.

张娜娜，2015. 多臂井径仪套管探伤技术研究［D］. 西安：西安石油大学.

刘玲，2014. 套管三维可视化与套损识别系统的研究与实现［D］. 大庆：东北石油大学.

王斌，2018. 瞬变电磁法井下多层管柱损伤检测技术研究［D］. 西安：西安石油大学.

张向林，刘新茹，郭云，2008. 套损检测新技术［J］. 地球物理学进展（5）：1641-1645.

张洪，李得信，杨西娟，等，2012. 套损检测技术在青海油田的应用［J］. 测井技术，36（1）：56-62.

刘洪亮，王成荣，杜建平，等，2012. 四十臂井径成像及电磁探伤组合测井技术在吐哈油田的应用［J］. 测井技术，36（4）：416-420.

田玉刚，张峰，伊伟锴，等，2008. 光纤井下视像检测技术在胜利油田的应用研究［J］. 石油天然气学报（2）：468-470.

杨景海，陈希，冯逾，等，2008. 光纤电视测井图像处理系统的设计与实现［J］. 测井技术，32（6）：594-598.

高瑛 . 数字高清井下电视测井仪关键技术研究［D］. 西安：西安石油大学，2015.

王钧科，2011. 套管补贴工艺研究及应用 [D]. 西安：西安石油大学.

李明，2007. 套管补贴工艺技术研究及应用 [D]. 青岛：中国石油大学（华东）.

作者不详 .2009. 青海井下公司应用错断套管补贴技术 [J]. 腐蚀与防护，30（4）：214.

吴新民，严玉中，2010. 套管损坏井修复技术现状与研究 [J]. 石油天然气学报，32（3）：306-308.

李文魁，2010. 井下套管柱理论分析与损伤修复技术 [M]. 北京：石油工业出版社：159.

尹锐，王兴玺，郑党明，等，2005. 套管复合整形技术研究及应用 [J]. 石油机械（6）：66-67.

黄满良，刘世强，张晓辉，等，2005. 套损套变井机械整形工艺 [J]. 石油钻采工艺（S1）：82-84.

王维星，武瑞霞，李在训，等，2010. 液压变径滚压套管整形技术 [J]. 石油机械，38（7）：86-87.

白海麟，2016. 套管整形修复力学分析及整形器锥角的优选设计 [D]. 青岛：中国石油大学（华东）.

韩国庆，檀朝东，2013. 修井工程 [M]. 北京：石油工业出版社：180.

杨振杰，李美格，郭建华，等，2001. 油水井破损套管的化学堵漏修复 [J]. 石油钻采工艺（4）：68-71.

郭建华，2004.TPD 油水井破损套管化学堵漏剂的研制与应用 [J]. 石油钻探技术（5）：27-29.

刘强鸿，周海滨，魏俊，等，2008. 油（气）水井套管封固堵漏技术 [J]. 钻采工艺（2）：146-148.

第七章　页岩气水平井带压修井作业技术

带压作业工艺也叫不压井作业工艺，是指在井筒内有压力的情况下，利用特殊修井设备，在油井、气井和水井井口实施起下管杆、井筒修理及增产措施的井下作业工艺技术。带压作业具有不压井、不放喷、不泄压，可避免油气层伤害、保持地层能量、缩短作业周期、零污染的特点，有利于节能减排、稳定单井产量，广泛应用于油井、井和气水井的完井、修井、压裂酸化以及隐患治理等，是国内油田近年来大力推广的一项新技术。

由于低孔隙度、特低渗透率的储层特点，页岩气水平井修井若采用常规压井起下管柱势必造成储层伤害。带压修井作业能最大限度地保持页岩气产层原始状态，减少对页岩气储层的伤害。本章介绍了带压作业的工艺原理、装备，以及安全控制技术与安全作业参数；并通过带压下管柱、不压井带压钻磨桥塞的现场作业实例，介绍了带压作业在页岩气水平井修井中的应用。

第一节　带压作业发展现状及特点

一、带压作业技术发展现状

1. 国外带压作业技术发展现状

1929 年，Herbert C. Otis 提出了不压井作业这一思想，并利用一静一动双反向卡瓦组支撑油管，通过钢丝绳和绞车控制油管升降实现。1960 年，Cicero C. Brown 发明了液压不压井作业设备用于油管升降，由此，不压井作业机可以成为独立于钻机或修井机的一套完整系统。早期的液压不压井修井机出现在 20 世纪 60 年代初。主要用于小直径油管的不压井作业，设备能力有限。从 70 年代开始液压不压井修井设备有了很大的发展。1981 年，VC Controlled Pressure Services LTD. 设计出车载液压不压井作业机，此项创新使不压井作业机具有高机动性。目前，按一次起下管柱行程的大小分为长冲程和短冲程两大类；按其运输安装方式分为车装、橇装及车载井口吊装三类；按液压缸数可分为单缸（中置为短冲程，偏置为长冲程），双缸（长冲程、短冲程）、三缸（短冲程）和四缸（短冲程）形式。短冲程行程一般为 1.82～4.26m，长冲程行程一般为 10.98～12.2m。

早期的不压井装置管柱与环空之间的密封一般采用自封头，其工作压力较低，不超过 35MPa，其使用寿命有限，一般只能连续过 10～15 个接头。后来又研制了 35MPa 的自封头，但很少见到使用。现在的不压井起下管柱装置一般多采用自封防喷器或万能防喷器来保证管柱与套管环形空间的密封，其动作由控制面板通过液压系统来操纵。使用自封防喷器每过一次接头需平衡室上下两个防喷器配合，要开关 4 次防喷器、4 次液控平衡和放空阀，操作繁琐，但适用于井口压力 2.1MPa 以上的情况。使用万能防喷器能连续过接头，以高压气井为例平均每小时能过 20 个接头，一口井最多只需要一两个胶心，是目前不压井作业中广泛采用的密封方式。不压井最高作业压力可达 140MPa。目前，不压井设备在国外发展已比较成熟，全液压不压井作业机占主导地位。据统计，制造不压井作业机、提供不压井服务或既制造又提供作业服务的公司超过 10 个。不压井设备应用于陆地和海洋，设备实现了全液压举升，卡瓦和防喷执行机构实现电液远程控制；最高提升力可达 2669kN，最大下推力达 1157kN；行程多以 3m 左右为主，最高作业井压可达 140MPa。据统计，制造不压井作业机、提供带压技术服务或既制造又提供作业服务的公司超过 10 家。生产不压井作业设备的厂家有美国 Hydra Rig 公司、Halliburton 公司以及加拿大 High Arctic 公司等，提供不压井作业技术服务的公司有 CUDD 公司和 ISS 公司等。

目前，国外不压井作业已经广泛应用于欠平衡钻井、侧钻、小井眼钻井、完井、射孔、试油、测试、酸化、压裂和修井作业中。北美地区的气井普遍采用不压井作业，为油公司带来了巨大的经济和环境效益；美国和加拿大 90% 以上的油气井采用不压井作业，每年不压井作业达 4000～5000 井次，不压井作业在气井推广应用率达到 90%；最高作业压力达到 140MPa；作业井最高含硫达 45%；作业井最大井深超过 7000m。为油公司带来巨大经济和环境效益。

2. 国内带压作业技术发展现状

我国开展不压井作业设备自主研发工作起步较晚，不压井作业技术先后经历了 4 次较大的技术改造和升级，研制了多种不压井作业装置，初步形成了不同工况的施工工艺。四川省从 20 世纪 70 年代以来先后研究研制了适用于抢险不压井作业的 BY30/15 型 150kN 和 BY60/30 型 300kN 不压井起下井内管串装置，以及欠平衡钻井需要的 10.5MPa 和 17.5MPa 旋转防喷器。1983 年，吉林油田研制出我国第一台拖车式一体化不压井作业机。2001 年，辽河油田自主研发出了一套施工能力为 7MPa 以下水井不压井作业装置。华北石油荣盛石油机械制造有限公司（原华北油田第二机械厂）从 2001 年起开始生产油水井不压井作业设备。国内有 7 个油田 1 个公司从事不压井作业技术服务，吉林油田有 10 套装置，施工能力是 6MPa 以下水井；新疆克拉玛依油田有 1 套装置在试验阶段；吐哈油田有 1 套装置停用；华北油田有 1 套装置停用；四川油田 2 套装置（加拿大）用于钻井欠平衡起下钻具；托普威尔公司有 1 套装置（加拿大）用于水井、气井维修。国内目前不压井作业主要集中于油水井，在气井上应用还较少，并且未形成相应的技术规范。2003 年，来天津托普威尔石油技术服务有限公司引进国外先进的不压井修井作业设备，先后在长北项目、四川角 62 成功进行了不压井修井作业，取得了不错的效果。西南油气田分公司于 2003 年从加拿大进口了一台 S-9 型不压井修井作业配套设备，并从 2005 年起，先后在邛西气田、白马庙气田等中浅层气藏成功的实施了 20 余井次现场应用。

二、带压作业的工艺原理及特点

带压作业其工艺原理主要是，通过防喷器组控制油套环空压力，堵塞器控制油管内部压力，然后通过对管柱施加外力克服井内上顶力，从而完成带压起下管柱，如图 7-1 所示。主要解决两方面的工艺难题：一是在施工作业过程中，要确保油套管环形空间动态（静态）密封及管柱的内部堵塞，实现绿色作业；二是在起下管柱过程中，能够克服井内压力对管柱的上顶力，实现安全施工。

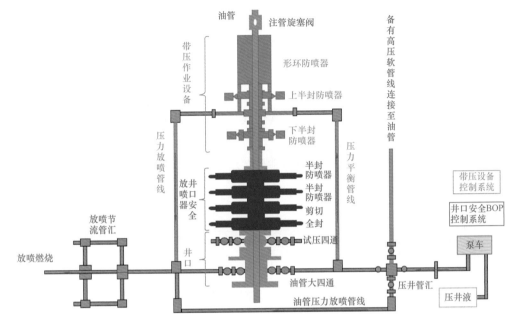

图 7-1　带压作业工艺示意图

带压作业与常规作业的区别主要体现在：

（1）井控级别不同，带压作业是依靠专用设备控制井内压力（二级井控），常规作业是靠液柱压力平衡地层压力（一级井控）。

（2）井控过程不同，带压作业是动态控制，常规作业是静态控制。

（3）作业状态不同，带压作业是在井口密闭状态下作业，工艺复杂；常规作业是在井口敞开状态下作业。

（4）作业方式不同，带压作业是靠双向加压装置起下管柱，常规作业是大钩起下管柱。

三、页岩气水平井带压修井作业的优势

页岩气是指主体上以吸附和游离状态存在于低孔隙度、特低渗透率，富有机质的暗色泥页岩或高碳泥页岩层系中的天然气。页岩气井改造需要大排量、大规模，所以常常采用套管直接加砂，加砂后由于套管排液效果不好，即使排液好，后期也需要下入生产管柱，而页岩气产量本身不高，若采用常规压井起下管柱势必造成污染。压井液对气层的伤害是难以完全恢复的，它严重地影响了气井的产量和最终采收率，长期影响油气田的经济效益。因为带压作业不需要压井液平衡地层压力，没有压井液伤害地层的情况，能最大程度

保持产层原始状态，减少对页岩气层的伤害。此外，采用不压井作业，减少作业后排出井内压井液所需的费用和时间，不需要考虑钻井、完井或者修井后为满足环保的要求对压井液进行处理，在某些情况下允许边生产边作业，提高了综合经济效益。与常规作业相比，利用带压作业设备进行带压作业具有以下一些优点：

（1）避免地层伤害，保护油气层；

（2）提高和稳定单井产量；

（3）节能减排，保护环境；

（4）缩短油气井停产时间；

（5）降低作业综合成本。

表 7-1 给出了带压修井作业与传统修井作业一些主要技术指标的对比，从该表能明确地看到带压修井作业的优势。

表 7-1 带压修井作业与传统修井作业技术对比

序号	对比项目	传统完井修井作业	带压完井修井作业
1	压井液用量，m^3	80～120	不使用
2	废水处理量，m^3	56～84	无
3	作业周期，d	15～30	7～12
4	地层压力系统	打破原有平衡，修后缓慢恢复	保护原有压力系统
5	修后复产	机械助排	无需措施
6	作业模式	先作业后生产	生产和作业同步实施

第二节 带压作业主要装备

一、国内外主要带压作业机

1. 国外主要带压作业机

加拿大和美国是气井带压作业设备主要生产国，加拿大制造商主要是 Snubco 公司和 Snubbertech 公司，美国制造商主要是 CUDD 公司和 Hydra Rig 公司。表 7-2 给出了 Snubco 公司带压作业设备性能参数。图 7-2 所示是一台国外带压作业机。

2. 国内主要带压作业机

近年来，国内加大对带压作业装备方面研究支持重视力度，国内烟台杰瑞石油公司（简称烟台杰瑞）、江汉油田第四机械厂（简称江汉四机厂）、宝鸡石油机械广汉钻采厂（简称宝石广汉钻采厂）等设备制造公司已形成了气井带压作业设备制造能力（表 7-3，图 7-3）。

表 7-2　Snubco 公司带压作业设备性能表

参数	性能数据	
	S-9（150K）型	S-15（150K）型
设备最大提升力，klbf（tf）	150（68）	150（68）
设备带压下压力，klbf（tf）	96（43）	96（43）
液缸行程，m	3.6	3.6
液缸模式	2	2
井口最大压力，MPa	35	35
管径范围，mm	60.3～114.3	60.3～114.3
防喷器等级	180mm 35MPa/7 $^1/_{16}$in -5000psi	180mm 35MPa/7 $^1/_{16}$ in -5000psi
配置	作业 1 队	作业 2 队

图 7-2　国外带压作业机

表 7-3　国内带压作业设备性能表

参数	性能数据					
	烟台杰瑞		江汉四机厂		宝石广汉钻采厂	
型号	170K	240K	225K	340K	150K	240K
设备最大提升力，tf	74	113	108	154	68	113
设备带压下压力，tf	48	68	68	74	43	68
液缸模式	2	4	4	4	2	4
井口最大压力，MPa	35	70	70	70	35	70
管径范围，mm	60.3～114.3	60.3～114.3	60.3～114.3	60.3～177.8	60.3～114.3	60.3～114.3

(a) 烟台杰瑞240K一体化液压式　　(b) 江汉四机厂225K模块化液压式　　(c) 宝石广汉钻采厂240K一体化液压式

图 7-3　国内带压作业设备

二、国内外主要带压作业设备对比

国内外主要带压作业设备对比见表 7-4。

表 7-4　国内外主要带压作业设备对比

项目	对比		
	加拿大产设备	美国产设备	国产设备
代表厂家	Snubco，SnubberTech	Hydra-Rig，CUDD	烟台杰瑞、汉江四机厂、宝石广汉钻采厂
类似设备型号	150K，240K	150K，225K，340K	150K，170，225K，240K，340K
设备结构	一般不带工作窗和导管，不适合35MPa以上高压井作业	带工作窗，带导管，可用于35MPa以上高压井	一般不带工作窗和导管，不适合35MPa以上高压井作业
拆卸效率	拆卸快，1天可完成安装	拆卸慢，至少两天完成安装	拆卸快，1天可完成安装
操作	1人可操作举升机和防喷器	举升机和防喷器由2人操作	1人可操作举升机和防喷器
优点	设计合理，操作方便，设备拆卸快，效率更高	性能可靠，使用寿命长，故障率低，解决复杂问题的能力更强，运输方便	设备及配件价格低，售后服务便捷
缺点	易损件采购周期长，售后服务慢，不适合高压井作业，整体式山地施工运输负责	价格高，易损件采购周期长，售后服务慢，拆装复杂	可靠性低，故障率较高

三、井口配套工具

井口密封系统包括三闸板防喷器、单闸板防喷器、环形防喷器和升高短节等，用于在起下管柱过程中实现油套环空密封。

1. 闸板防喷器

组成：壳体、侧门、密封闸板总成、活塞、油缸、缸盖、锁紧轴、护罩等组成。如图7-4所示。

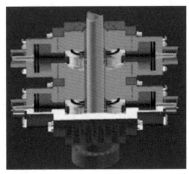

图 7-4　闸板防喷器示意图

作用：强制关闭井口、防止井喷。三闸板防喷器由全封井闸板、半封井闸板和安全卡瓦闸板组成。全封井闸板用于空井筒时关井；半封闸板用于密封油套环空；卡瓦闸板用以在紧急情况下卡住井内管柱，确保安全。

工作原理：当液控台操纵液压油进入油缸关闭腔时，液压油推动活塞向中心移动，闸板关闭，丝杠跟随活塞和锁紧轴一起移动，闸板关闭后，可用杠杆右旋丝杠，使丝杠外移，直至丝杠移到与止推轴承相接触，达到液压关闭后手动锁紧的目的。要使闸板开启时，应将锁紧丝杠左旋松开，再利用液压换向阀从活塞前部进油，推动活塞后移，打开闸板。

闸板防喷器滑动密封工作原理：当接箍到达两单闸板防喷器之间时，应是上防喷器处于关闭、下防喷器处于打开状态，此时应把下防喷器关闭，做好准备打开上防喷器，使接箍上移（图7-5）。但此时两防喷器均处于关闭状态，中间四通短节处于高压状态，如此时打开上部防喷器，一方面单面受高压打开困难，另一方面易把前密封胶件刺坏，而且高压水易往上喷出使作业环境受损坏。因此，在打开上部防喷器前先打开泄压阀，将高压泄掉再关上泄压阀，再打开上部防喷器，就不会出现上述情况。当接箍提出上部后，上部防喷器应立即关闭、下部防喷器应及时打开，但此时中间短节处无压力。如要打开下部防喷器，其防喷器闸板上、下面压差太大，一方面开启困难，防喷器油缸行走缓慢，另一方面，顶密封受压大，特别容易磨损，因而先把平衡阀打开（下采油四通侧出口与井控四通侧出口之间用高压软管与平衡阀相连接），将采油四通侧出口的高压水通过软管和平衡阀引入至井控四通内，使下防喷器闸板上下压力平衡后，再关闭平衡阀，此时再打开下闸板防喷器就不会出现上述情况。

2. 环形防喷器

环型防喷器器用于起下油管运动过程中密封油管及套管环空，确保井内流体不喷出，主要由顶盖、壳体、筒形胶芯组成，钢骨架与筒形胶芯硫化在一起，起支撑作用，密封胶圈实现壳体与筒形胶芯所形成的环形腔体的密封。如图7-6所示。

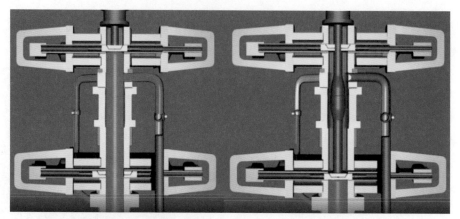

图 7-5 闸板防喷器通过接箍方式（起管柱）示意图

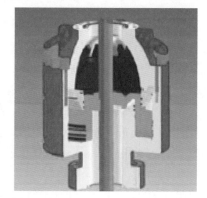

图 7-6 环形防喷器示意图

工作原理：当高压液压油注入环形腔体时，筒形胶芯发生变形，内径变小，抱紧井内管柱或在空井筒情况下实现全封井，井内高压流体不能喷出。在加压动力系统的作用下，控制好液压油压力，管柱可实现静止或上下移动而不溢流。当高压液压油泄压后，筒形胶芯因自身的弹性而恢复原状，内径变大松开管柱或打开井口，解除密封。

图 7-7 所示为环形防喷器通过接箍方式示意图。

四、井下配套工具

油管内压力控制是不压井作业核心技术之一，贯穿于不压井作业每一过程。其目的是保证在不压井作业过程中有效地控制井内流体不从油管外泄。为实现这一目的所采用的相应技术和方法，称为油管内压力控制技术。油管内压力控制工具是指能够实现隔离井内压力，防止井内流体从管柱内外泄的井下工具统称。油管内压力控制工具形式多样，种类繁多，按解封方式分为不可打捞式和可打捞式，按与管柱连接方式分为预置式和投放式。目前，常用的不压井作业管串内封堵工具有：固定式堵塞器、钢丝桥塞、电缆桥塞和油管盲堵，见表7-5。

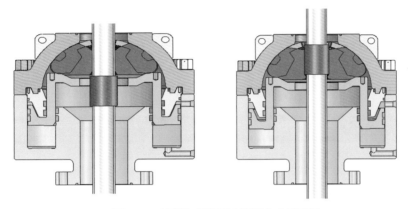

图 7-7 环形防喷器通过接箍方式示意图

表 7-5 堵塞器性能参数

序号	堵塞器类型	产地	工作压力，MPa	用途
1	固定式堵塞器	威德福	35	管柱有工作筒的情况下起下油管
2	钢丝桥塞	威德福	35	管柱无工作筒的情况下起下油管
3	爆炸式堵塞器	欧文	70	用于φ88.9mm 油管起油管作业
4	油管丢手盲堵		35	下油管时使用

1. 固定式堵塞器

固定式堵塞器是针对井下管柱有相应堵塞器的工作筒的井使用，它是国内外不压井作业最常用的一种油管堵塞方式。其结构如图7-8所示。

2. 钢丝桥塞

钢丝桥塞为可取式桥塞，它是利用钢丝作业进行起下，而不需要采用爆炸或电缆坐封的工具，包括上部卡瓦、密封件、下部卡瓦、扶正器和平衡阀等5部分（图7-9）。

工作原理：钢丝桥塞通常使用钢丝作业工具，在下放过程中，卡瓦装置缩回，当桥塞下到接近坐封位置时，向上提桥塞，以坐封下部卡瓦，一旦下部卡瓦坐封，桥塞下放，向下震击坐封上部卡瓦并使密封系统膨胀，一旦上部卡瓦坐封，向上震击剪断销钉，允许震击力传递到密封

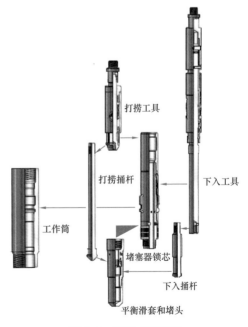

图 7-8 固定式堵塞器

元件，使密封件充分膨胀，最后让坐封工具与桥塞分离。

桥塞的取出使用的是标准钢丝打捞工具和打捞杆，要求轻微下击使密封件解封和上部卡瓦缩回，等待一段时间，使桥塞密封件完全释放，上提桥塞，使下部卡瓦解封，从而起出钢丝桥塞。

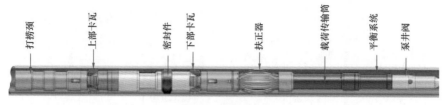

图 7-9　钢丝桥塞

3. 油管盲堵

油管盲堵是在下入油管过程中，在油管尾部装一个油管盲堵以控制井筒内的压力，在下完管柱后，采用憋压方式将盲堵的堵头憋掉，以打通油管内的通道。室内试验承压20MPa，稳压 15min，压力不降，正压解堵时，承压 0.4MPa，盲堵打开。其结构如图 7-10所示。

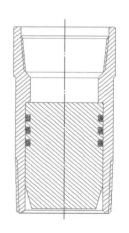

图 7-10　油管盲堵示意图

五、安全配套工具

1. 支撑扶正装置配套

不压井作业设备与井口防喷器连接处设计了支撑扶正装置，保证井口平衡，防止作业过程中设备过度晃动；特别在井口锈蚀较严重的气井修井中，可保证井口稳定。支撑扶正装置可根据不同井控防喷器组合调节高度，增强适应性，如图 7-11 所示。

2. 接箍探测器

为减小环形密封器环形胶芯的破损频次，经过多次的分析研究，认为胶芯损坏的根本原因是由油管接箍过环形胶芯时强刮强扯造成的，利用两个环形密封器交替关闭，让过接箍刮碰，势必会减少胶芯损坏。为此，应该研制一种接箍探测仪器，预报接箍位置。

图 7-11　支撑扶正装置

该仪器主要由三部分组成：传感器、报警器以及电源部分（图 7-12）。电源可产生一个稳定的直流电流送至传感器进行激磁，传感器接收到激磁电流传来的信号后会产生一个均匀的磁场，当被测油管接箍通过传感器时，就会有一个脉冲信号由传感器传送到报警器。报警器接收到被测油管接箍的检测信号后，通过一定逻辑运算和相应的转换，报警器发出一个报警指令，报警器发出声、光两种报警。

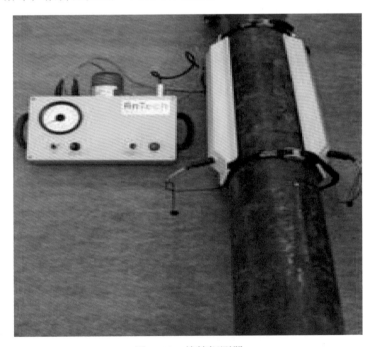

图 7-12　接箍探测器

3. 卡瓦互锁系统

卡瓦互锁安全控制系统利用液压先导阀组来实现逻辑控制功能，防止操作人员误操作，避免了管柱有飞出井筒或是坠入井内的风险，提高作业安全性（图7-13）。卡瓦安全控制总成主要构成和作用如下：

图7-13　卡瓦互锁系统

（1）卡瓦互锁功能，采用专用的液压互锁系统，在一套卡瓦未打开前，它采用先导回压阀来阻止另一套卡瓦的打开。

（2）消除人为误操作，保证不压井作业设备液压卡瓦总成正确安全操作，防止管柱喷出或掉入井内。

（3）实现多套卡瓦的同时关闭。

（4）能设置所有卡瓦的同时打开，方便安装或拆除大尺寸工具串。

4. 悬重指示系统

悬重指示系统表用于监测重管柱和轻管柱的重量（图7-14）。通过获取不压井作业设备举升液缸压力，显示轻管柱或重管柱时的上顶力或承重载荷。

（1）指重表显示范围：量程为0~120tf；精度为0.1tf；

（2）预定载荷报警：当载荷达到预设的最大值时，发出连续报警声音，提醒操作者，以实现管串悬重实时监控，防止卡阻导致的管串损坏；

（3）载荷显示可采用多单位显示，如tf、daN❶、lbf❷、psi❸等；

（4）配置了远程数据传输系统以及数据记录系统，实现管柱载荷实时监控，同时进行现远程实时监督，并形成监测图，监测图可截图存档，以便分析作业操作步骤。

---

❶ 1daN=10N。

❷ 1lbf=4.44822N。

❸ $1psi=1lbf/in^2=6.89476 \times 10^3 Pa$。

5. 扭矩监控动力钳

扭矩监控动力钳实现定扭矩上、卸扣和扭矩监测及控制，防止扭矩过大造成螺纹损坏或扭矩过小导致油套窜漏等问题（图7-15）。

图 7-14　悬重指示系统

图 7-15　具有扭矩监控功能的动力钳

6. 远程气控动力系统配套

针对作业过程出现突发情况紧急处置，研制了远程气控动力系统（图7-16），作业人员能在主操作台集中操作，加快了气井不压井作业过程中突发事故的处理速度，可有效遏制事故扩大。远程气控动力系统主要功效包括：

（1）远程动力控制；

（2）液控系统故障紧急停机；

（3）紧急关井作业。

7. 远程监控系统

远程监控系统（图7-17）通过悬重及电子指重系统和数据摄像系统获取不压井作业

时的悬重和作业压力等作业参数和设备作业状态，利用数据显示及传送系统传输至监控室，实现数据的自动记录和远程控制，传输距离150m。实时监测气井不压井作业机重要部件工作状态，及时消除错误操作导致的安全隐患。系统采用3套防爆摄像系统分别实时监测，将图像数据传送到操作台及后方监测系统显示屏。摄像系统分别安装在操作台上、防喷器组处、地面。摄像数据通过无线传输。

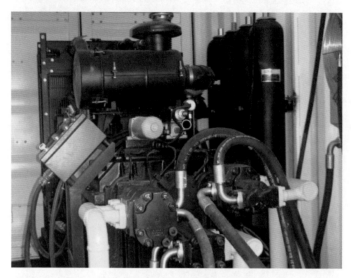

图7-16 远程气控动力系统

 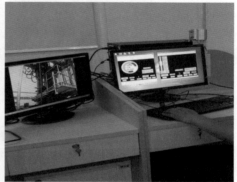

图7-17 远程监控系统

第三节 页岩气井带压作业安全参数及控制技术

一、带压作业安全控制参数

带压作业是通过控制作业管柱的起下和旋转来实现完井和修井的目的，管柱受力较为复杂，这些力必须用卡瓦来加以控制，防止管柱的飞出或落井。最大下压力、最大举升力、无支撑长度、中和点深度及重管柱和轻管柱转换点等工程参数计算是带压作业工程设计、施工设计的重要内容。

1. 管柱受力分析

带压作业时，作用在井下管柱上的力包括：井内压力作用在管柱最大密封横截面上的上顶力，管柱在井内流体中的重力，油管通过密封防喷器时所受的摩擦力，带压起下作业装置所施加管柱的力，管柱在井筒内运动时套管对管柱产生的摩擦力。其中，防喷器和套管产生的摩擦力与管柱运动方向相反，套管对管柱产生的摩擦力在工程计算中忽略不计，如图 7-18 所示。

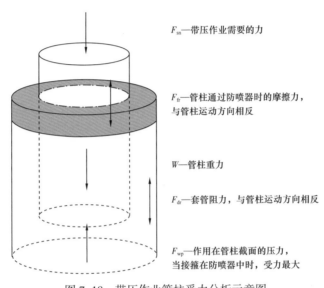

F_{sn}—带压作业需要的力

F_{fr}—管柱通过防喷器时的摩擦力，与管柱运动方向相反

W—管柱重力

F_{dr}—套管阻力，与管柱运动方向相反

F_{wp}—作用在管柱截面的压力，当接箍在防喷器中时，受力最大

图 7-18 带压作业管柱受力分析示意图

2. 带压作业工程力学计算

1）管柱截面力

截面力是指井内压力作用在管柱密封横截面积上的上顶力，用符号 F_{wp} 表示，计算公式为：

$$F_{wp} = \frac{\pi d^2 p}{4000} \qquad (7-1)$$

式中：F_{wp} 为管柱的截面力，kN；d 为防喷器密封油管的外径，mm；p 为井口压力，MPa。

计算实例：42.164mm 的 CS-HyrilN80 管柱，线重 4.49kg/m，油管外径为 42.16mm，接头外径为 48.95mm，井口压力为 9.0MPa。

管体截面力为：

$$F = \frac{\pi d^2 p}{4000} = 3.14 \times 42.16^2 \times 9 / 4000 = 12.56 \text{MPa} \qquad (7-2)$$

接头的截面力为：

$$F = \frac{\pi d^2 p}{4000} = 3.14 \times 48.95^2 \times 9 / 4000 = 16.93\text{MPa} \qquad (7\text{-}3)$$

由此例可以看出，管体处的截面力要小于接头处的截面力。所以，在进行截面力的计算时，若是闸板对闸板的作业计算，应该使用管体的外径；若是自封芯子或防喷器作业计算，则应使用接箍或工具外径计算。

2）防喷器对管柱的摩擦力

防喷器对管柱的摩擦力用 F_{fr} 表示，摩擦力的计算非常复杂，油管通过密封防喷器时所受的摩擦力大小与防喷器类型和井口压力油管有关，为简化计算，通常取管柱上顶力的 20%：

$$F_{\text{fr}} = 0.2 F_{\text{wp}} \qquad (7\text{-}4)$$

3）最大下推力

在带压下入管柱时，带压作业机移动防顶卡瓦施加给管柱的垂直向下的力称为下压力。

液压缸下推力计算：

$$F_{\text{sn}} = F_{\text{wp}} - W - F_{\text{fr}} - F_{\text{dr}} \qquad (7\text{-}5)$$

式中：F_{sn} 为液压缸的下推力，kN；F_{wp} 为管柱的截面力，kN；W 为管柱在流体中的重力，kN；F_{fr} 为防喷器对管柱产生的摩擦力，kN；F_{dr} 为井筒对管柱的摩擦力，kN。

因此，液压缸的最大下推力等于井内压力作用在管柱最大密封横截面上的上顶力。

4）最大举升力

最大举升力计算是对管柱最大上提拉力的计算，是管柱强度计算的重要内容，也是设置上提液缸压力的重要参数。最大举升力计算时需要结合以下几种参数计算。

（1）带压作业条件下管柱的临界弯曲载荷。

油管本体屈服强度计算：

$$P_{\text{y}} = 0.7854 \left(D^2 - d^2 \right) Y_{\text{p}} \qquad (7\text{-}6)$$

式中：P_{y} 为油管本体屈服强度，MPa；Y_{p} 为油管屈服强度，MPa。

（2）油管的抗外挤强度。

① 无轴向应力时油管挤毁压力计算：

$$P_{\text{yp}} = 2 Y_{\text{p}} \left[\frac{(D/\delta) - 1}{(D/\delta)^2} \right] \qquad (7\text{-}7)$$

式中：P_{yp} 为管柱无轴向应力时，油管挤毁压力，MPa；Y_{p} 为油管屈服应力，MPa；钢级为 J-55 时 Y_{p}=379MPa，钢级为 N-80 时 Y_{p}=551MPa；D 为油管外径，mm；δ 为油管壁厚，mm。

② 轴向拉伸应力作用下，油管的挤毁压力计算：

$$P_{\text{pa}} = \left[\sqrt{1 - 0.75 \left(\frac{S_{\text{a}}}{Y_{\text{p}}} \right)^2} - 0.5 \frac{S_{\text{a}}}{Y_{\text{p}}} \right] P_{\text{yp}} \qquad (7\text{-}8)$$

式中：P_{pa} 为管柱在轴向应力下，油管挤毁压力，MPa；S_a 为管柱轴向应力，MPa。

如果井内管柱处于硫化氢或二氧化碳等腐蚀环境中，应根据油管腐蚀程度进行检测和评价，根据油管机械性能的降低程度，相应降低允许的压力和负荷。

（3）管柱内屈服强度。

管柱内屈服强度即抗内压强度，用符号 P_{in} 表示，即：

$$P_{in} = 0.875\left(\frac{2Y_p\delta}{D}\right) \tag{7-9}$$

式中，P_{in} 为管柱最小内屈服强度，MPa。

由以上公式，分别绘制管外径73.0mm，线重9.67kg/m，连接EUE，刚级为N80与J55的油管与许用拉力与压力的关系图，如图7-19所示，其中蓝线代表安全系数为1时的情况，红线代表抗内压安全系数为1.20，抗拉安全系数为1.25，抗外挤安全系数为1.10的情况；圆形代表拉伸，正方形代表爆裂，三角形代表压扁。

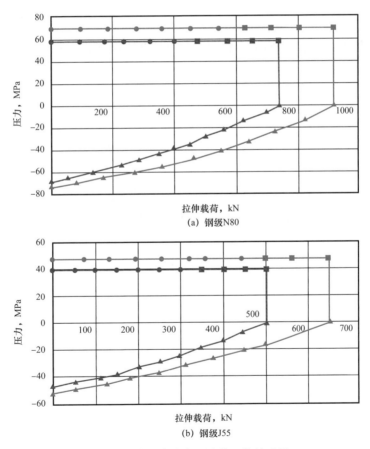

图7-19 许用应力与压力的函数关系图

5）管柱中和点计算

管柱在井筒内的自重等于截面力时的管柱长度称为中和点，又称平衡点。

管柱轴向力计算：管柱轴向力 = 油管浮重 − 管柱的截面力。当管柱轴向力为零时的管柱长度称为管柱的中和点，即：

$$F_{wp} = W + \Delta W \tag{7-10}$$

式中：W 为管柱浮重，kN；F_{wp} 为管柱截面力，kN；ΔW 为管柱内流体重量，kN。

管柱浮重是管柱井筒流体中的重量，即

$$W = mgl - \rho_1 g \pi L D^2 / 4 \tag{7-11}$$

式中：m 为管柱线重，kg/m；为管柱外径，m；g 为重力加速度；L 为中和点长度，m；ρ_1 为井筒内流体密度，kg/m³。

管柱内流体重量计算公式：

$$W = L \rho_2 g \pi d^2 / 4 \tag{7-12}$$

式中：d 为管柱内径，m；ρ_2 为管柱内流体密度，kg/m³。

如果管柱内为空气，重量可忽略不计。

结合现场应用，将公式整理后，得出中和点长度计算公式，即：

$$L = \frac{7.845 \times 10^{-2} p_{wh} D^2}{m - 7.845 \times 10^{-4} \rho_1 D^2 + 7.845 \times 10^{-4} \rho_2 d^2} \tag{7-13}$$

式中，L 为中和点长度，m；p_{wh} 为井口压力，MPa；D 为管柱外径，mm；d 为管柱内径，mm；ρ_1 和 ρ_2 分别为井筒内流体密度与管柱内灌入流体密度，10^3kg/m³。

辅助式带压作业装备，在中和点以下的管柱可使用大钩起下，中和点以上的管柱使用液压缸起下。当油管上顶时，可用带压作业机的防顶卡瓦控制油管起下。不同尺寸的油管在不同压力等级井筒内中和点的深度不同，如图 7-20 所示。

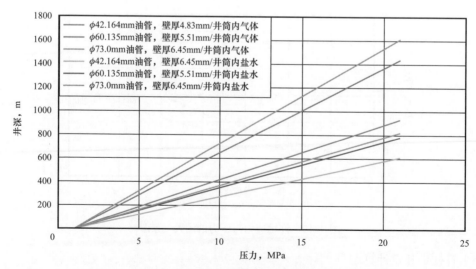

图 7-20　不同尺寸的油管在不同压力等级井筒内中和点的深度

6）最大无支撑长度计算

最大无支撑长度计算是指带压下入管柱时，管柱在轴向上受压不产生弯曲变形的长度，它与下压力和管柱强度度有关。根据材料力学知识可知，横截面和材料相同的压杆，由于杆的长度不同，其抵抗外力的性质将发生根本的改变，细长的压杆问题属于稳定问题，下油管或钻杆均属于细长杆。

由于油管或钻杆是在防喷器关闭的情况下下钻，这个关闭的防喷器和井筒压力产生的截面力会阻碍管柱下入，这样就在管柱上形成了两个类似两端铰支细长压杆，对于两端为铰支座的理想压杆、失稳状态在线弹性范围内的压杆，临界压力 F_{cr} 可采用欧拉公式计算：

$$F_{cr} = \frac{\pi^2 EI}{l^2} \qquad (7-14)$$

式中：F_{cr} 为压杆失稳的临界压力，MPa；E 为压杆刚级下的弹性模量，一般取 200GPa；I 为压杆惯性矩，$I = \frac{\pi}{64}\left(D^2 - d^2\right)$，$mm^2$；$D$ 和 d 分别为压杆的外径与内径，mm；l 为细长杆的长度，mm。

在带压下入管柱时，只要在井口压力、管柱尺寸确定，管柱的最大下压力可以确定，此时压杆失稳的临界压力 F_{cr} 就是最大下入压力 F_{sn}，通过欧拉公式变形得到无支撑长度计算公式：

$$l = \sqrt{\frac{\pi^2 EI}{F_{sn}}} \qquad (7-15)$$

在计算最大下压力时不能只计算通过管体的最大下压力，还需要计算经过管柱接箍的最大下压力。目前，下压力的计算多采用经验计算，为保证安全，对无支撑长度的计算要采用一定的安全系数。参考加拿大 IRP15《带压作业推荐做法》，一般按以下三种方式选取安全系数：

（1）$\phi 33.4mm$，$\phi 42.2mm$，$\phi 48.3mm$ 和 $\phi 52.4mm$ 等较小外径的管柱一般采用整体接头。其中 $\phi 33.4mm$，$\phi 42.2mm$ 和 $\phi 48.3mm$ 的整体接头强度大概为管体强度的 83%，这三种管柱尺寸采用 60% 的安全系数；$\phi 52.4mm$ 整体接头强度大概是管体强度的 95%。因此 $\phi 52.4mm$ 管柱采用 65% 的安全系数。

（2）$\phi 60.3mm$，$\phi 73.0mm$ 和 $\phi 8.9mm$ 等较大外径的管柱一般采用外加厚（EUE）或特殊螺纹接头。外加厚和特殊螺纹接头的强度与管体强度相同，因此这三种尺寸采用 70% 的安全系数。

（3）如果油管为 N80 旧油管，井筒压力大于 35MPa 或者 H_2S 浓度高于 1.0%（体积分数）时，则还要把无支承长度减小 25%，即取计算值的 52.5%。

图 7-21 和图 7-22 为外径 42.16mm、钢级为 N80、单位线重为 4.49kg/m 的外加厚油管井口压力与最大下压力以及屈曲力与无支撑长度关系曲线图。

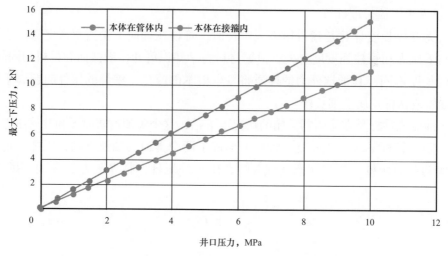

图 7-21　最大下压力与井口压力关系曲线

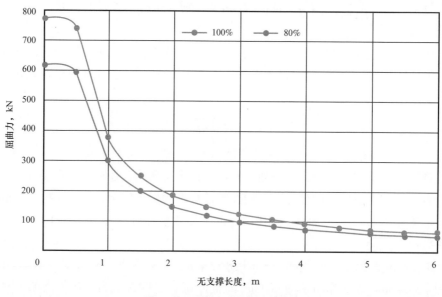

图 7-22　支撑长度关系曲线图

二、带压作业控制技术

确保带压作业顺利实施的实质是安全可靠的井控方式，带压作业的井控措施分为井口防喷器配套和管内工具两种方式，如图 7-23 所示。

1. 带压作业防喷器配套压力控制

第一部分是工作状态压力控制，根据井口关井压力等级配备环形防喷器一套、单闸板防喷器两套，保证工作状态下能安全平稳地起下管柱。

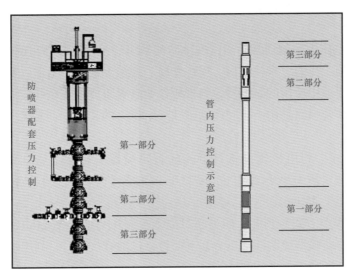

图 7-23 带压作业井控示意图

第二部分是安全保障状态压力控制，根据井口关井压力等级配备闸板防喷器一组，数量根据作业压力及井内管外径进行配套，确保工作状态下的安全可靠性。

第三部分是应急状态压力控制，根据井口关井压力等级配备剪切闸板防喷器一组，确保紧急状态下的井口安全。

2. 管内工具

第一部分是工作状态压力控制，根据施工目的和井况选用底部封堵方式，是常规内防喷控制措施。通常选用：油管桥塞、堵塞器、单流阀。

第二部分是安全保障状态压力控制，在井口出现异常、工作间歇情况下，抢装在起到地面油管顶端的内防喷工具。通常选用：油管旋塞阀。

第三部分是应急状态压力控制，紧急关断措施。在前两级井控都失效情况下采用。通常配备：剪切闸板。

3. 油管内压力控制

油管内压力控制是指在带压作业过程中，采取机械堵塞或者化学堵塞的方式控制油管内流体外泄的技术（图 7-24）。

油管内三级压力控制：

第一级为工作状态压力控制。根据施工目的和井况选用管柱底部封堵方式；水平井堵塞器下入直井段。

第二级为安全保障措施。当堵塞器坐封后，向管柱内注入水或者其他介质，保障堵塞器处于良好的工作状态；如果井下堵塞器发生溢流，抢装旋塞阀。

第三级为应急措施。抢装旋塞阀失败，使用剪切闸板，剪断管柱，实施关井。

图 7-24 油管内压力示意图

4. 环空压力控制

带压作业环空压力控制通常是通过安全防喷器组、工作防喷器组的合理组合来实现。其配置应该根据施工压力、管柱结构、管柱介质、安全要求等来确定。安全防喷器就是常规修井中与钻井作业中使用的防喷器，与带压作业装置组成安装在井口上部，用于防止发生井喷事故。工作防喷器是用于控制运动管柱环空压力的装置，主要实现对作业管柱的动密封。

环封作业方式：利用带压设备自带的环型防喷器进行起下管柱作业。主要用于：$\phi 60.3mm$ 油管（井口压力小于 12MPa）；$\phi 73.0mm$ 油管（井口压力小于 10MPa）；$\phi 88.9mm$ 油管（井口压力小于 4MPa）。

环封加闸板作业方式：当井口压力超过以上控制压力而小于 21MPa 时，过油管本体采用带压设备环形防喷器控制油套压力起下油管，过油管接箍时，利用带压设备下闸板防喷器协助控制油套环空压力进行管柱的起下。

5. 起下管柱控制技术

1）重管柱

管柱在井筒内的自重大于截面力的状态称为重管柱。在起管柱时，井内管串上升靠液缸带动；下管柱时，井内管串靠管柱自身重力作用下行；在这种情况下，采用带压设备两组承重卡瓦倒换进行起下。

2）轻管柱

管柱在井筒内的自重小于截面力的状态称为轻管柱。在起管柱时，井内管串上升靠油气井上顶力的推动上升；下管柱时，井内管串靠液缸强行加压下行；这种情况下，采用带压设备两组卡瓦倒换进行起下。

第四节　页岩气水平井带压修井作业实例

一、N201-H1 井带压下完井管柱

1. N201-H1 井基本数据

N201-H1 井为西南油气田公司蜀南气矿长宁页岩气示范区钻探的第一口页岩气水平井，构造位置位于长宁构造中奥陶顶上罗场鼻突东翼，层位为龙马溪组，所产气经化验为纯气，不含硫化氢。完钻井深 3790m，全井最大井斜井深 3645.08m，斜度 97.60°，方位 6.9°，井底闭合距 1452.19m，生产套管为 $\phi 139.7mm$。由于 N201-H1 井井口生产压力为 4.2MPa，产气量约为 $5 \times 10^4 m^3/d$，间歇生产，针阀开度较大时，受其产能下降影响，其排液效果也变差，决定在完成 N201-H1 井打捞钢丝作业后，用不压井设备下该井完井油管。

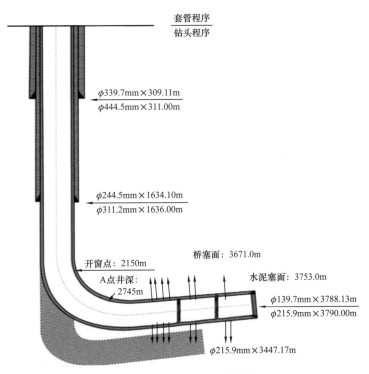

套管程序
钻头程序

ϕ339.7mm×309.11m
ϕ444.5mm×311.00m

ϕ244.5mm×1634.10m
ϕ311.2mm×1636.00m

桥塞面：3671.0m

开窗点：2150m

水泥塞面：3753.0m

A点井深：
2745m

ϕ139.7mm×3788.13m
ϕ215.9mm×3790.00m

ϕ215.9mm×3447.17m

图 7-25　N201-H1 井井身结构图

2. 带压下完井管柱作业方案

1）作业目的

带压下完井管柱，提升该井带液能力，获取储层天然气产能。

2）施工工序

本次作业利用单流阀及破裂盘来封堵油管内压力，实现带压通井及下完井管柱作业，主要施工工序如下：

施工准备→拆井口采气树→安装井口防喷器组、不压井设备→试压→参数确认→带压通井→带压下完井管柱→坐放油管挂→拆井口设备及大阀门→恢复采气井口装置并试压→憋破裂盘→排液、测试生产→完井、交井。

3）设备及材料准备

设备及材料准备表见表 7-6。

4）参数计算

以下参数计算分为井筒全气状态，井口最高控制压力 7MPa。

（1）作用在不压井管柱上的上顶力。

作用在管柱横截面上的井内压力对油管柱产生的上顶力，其计算公式为：

$$F_{p-a} = \frac{\pi D^2 p_{wh}}{4} \qquad (7-16)$$

式中：D 为油管柱外径，mm；p_{wh} 为井口压力，MPa；F_{p-a} 为井口压力对油管柱产生的上顶力，kN。

表7-6　设备及材料准备表

序号	名称	型号规格	数量	单位	备注
1	吊车	35t	1	台	
2	带压作业设备	S-9	1	套	
3	半封闸板封井器	FZ18-35	1	套	ϕ60.3mm 油管
4	全封闸板封井器	2FZ18-35	1	套	
5	剪切闸板封井器	2FZ18-35	1	套	
6	压裂车	700 型	1	台	井口试压及安全预案、憋盲堵
7	升高短节	35-185	1	根	
8	单流阀	35MPa	1	套	通井用
9	油管钳		1	套	ϕ60.3mm 钳牙
10	试压四通	35MPa	1	套	
11	ϕ73mm 加厚油管	N80	3000	m	
12	$5\frac{1}{2}$in 套管通井规		1	套	
13	破裂盘	35MPa	2	套	下完井
14	稳定支撑架	35MPa	1	套	

对于下完井生产管柱，井口压力控制在 7MPa 油管柱产生的上顶力为 19.99kN。

（2）管柱的重力。

当井内为全气体状态时，油管柱底部带单流阀及破裂盘，油管柱在井内受到重力（向下）、油管柱上顶力（向上）（图7-26）。

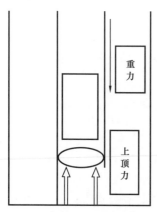

对于起完井生产管柱，最大重力为 189.4kN，设备举升力为最大重力 246kN。

（3）最大的下推力。

不压井作业中管柱的重力方向向下，因此有助于下管柱作业。一开始下管柱时，由于管柱重量非常轻，故一般忽略管柱重量不计。因此，不压井作业开始下钻时，要施加最大下推力。

忽略摩擦力的影响，井筒压力为 7MPa 时，对于下完井生产管柱，最大下推力为：最大上顶力 +30% 安全附加值 = 29kN。

（4）中和点的深度。

随着下入管柱数量的增多，管柱的重量将慢慢增加，并最终等于管柱截面力。这时，当管柱在地面上不再施加任何的限制力时，管柱再也不能被喷出。一般来讲这就叫作"中和点"，按井口压力 7MPa 计算（表7-7）。

图 7-26　不压井管柱受力示意图

表 7-7 中和点位置计算

井口压力，MPa	上顶力，kN	100m 管柱的最大重力，kN	最大下推力，kN	中和点深度，m
1	2.83	6.85	2.83	42.2
2	5.65	6.85	5.65	84.4
3	8.48	6.85	8.48	126.6
4	11.31	6.85	11.31	168.8
5	14.14	6.85	14.14	211.0
7	19.99	6.855	19.99	291.6

本次作业井内全气状况下，7MPa 中和点深度为：291.6m；作业期间根据井口压力变化，确定中和点位置。

（5）完井油管油管强度计算。完井油管油管强度计算结果见表 7-8。

表 7-8 完井油管油管强度计算

油管外径 mm	壁厚 mm	最大下入井深 m	段长 m	单位长度重量 N/m	钢级	抗内压 MPa
60.3	4.83	2765	2765	68.5	N80	77.2

抗外挤强度 MPa	抗拉强度 kN	自重 kN	累重 kN	剩余拉力 kN	安全系数	备注
81.2	464	189.4	189.4.	274.6	2.44	加厚

3. 带压下油管施工步骤

（1）施工准备。

在施工作业前，施工单位根据现场勘查周围环境情况，并结合作业井的工艺要求以及周围环境的实际情况编制施工设计和应急预案。按要求准备好所有必备的设备、工具和泵车及其管线。按提前实地勘查好的去井场的道路情况和井场情况，确定好井场所有设备的摆放位置和标准，检查作业井场是否满足施工作业条件。

（2）拆井口采气树。

（3）安装井口防喷器组。井口装置如图 7-27 所示。

① 在井口大阀门上安装转换法兰、试压四通、全封闸板封井器、剪切闸板封井器、半封闸板封井器、设备支撑架。

② 上全上紧全部螺栓。

③ 套管四通两侧的阀门开关应灵活。

④ 连接好井口封井器的远程控制液压管线。

（4）安装不压井设备。

① 不压井载车倒至同作业机成 90°～120° 角，并停放在司钻操作台一侧。

② 用吊车吊起并安装不压井作业设备。

③ 上全上紧所有螺栓后，按地面管汇示意图连接好平衡放压管线。

④ 牵好绷绳与逃生绳。调好各绷绳与逃生绳的张紧力，以保证安在井口上的不压井装置始终在井口对中位置上。

⑤ 再安装不压井设备逃生索。在整个安装过程中，安装人员必须捆绑安全带。

（5）连接 700 型压裂车。

① 从试压四通连接管线到 700 型压裂车。

② 所有连接管线必须使用符合工作压力的硬管线。

③ 所有管线连接完成后，700 型压裂车进行试运行。

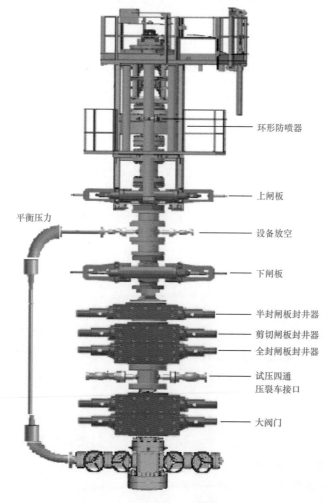

图 7-27　井口装置图

（6）逐级试压。

① 调节设备系统压力。由操作手调好各个系统压力，然后自下而上逐级试压，除环形防喷器外（环形防喷器的试压值为其额定工作压力的70%，即24.5MPa，稳压时间不少于10min），每个防喷组都要进行10min低压测试（2MPa）和30min的高压测试（35MPa）。如果低压测试有压降≥0.07MPa的话要整改后重试，压降<0.07MPa为合格；如果高压测试有压降≥0.7MPa的话要整改后重试，压降<0.7MPa为合格。试压部件包括：下闸板防喷器、放压/平衡四通、上闸板防喷器、环形防喷器。

② 井口设备试压。

a. 井口防喷器组全封闸板试压：关闭井口防喷器组全封闸板，启动700型压裂车，用清水对防喷器组全封闸板至井口四通段试压；试压完毕后，打开700型压裂车泄压阀，泄放设备腔体内压力至0MPa，再打开井口防喷器组全封闸板。

b. 井口防喷器组半封闸板试压：用吊车将一根带有盲堵的油管吊至不压井设备操作平台，再将带有盲堵的油管下至不压井设备腔体内油管挂上部旋塞处，关闭井口半封闸板防喷器，启动700型压裂车，用清水对半封闸板防喷器至井口四通段试压；试压完毕后，打开700型压裂车泄压阀，泄放设备腔体内压力至0MPa，再打开半封闸板防喷器。

c. 不压井设备下闸板试压：关闭不压井设备下闸板，启动700型压裂车用清水对不压井设备下闸板至井口四通段试压；试压完毕后，打开700型压裂车泄压阀，泄放设备腔体内压力至0MPa，再打开不压井设备下闸板防喷器。

d. 不压井设备上闸板试压：关闭不压井设备上闸板，启动700型压裂车用清水对不压井设备上闸板至井口四通段试压；试压完毕后，打开不压井设备泄压管线，泄放设备腔体内压力至0MPa，再打开不压井设备上闸板防喷器。

e. 井口设备整体试压：关闭不压井设备四组卡瓦和环形防喷器，打开试压四通至压裂车段平板阀，启动700型压裂车用清水对不压井设备球封至井口四通段试压；试压完毕后，打开不压井设备泄压管线，泄放设备腔体内压力至0MPa。

（7）带压下完井管柱。

① 作业前施工参数确认。由操作员调定各个系统压力，并按设计调定最大举升力263kN，做好下油管准备；本次作业井内全液状况下，7MPa中和点深度为：308.95m；作业期间根据井口压力变化，确定中和点位置。忽略摩擦力的影响，井筒压力为7MPa时，最大下推力为：对于下完井生产管柱，最大下推力为38.09kN。

② 井下管柱组合。通井油管组合：油补距 + 直管挂 + 双外螺纹短节 + ϕ60.3mm加厚油管 + 单流阀 + $5\frac{1}{2}$in套管通井规 = 3000m（视井下落鱼打捞情况定）。完井油管组合：油补距 + 直管挂 + 双外螺纹短节 + ϕ60.3mm加厚油管 + 破裂盘 = 2745m（视井下落鱼打捞情况定）。

③ 带压下入通井第一根油管。连接一根油管，其底部安装盲堵，用不压井作业设备施加一定的下推力（下推力必须大于29kN）下至全封闸板上面后，关闭环形防喷器，平衡全封闸板上下压差，观察操作台上压力表的变化，压力稳定后，打开全封闸板，下入第一根油管。

④ 带压起下管柱压力控制方式。在下入管柱过程中，用井口生产流程进行泄压，将井

口压力控制在 7MPa 内，采用环形防喷器控制环空压力的作业方式，下入 ϕ60.3mm 油管柱。

⑤ 下入管柱要求。每根入井油管用 ϕ48mm 内径规通内径。

⑥ 带压通井。用不压井作业设备带压下通井管柱至井深 3600m（视井下落鱼打捞情况定）。通井时应平稳操作，管柱下放速度控制为小于或等于 20m/min，下至距离设计位置以上 100m 时，应减慢下放速度，控制为小于或等于 10m/min；通井时，若中途遇阻，悬重下降控制不应超过 30kN，若悬重下降超过 30kN 应停止下放管柱，向上级汇报，等待下步施工指令。

⑦ 带压下完井管柱。

带压下完井管柱至钢丝打捞井深。

（8）坐放油管挂。

① 连接直管挂上部提升短节。当下至最后一根油管时，在油管上部连接 ϕ175mm 直管挂，直管挂上连接旋塞阀，旋塞阀处于关闭状态，上面用一根油管作为提升短节。

② 坐放油管挂。关闭下闸板防喷器，关闭平衡控制阀，打开放压控制阀放空至零，打开环形防喷器，下放管柱，将直管挂和旋塞阀置于下闸板防喷器和环形防喷器之间，关闭环形防喷器，平衡井筒内压力，打开下闸板防喷器，继续下放管柱，将直管挂坐放于油管头内，紧顶丝。

（9）拆井口设备。

用吊车拆除井口不压井设备和井口防喷器组，作业人员在高空作业时必须捆绑安全带。

（10）恢复采气井口装置并试压。

拆除井口液控总阀，缓慢打开旋塞阀，拆卸旋塞阀，由现场试油队负责恢复井口采气树及对采气树试压。

（11）憋破裂盘。

压裂车向油管内泵入 8m³ 清水（以 A 点进行计算），憋油管破裂盘。

（12）排液、测试。

若开井放喷排液不能自喷，采用关井复压，放喷复产。

（13）交井。

施工作业完毕，完成作业现场场地恢复，并将施工记录资料交接给甲方，完善交井手续。

二、WY201-H3 井不压井钻磨桥塞

1. WY201-H3 井基本数据

A 点井深：2910m（垂深 2679.13m）；靶前距：425.1m；闭合方位：217.3°；水平段长：737.59m；人工井底：3622.57m。采用 ϕ139.7mm 套管完井，壁厚 9.17mm，抗内压 75.22MPa，抗外压 69.09MPa。井口压力 10MPa，井内流体为返出压裂液。井口装置由下到上为：18/105 液动平板阀 +18/105 液动平板阀 + KQ65-70 采气树。

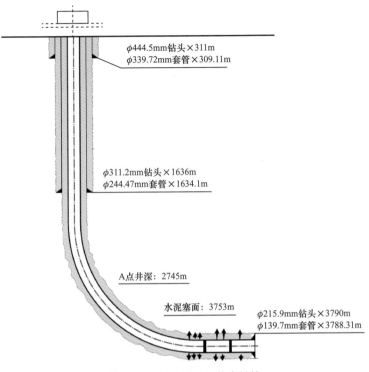

图 7-28　WY201-H3 井身结构

2. WY201-H3 井压裂改造遇阻情况

对 WY201-H3 井进行 5 个桥塞分 6 段进行分段压裂改造施工。下放桥塞施工过程中发现在 3335.36m 遇阻，桥塞无法正常下放，桥塞外径：114mm。下放桥塞施工过程中发现 3001m 处套管变形，桥塞无法正常下放，桥塞外径：114mm。后期钻磨桥塞施工时，在 2940m 处 114mm 外径平底磨鞋无法继续下入（射孔段最上端为 2952m）。

第一次用 ϕ50.8mm 连续油管带 ϕ114mm 平磨鞋至井深 2940.0m 遇阻，检查平底钻头（114mm），边缘有明显划痕，掉齿少许，缩径到 111.7mm。

第二次用 ϕ50.8mm 连续油管带 ϕ108mm 平磨鞋至井深 2940.0m 遇阻加压 4tf 未通过。

第三次用 ϕ50.8mm 连续油管带 ϕ114mm 铣锥下至井深 2939.1m 遇阻，检查铣锥磨损情况、划痕范围，外径 ϕ106.7mm～ϕ108.5mm 及以上洗齿明显严重磨损。

目前井内共 5 支桥塞，分别位于 3551.09m，3472m，3333.1m，3236.2m 和 3001m；其中 3335.36m，3001m 和 2940m 处发现 114mm 外径工具无法通过。

3. WY201-H3 井不压井钻磨桥塞施工过程

（1）搬家就位。

将带有通信系统的生活住房和办公用房、现场生产设施、防喷器组及远程控制等搬迁至井场就位。

（2）施工准备。

①平井场，做各项准备工作。

② 距井口 10m 和 20m 4 个方向各锚定 1 个地锚桩。

③ 井场四周用警示带围好，摆好警示牌，在明显处设立风向标。

④ 安全预防措施。

a. 专人巡视井场，阻止无关人员进入施工现场。

b. 井场内禁止使用手机。

c. 井场内严禁使用明火、电气焊等，并在明显处设立警示标志。需动明火时，严格执行动用明火审批程序。

d. 井场照明采用防爆灯和防爆开关。

e. 井场距井口 10m 处备防火砂和防火工具。

f. 进入井场的所有机械设备带防火帽。

g. 做好井场施工人员的安全培训与演练。

h. 施工前由技术人员向现场所有施工人员进行详细的设计交底。

（3）拆卸压裂采气树。

① 检查液动平板阀的密封性。

关闭 4 号液动平板阀，泄掉采气树内压力后，关闭采气树阀门，用压力表测试压力值。观察 30min，如果压力不升，则认定 4 号平板阀密封合格。

关闭 1 号平板阀，打开 4 号平板阀，泄掉 1 号平板阀以上的压力后，关闭采气树阀门，用压力表测试压力值。观察 30min，如果压力不升，则认定 1 号平板阀密封合格。

密封合格，执行下步工序；如不合格，由甲方整改，直至合格。

② 用脚手架和操作台板或木板在井口四周搭建操作台至安全防喷器组上部位置。

③ 拆除 4 号液动平板阀以上采气树，安装 18/105×18/70 变径法兰。

④ 安全预防措施。

a. 吊放采气树时要平稳，以防损坏部件。

b. 采气树放置在稳妥位置，将易损坏部位和部件保护好。

c. 拆卸和安装时要防止工具、杂物掉入井内。

（4）安装安全防喷器组。

① 在闸板阀上安装安全防喷器组，从下至上为：18/105×18/70 变径法兰 0.25m+18/70 试压四通 0.6m+2FZ18/70 双闸板防喷器（上 $2\frac{3}{8}$in 闸板，下全封闸板）1.35m+FZ18/70 闸板防喷器（$2\frac{3}{8}$in 闸板）0.9m+18/70×18/35 变径法兰 0.15m+18/35 防喷管（2m×2 根）4m，总高 7.25m。

② 安全预防措施。

a. 钢圈槽擦拭干净、检查确保钢圈槽无损伤。

b. 钢圈采用新钢圈、螺栓螺帽上卸灵活。

c. 吊装时有专人指挥，吊装点保持平衡，吊索牢固，吊车平稳吊装。

d. 吊装时套管四通及井口覆盖防碰毛毡，井口液压管线圈闭保护。

（5）安装不压井作业设备。

① 不压井设备就位，在防喷器组上面安装 240K 型不压井作业独立式设备，并固定牢固，设备总高 5.3m。

② 安全预防措施。

a. 确保锁销打开，液压管线摆在侧面合适位置。

b. 车轮固定，防止吊装时卡车后退。

c. 专人指挥吊装，吊装点平衡，吊索牢固连接正确；司钻和液控卷扬机操作手配合好，防止意外情况发生。

（6）平衡 / 放压管线及井口管汇连接。

① 连接平衡 / 放压管线及压井、节流管汇。

② 不压井作业设备和防喷器组与试压管汇、压井管汇、节流管汇连接并固定好。

③ 安全预防措施。

a. 压井放喷管线接在试压四通套管阀门上，放喷管线一侧紧靠试压四通的阀门应处于常开状态，并采取防堵、防冻措施，保证其畅通。

b. 螺纹用密封带缠好，上紧，所有管线要固定。

c. 尽可能减少弯头的使用，减小气体放压时的阻力。

（7）试压。

① 关闭全封闸板，对全封闸板及以下连接处进行试压。

② 下入 $2\frac{3}{8}$in 油管与油管旋塞阀至全封之上，用固定或移动卡瓦组卡住，对防喷器组和 240K 不压井作业设备及压井管线进行试压。

③ 试压时低压 5MPa，高压 35MPa，稳压 15min，压力不降为合格。

④ 对放喷和节流管线按其最大的工作压力进行试压。

⑤ 起出试压油管和旋塞阀。

⑥ 安全预防措施。

泵车摆放在上风头距井口 25m 以远，管线要连接牢固固定，试压和泵注过程中，施工人员远离高压管线，无关人员远离试压区。

试压前认真检查所有试压设备、管线的阀门开关状态是否正确，阀门开关是否灵活。

泵车操作手听从试压负责人的指挥，没有指令不得起停泵车。

（8）带压下入磨铣管柱、磨铣变形套管、起出磨铣管柱。

① 地面连接变形套管磨铣整形工具串组合，从上至下为：变扣接头（OD：73mm，L：0.25m）+ 单流阀（OD：73mm，ID：25.4mm，L：0.28m）+ 液压丢手（OD：73mm，ID：14.2mm，L：0.53m）+ 循环阀（OD：73mm，ID：17.5mm，L：0.32m）+ 双向震击器（OD：73mm，ID：25.5mm，L：2.09m）+ 液压丢手（OD：73mm，ID：14.2mm，L：0.53m）+ 马达（OD：73mm，L：3.2m）+ 双外螺纹接头（OD：73mm，L：0.36m）+ 双内螺纹接头（OD：73mm，L：0.31m）+ 钻柱磨鞋（OD：108mm，L：0.45m）+ 锥形磨鞋（OD：101mm，L：0.28m），工具串组合长 8.62m。

② 工具组合上连接提升短节，吊车吊起并从操作台上垂直下放到井口组合密封腔内。卡瓦卡住提升短节，吊臂移开。

③ 不压井作业机桅杆起吊一根 $2\frac{3}{8}$in 油管，连接到提升短节上。

④ 关闭环形防喷器，平衡压力，打开液动平板阀。

⑤ 按指令带压下入工具串组合和 $2\frac{3}{8}$in 油管柱。

⑥ 连接循环工具和设备，按指令进行磨铣作业。

⑦ 按指令带压起出 $2\frac{3}{8}$in 油管柱和工具串组合。

⑧ 安全预防措施。

a. 地面连接前确保工具可靠、安全。

b. 工具串地面连接，上紧。

c. 起吊工具串注意起吊程序。

d. 工具串在造斜段和水平段时应缓慢，禁止大力下压和上提。

e. 磨铣 30min 或进尺 0.5m 时，应停止磨铣，上提钻具，循环 1 周，防止碎屑沉降卡钻。

f. 在将钻具组合起出液动平板阀以上后，关闭液动平板阀，放掉密封腔内的压力，打开防喷器组，吊车将钻具吊回地面。

（9）带压下入磨铣管柱、磨铣压裂桥塞、起出磨铣管柱。

① 地面连接磨铣压裂桥塞工具串组合，从上至下为：变扣接头（OD：73mm，L：0.25m）+ 单流阀（OD：73mm，ID：25.4mm，L：0.28m）+ 循环阀（OD：73mm，ID：17.5mm，L：0.32m）+ 变扣接头（OD：73mm，ID：35mm，L：0.20m）+ 双向震击器（OD：73mm，ID：25.5mm，L：2.09m）+ 液压丢手（OD：73mm，ID：14.2mm，L：0.53m）+ 马达（OD：73mm，L：3.2m）+ 磨鞋（L：0.28m），工具串组合长 7.15m。

② 工具组合上连接提升短节，吊车吊起并从操作台上垂直下放到井口组合密封腔内。卡瓦卡住提升短节，吊臂移开。

③ 不压井作业机桅杆起吊一根 $2\frac{3}{8}$in 油管，连接到提升短节上。

④ 关闭环形防喷器，平衡压力，打开液动平板阀。

⑤ 按指令带压下入工具串组合和 $2\frac{3}{8}$in 油管柱。

⑥ 连接循环管线和设备，按指令进行磨铣作业。

⑦ 按指令带压起出 $2\frac{3}{8}$in 油管柱和工具串组合。

⑧ 安全预防措施。

a. 地面连接前确保工具可靠、安全。

b. 工具串地面连接并上紧。

c. 起吊工具串注意起吊程序。

d. 工具串在造斜段和水平段时应缓慢，禁止大力下压和上提。

e. 磨铣 30min 或进尺 0.5m 时，应停止磨铣，上提钻具，循环 1 周，防止碎屑沉降卡钻。

f. 在将钻具组合起出液动平板阀以上后，关闭液动平板阀，放掉密封腔内的压力，打开防喷器组，吊车将钻具吊回地面。

（10）带压下入打捞管柱、循环打捞、起出打捞管柱。

① 地面连接打捞工具串组合。

② 工具组合上连接提升短节，吊车吊起并从操作台上垂直下放到井口组合密封腔内。卡瓦卡住提升短节，吊臂移开。

③ 不压井作业机桅杆起吊一根 $2\frac{3}{8}$in 油管，连接到提升短节上。

④ 关闭环形防喷器，平衡压力，打开液动平板阀。

⑤ 按指令带压下入工具串组合和 $2\frac{3}{8}$in 油管柱。

⑥ 连接循环管线和设备，按指令进行循环打捞作业。

⑦ 按指令带压起出 $2\frac{3}{8}$in 油管柱和工具串组合。

⑧ 安全预防措施。

a. 地面连接前确保工具可靠、安全。

b. 工具串地面连接，上紧。

c. 起吊工具串注意起吊程序。

d. 工具串在造斜段和水平段时应缓慢，禁止大力下压和上提。

e. 在将钻具组合起出液动平板阀以上后，关闭液动平板阀，放掉密封腔内的压力，打开防喷器组，吊车将钻具吊回地面。

按指令重复第（8）、第（9）和第（10）工序，直至整形、磨铣和打捞工作全部完成。

（11）下入完井管柱。

① 管柱结构为：ϕ177.8mm 油管挂 + 双外螺纹短节 +$2\frac{3}{8}$in 油管柱 +$2\frac{3}{8}$in 油管坐落短节（内有堵塞器和平衡杆）+$2\frac{3}{8}$in 油管短节 +$2\frac{3}{8}$in 接箍。

② 下入 $2\frac{3}{8}$in 油管接箍 +$2\frac{3}{8}$in 油管短节 +$2\frac{3}{8}$in 油管坐落短节（内有堵塞器和平衡杆）+$2\frac{3}{8}$in 油管 1 根，当油管接箍接近全封闸板时，关闭不压井作业机的环形防喷器或上闸板防喷器，平衡压力后打开全封闸板。

③ 带压下入 $2\frac{3}{8}$in 油管柱。

④ 带压导入双外螺纹短节 +ϕ177.8mm 油管挂 + 油管悬塞阀。

⑤ 上紧所有顶丝，放空防喷器组的压力，检查悬挂器坐到位后是否密封。

⑥ 安全预防措施。

a. 工作筒组合好后，需要进行双向试压，试压合格后方可入井。

b. 检查、丈量油管，清洗干净。

c. 上扣前螺纹处要涂抹密封脂，每根油管要用通径规通过。

d. 地面人员配合好井口操作人员，听从指挥。

e. 中途休息时，油管要安装悬塞阀并关闭，关闭闸板防喷器。

f. 丈量好井口防喷器尺寸，确保油管挂坐到位。

g. 在悬挂器上接悬塞阀并关闭。

h. 倒入油管悬挂器时，注意卡瓦，防止刮碰悬塞阀密封件。

i. 检查确定悬挂器到位后，旋紧顶丝，放空密封腔内压力。

（12）拆卸 150K 不压井设备和防喷器组。

① 拆除不压井设备和防喷器组。

② 安全注意事项。

a. 吊设备前检查好吊索，确保安全。

b. 起吊时专人指挥，安排人员看好防止刮碰。

c. 司钻和不压井操作手配合好，手势一致操作平稳，严禁顿刹。

（13）安装采气树。

① 拆除油管旋塞阀，安装采气树。

② 安全预防措施。

a.井口采气树在地面连接好，试压合格，各部件开关灵活。

b.做好安装采气树前的各项准备工作。

c.安装操作平稳，吊装平衡，专人指挥。

d.钢圈槽擦干净，螺栓紧固匀称。

（14）打捞平衡杆、堵塞器。

在采气树顶部法兰上安装钢丝作业防喷管，捞出平衡杆和堵塞器。

（15）收尾。

完工收尾。

参 考 文 献

杨贵兴，王松麒，张艳红，等，2011.带压作业技术研究与应用［J］.石油机械，39（S1）：59–61.

王大彪，2015.油水井带压作业关键技术改造研究［D］.大庆：东北石油大学.

刘东普，2015.带压作业装备与工艺技术研究［D］.大庆：东北石油大学.

李静，2010.带压作业井口防喷装置集成技术研究［D］.大庆：大庆石油学院.

《带压作业工艺》编委会，2018.带压作业工艺［M］.北京：石油工业出版社.

《带压作业机》编委会，2018.带压作业机［M］.北京：石油工业出版社：180.

王峰，2019.中国石油科技进展丛书带压作业技术与装备［M］.北京：石油工业出版社：248.

牛津，2018.兴古潜山井带压作业技术研究与应用［D］.大庆：东北石油大学.

王炜，2014.不压井作业装置技术现状与应用分析［J］.石油机械，42（10）：86–89.

魏景山，2012.不压井作业装置的设计研究［D］.青岛：中国石油大学（华东）.

蔡彬，彭勇，闫文辉，等，2008.不压井修井作业装备发展现状分析［J］.钻采工艺（6）：106–109.

张平，2018.气井不压井作业主要工程风险分析与对策研究［J］.钻采工艺，41（4）：31–33.

林磊，2018.油井带压作业智能控制系统设计研究［D］.淮南：安徽理工大学.

阚凯，2016.油气水井带压作业油管压力控制工艺技术研究［D］.大庆：东北石油大学.

滕升光，左莉，张小平，等，2014.SJDBY160K带压作业装备安全监控系统设计［J］.石油机械，42（6）：
105–108.